“十四五”高等教育计算机辅助设计系列教材

计算机三维设计及有限元分析

张瑞亮　姚爱英　魏娜莎◎主　编
王　娜　曹　娟　罗澄清　郑利锋◎副主编

中国铁道出版社有限公司
CHINA RAILWAY PUBLISHING HOUSE CO., LTD.

内 容 简 介

本书为“十四五”高等教育计算机辅助设计系列教材之一，主要论述现代设计中计算机三维造型设计和有限元分析两大核心内容，将 CAD/CAE 部分进行有效结合，将产品的设计理念和设计方法融入三维造型和有限元分析中。第 1 章至第 7 章为计算机三维设计，包括三维设计的基础知识、草图设计、实体建模、装配和工程图等内容；第 8 章至第 10 章为有限元分析，包括有限元分析的基本思想和基本原理、杆梁结构的有限元方法、连续结构体的有限元方法等内容。

本书结合了编者多年来在机械设计教学和科研方面的经验，内容选取适当，范例具有典型性，通过丰富的实例和案例，帮助读者将理论与实践相结合，提升解决实际问题的能力。

本书适合作为本科院校相关工科专业的 CAD/CAE 教材，也可作为相关培训机构的培训用书。

图书在版编目（CIP）数据

计算机三维设计及有限元分析 / 张瑞亮，姚爱英，魏娜莎主编. -- 北京 ：中国铁道出版社有限公司，2025. 4. --（“十四五”高等教育计算机辅助设计系列教材）. -- ISBN 978-7-113-32136-9

Ⅰ. TP391. 72

中国国家版本馆 CIP 数据核字第 20258MR048 号

书　　名：计算机三维设计及有限元分析
作　　者：张瑞亮　姚爱英　魏娜莎

策　　划：汪　敏　　　**编辑部电话：**（010）51873135
责任编辑：汪　敏　包　宁　郭馨宇
封面设计：郑春鹏
责任校对：安海燕
责任印制：赵星辰

出版发行：中国铁道出版社有限公司（100054，北京市西城区右安门西街 8 号）
网　　址：https://www.tdpress.com/51eds
印　　刷：河北京平诚乾印刷有限公司
版　　次：2025 年 4 月第 1 版　2025 年 4 月第 1 次印刷
开　　本：787 mm × 1 092 mm　1/16　**印张：**13. 5　**字数：**345 千
书　　号：ISBN 978-7-113-32136-9
定　　价：49. 80 元

前　言

党的二十大报告指出："必须坚持科技是第一生产力、人才是第一资源、创新是第一动力，深入实施科教兴国战略、人才强国战略、创新驱动发展战略，开辟发展新领域新赛道，不断塑造发展新动能新优势。"

随着科技的飞速发展，计算机辅助设计（CAD）和计算机辅助工程（CAE）已经成为现代工程设计不可或缺的重要工具。其中，计算机三维设计以其直观性、高效性和精确性，在机械、汽车、航空航天、电子等多个领域得到了广泛应用，而有限元分析作为一种强大的数值分析方法，更是为工程设计和科学研究提供了强有力的支持。本书正是为了顺应这一技术发展趋势，满足广大工程设计人员和相关领域学者的需求而编写的，旨在系统论述计算机三维设计的基本原理、方法和技巧，以及有限元分析的基本理论和工程应用。

本书在机械三维设计部分（第1~7章），详细论述三维设计的基础知识、草图设计、实体建模、装配和工程图等方面的内容。通过丰富的实例和详细的操作步骤，使读者可以逐步掌握三维设计的基本流程和技巧，为后续有限元分析的学习打下坚实的基础。

在有限元分析部分（第8~10章），本书深入浅出地讲解有限元分析的基本思想和基本原理、杆梁结构的有限元方法、连续结构体的有限元方法等内容。同时，本书还结合工程实例，帮助读者更好地理解有限元分析的实际应用价值。

本书结合了编者多年来在机械设计教学和科研方面的经验，具有以下特点：

内容全面：本书涵盖了计算机机械三维设计和有限元分析的基本理论和工程应用，使读者能够系统地掌握相关知识和技能。

实例典型：通过大量的实例和案例，帮助读者更好地理解和掌握所学知识，提高解决实际问题的能力。

语言简练：本书力求用简洁明了的语言阐述复杂的概念和方法，使读者能够轻松上手，快速掌握相关技能。

通过对本书的学习，读者将能够掌握计算机机械三维设计和有限元分析的基本理论和技能，为未来的工程设计和科学研究提供有力的支持。同时，我们也希望本书能够为相关领域的学者和工程师提供一个交流和学习的平台，共同推动计算机三维设计和有限元分析技术的发展和应用。

本书由太原理工大学、太原科技大学、中北大学、太原学院、太原城市职业技术学院联合编写，张瑞亮、姚爱英、魏娜莎任主编，王娜、曹娟、罗澄清、郑利锋任副主编。具体编写分工为：张瑞亮编写第1章；王娜编写第2章、第3章；姚爱英编写第4章；曹娟编写第5章、第6章；罗澄清编写第7章；魏娜莎编写第8章、第9章；郑利锋编写第10章。全书由张瑞亮、姚爱英、魏娜莎统稿。

最后，感谢所有为本书编写、校订和出版付出辛勤努力的同仁和朋友们。我们期待本书能够为同仁提供有价值的参考和帮助，共同推动相关课程教学和教材质量的进步。

本书参考了大量的文献和资料，在此我们对原作者一并表示深切的谢意。由于编者水平有限，书中难免存在疏漏和不足之处，期望广大读者予以批评指正。

编　者

2024年12月

目　录

第 1 章

绪 论

计算机辅助设计（computer aided design，CAD）技术可利用计算机及其图形设备帮助设计人员进行设计工作。在工程和产品设计中，计算机可以帮助设计人员进行计算、信息存储和制图等工作。在设计中通常要用计算机对不同方案进行大量的计算、分析和比较，以决定最优方案。计算机辅助工程（computer aided engineering，CAE）技术可用计算机辅助分析并求解复杂工程和产品的结构力学性能，同时优化结构性能，把工程（生产）的各个环节有机地组织起来，其关键就是将有关信息集成，使其产生并存在于工程（产品）的整个生命周期。CAE 软件可用作静态和动态结构分析，研究线性、非线性问题，分析结构（固体）、流体、电磁等工作。

1.1 CAD/CAE 技术概述

一、计算机辅助设计（CAD）技术发展的历史

1. 早期探索阶段（20 世纪 50 至 60 年代）

20 世纪 50 年代，美国麻省理工学院（MIT）率先开展了对计算机辅助设计技术的探索，由 MIT 研发的旋风 I 号（Whirlwind I）计算机的出现为 CAD 技术的发展奠定了基础。到了 20 世纪 60 年代，一些大型企业开始尝试将计算机应用于设计绘图。例如，通用汽车公司开始使用计算机进行汽车零部件的设计和绘图，主要是利用计算机处理一些简单的几何图形，如直线、圆等的绘制。这一时期的 CAD 系统非常昂贵，且功能相对单一，主要是二维绘图工具，并且操作复杂，只有少数大型企业和研究机构能够使用。

2. 发展阶段（20 世纪 70 至 80 年代）

在 20 世纪 70 年代，随着计算机硬件技术的发展，特别是小型计算机的出现，CAD 技术得到了进一步的发展。许多公司开始推出商业化的二维 CAD 系统，如 AutoCAD 的前身 Interact CAD 等。这些系统逐渐具备了更多功能，如尺寸标注、图层管理等。1982 年推出的 AutoCAD 是第一个广泛应用于微机平台的二维 CAD 软件，它的出现使得 CAD 技术开始走向更广泛的用户群体，包括小型企业和设计工作室等。20 世纪 70 年代末至 80 年代，三维 CAD 技术开始兴起。人们意识到，二维绘图不能完全满足复杂产品设计的需求，三维模型能够更直观地表达产品的形状和结构。一些公司开始研发三维 CAD 系统，如 CATIA 系统能够创建复杂的曲面模型，在飞机外形设计、汽车车身设计等领域发挥了重要作用。同时，UG（Unigraphics）等三维 CAD 系统也开始崭露头角，这些系统不仅可以创建三维模型，还开始具备一些简单的分析功能。

3. 成熟与集成阶段（20 世纪 90 年代至今）

20 世纪 90 年代，CAD 系统的功能得到了进一步的集成和完善。三维 CAD 系统不仅能够进行精确的几何建模，还能够实现装配设计、工程图生成、运动仿真等功能。例如，Pro/Engineer（现 PTC Creo）等软件在这一时期不断发展，其参数化设计功能使设计师可以通过修改参数快速改变设计模型，大大提高了设计效率。

同时，CAD 系统与其他技术的结合也越来越紧密。例如，与计算机辅助制造（computer aided manufacturing，CAM）技术的集成，使得设计好的模型可以直接生成加工代码，用于数控机床的加工。

随着互联网技术的发展，CAD 技术也开始向网络化和协同设计方向发展。现在，设计师可以通过网络平台，在不同的地点共同进行一个项目的设计。例如，许多建筑设计公司可以通过网络协同设计平台，让分布在不同地区的设计师、工程师和客户共同参与建筑项目的设计过程。

此外，CAD 软件还不断向智能化方向发展，如自动识别设计意图、智能推荐设计方案等功能也逐渐被引入现代 CAD 系统中。

二、计算机辅助工程（CAE）技术发展的历史

1. 起步阶段（20 世纪 60 至 70 年代）

20 世纪 60 年代，随着计算机技术的发展，数值分析方法开始被应用于工程问题的求解。其中有限元法（finite element method，FEM）是 CAE 技术中最重要的数值分析方法之一，最早可以追溯到 20 世纪 40 年代，20 世纪 60 年代开始被广泛应用于工程结构分析。在航空航天领域，工程师们开始使用有限元方法分析飞机结构的强度和刚度。最初的有限元分析程序是基于大型计算机编写的，操作复杂且计算速度相对较慢，但它为 CAE 技术的发展奠定了基础。

20 世纪 70 年代，一些专用的 CAE 软件开始出现。这些软件主要针对特定的工程领域和分析类型，如结构分析软件 NASTRAN，最初用于航空航天结构的分析，后来逐渐被商业公司推广应用到其他工程领域。

2. 发展阶段（20 世纪 80 至 90 年代）

20 世纪 80 年代，CAE 技术开始向多物理场分析方向发展。除了结构分析外，热分析、流体动力学分析等也被纳入 CAE 的范畴。例如，ANSYS 等软件在这一时期不断发展壮大，它开始提供多种物理场分析功能，如可以同时分析一个机械结构在热载荷和机械载荷共同作用下的响应。这一时期，CAE 软件的用户界面也得到了改进，从原来的命令行界面逐渐向图形用户界面（GUI）转变，使工程师更容易操作和使用。

20 世纪 90 年代，CAE 技术与 CAD 技术以及其他工程技术的结合变得越来越紧密，CAE 软件开始与 CAD 软件实现数据共享和交互。例如，在 CAD 软件中创建的模型可以直接导入 CAE 软件中进行分析。同时，CAE 技术也与 CAM 技术、产品数据管理（product data management，PDM）技术等进行结合，形成了完整的产品开发流程。

3. 现代发展阶段（21 世纪）

进入 21 世纪，随着高性能计算机的发展，CAE 技术能够进行更精细化的分析。例如，在汽车碰撞模拟中，可以使用更精细的网格划分和更复杂的材料模型准确模拟汽车在碰撞过程中

的变形、能量吸收等情况。同时，CAE 技术也在不断拓展其应用领域，如在生物医学工程领域，可利用 CAE 技术分析人体骨骼、血管等结构的力学性能，为医疗器械的设计和疾病的诊断提供依据。云计算技术的发展也对 CAE 技术产生了影响。现在出现了基于云计算的 CAE 服务，用户可以通过网络使用 CAE 软件和计算资源，无须安装大型的 CAE 软件和配备高性能计算机。这降低了 CAE 技术的使用门槛，使中小企业和研究机构也能够方便地使用 CAE 技术。

1.2 CAD/CAE 技术应用和发展趋势

一、CAD/CAE 技术的应用

CAD（计算机辅助设计）和 CAE（计算机辅助工程）技术在众多领域有着广泛而重要的应用：

1. 制造业

1）机械制造中的产品设计和模具制造

在机械产品的设计阶段，CAD 技术可用于创建精确的三维模型。工程师可以使用 CAD 软件构建发动机各个零部件的模型，精确地定义它们的形状、尺寸和装配关系。对于模具制造，采用 CAD 技术能够准确地设计模具的型腔、型芯等结构。例如，注塑模具的设计，通过 CAD 软件可以详细设计出模具的冷却系统、浇口位置等关键部分。采用 CAE 技术则可对模具的注塑过程进行模拟分析，预测塑料在模具中的流动情况、冷却效果以及可能出现的缺陷，如翘曲变形等，从而优化模具设计，提高注塑产品的质量。

2）航空航天

在飞机设计中，CAD 用于构建飞机的整体外形、机翼、机身、尾翼等部件的复杂几何模型。众多飞机制造商利用 CAD 技术实现了飞机设计的高度集成化。CAE 技术在航空航天领域的应用更为关键，如通过有限元分析对飞机结构进行强度、刚度和疲劳寿命分析。在飞机机翼的设计中，CAE 可以模拟机翼在不同飞行工况下（如起飞、巡航、降落等）的受力情况，确保机翼结构的安全性和可靠性。

3）船舶制造

通过 CAD 技术可创建船体的三维模型，精确描述船型曲线、舱室布局等。船舶设计师可以方便地调整船体的外形参数以优化船舶的性能，如提高航速、降低阻力等。CAE 技术则用于船舶结构强度分析、流体动力学分析等。例如，在船舶的流体动力学分析中，CAE 软件可以模拟船舶在不同海况下的航行姿态、兴波阻力等，为船舶的优化设计提供依据。

2. 建筑业

1）建筑设计

在建筑设计的概念阶段，CAD 软件可用于绘制建筑的平面图、剖面图和立面图等基本图纸，使设计师可以快速尝试不同的建筑布局和造型方案。随着设计的深入，利用 CAD 的三维建模功能，可以创建出逼真的建筑模型，直观地展示建筑的外观和内部空间关系。CAE 技术在建筑领域主要用于结构分析和建筑性能模拟。例如，对高层建筑进行风荷载分析，通过 CAE 软件模拟风对建筑的作用力，评估建筑结构在风荷载下的安全性，确定合理的结构形式和加固措施。

2）土木工程

在桥梁设计方面，CAD 可用于绘制桥梁的详细构造图，包括桥墩、桥台、梁体等部分。CAE 技术可对桥梁结构进行静力学和动力学分析。例如，在大跨度桥梁的设计中，CAE 可以分析桥梁在车辆荷载、地震荷载等作用下的响应，确保桥梁的结构稳定性和安全性。

3. 电子电器行业

1）电子产品设计

在手机设计中，CAD 可用于构建手机外壳、电路板等部件的模型。CAE 技术可对电子产品进行电磁兼容性（EMC）分析。例如，通过 CAE 分析可以预测手机内部电路在工作时产生的电磁场分布情况，避免不同电路元件之间的电磁干扰，确保手机的正常通信功能。

2）电器设备制造

对于大型电器设备如发电机的设计，CAD 可用于设计发电机的定子、转子等部件的几何形状。CAE 技术可对发电机的电磁性能、机械性能进行分析。例如，通过 CAE 分析发电机的磁场分布，优化定子绕组的设计，提高发电机的发电效率；同时对发电机的转子进行动力学分析，确保转子在高速旋转时的稳定性。

二、 CAD/CAE 技术的发展趋势

CAD 和 CAE 技术的发展呈现以下趋势：

1. 集成化

1）CAD/CAE 集成

在产品设计过程中，CAD 和 CAE 的集成度不断提高。传统上，CAD 主要用于产品的几何建模，而 CAE 则侧重于对设计进行工程分析（如应力分析、流体分析等）。现在，两者之间的界限逐渐模糊。例如，在航空航天领域，设计飞机机翼时，设计师可以直接在 CAD 软件中进行初步的结构设计，然后一键将模型数据传递到 CAE 软件中进行空气动力学和结构强度分析。分析结果可以迅速反馈到 CAD 软件中，以便设计师对机翼的形状、厚度等几何参数进行调整。

2）多学科集成

CAD/CAE 技术正在向多学科集成方向发展。现代产品往往涉及多个学科领域，如机械、电子、控制等。以汽车设计为例，不仅要考虑机械结构的设计（CAD）和力学性能分析（CAE），还要考虑电子控制系统的布局和电磁兼容性分析。CAD/CAE 技术能够将这些不同学科的设计和分析工具集成在一起，实现多学科协同设计。

2. 智能化

1）人工智能辅助设计

人工智能技术，如机器学习和深度学习，正在融入 CAD/CAE。在 CAD 方面，机器学习算法可以根据用户的设计习惯和大量的历史设计数据，自动推荐合适的设计方案。例如，在建筑设计中，根据建筑的类型（如住宅、商业建筑等）、地理位置和用户需求，系统可以自动生成初步的建筑布局方案。

在 CAE 方面，人工智能可以用于优化分析过程。例如，在有限元分析中，通过深度学习算法预测不同设计参数下的分析结果，从而快速筛选出可能的最优设计方案，减少传统试错法所需的大量计算时间。

2）智能优化算法

采用智能优化算法，如遗传算法、粒子群优化算法等，在CAD/CAE中进行设计优化。以机械产品的轻量化设计为例，在满足产品性能要求（如强度、刚度等）的前提下，利用这些优化算法自动调整产品的结构参数（如壁厚、加强筋布局等），以达到减小质量的目的。

3. 云化

1）云平台协作

CAD/CAE软件逐渐向云平台迁移。企业内部的设计团队可以通过云平台进行协同设计，不同地区的设计师可以实时共享CAD模型，进行并行设计。

2）云资源利用

利用云平台强大的计算资源进行CAE分析。对于一些复杂的工程分析，如大型飞机的空气动力学模拟或汽车碰撞模拟，本地计算机可能无法满足计算需求。而云平台可以提供海量的计算资源，用户只需将分析模型上传到云端，即可利用云端的高性能计算集群进行快速分析。

4. 虚拟现实/增强现实（VR/AR）融合

在CAD/CAE中融入VR/AR技术。在产品设计评审阶段，设计师和工程师可以利用VR技术沉浸在虚拟的产品环境中，直观地检查产品的外观、装配关系等。

在CAE分析结果可视化方面，AR技术可以将分析结果（如应力分布、温度场分布等）叠加到实际的产品模型上，方便工程师在现场进行快速判断和决策。

5. 高性能计算需求增长

随着产品的复杂度不断提高，如高端芯片的设计、超大型桥梁的结构分析等，对CAD/CAE计算性能的要求也越来越高。为了准确模拟这些复杂产品的性能，需要进行大规模的数值计算，如大规模有限元分析、流体力学计算等。这就促使CAD/CAE软件不断优化算法，同时也需要更强大的硬件支持，如高性能计算机集群、图形处理单元加速等。

三、影响CAD/CAE发展的新兴技术

1. 人工智能技术

1）机器学习

在CAD方面，机器学习可用于挖掘设计知识和模式。例如，通过分析大量的成功产品设计案例，机器学习算法能够学习到不同类型产品的设计规则和最佳实践。

在CAE方面，机器学习可加速分析过程。以有限元分析为例，传统的有限元计算需要大量时间求解复杂的方程组。机器学习算法可以通过学习已有的有限元分析结果，对新的类似结构的分析结果进行快速预测，从而减少计算时间。同时，还可以用于优化设计参数，根据历史数据预测不同设计参数下的产品性能，帮助工程师快速找到最优设计方案。

2）深度学习

深度学习在CAD/CAE中的图像识别和处理方面具有广泛应用。在CAD中，对于复杂的三维模型，深度学习算法可以识别模型中的不同特征和组件，有助于实现自动化的模型检查和修复。

在CAE中，深度学习可用于处理分析结果的可视化。例如，在流体动力学分析中，深度学习算法可以将复杂的流场数据转化为直观的可视化图像，帮助工程师更好地理解流体的流动特性。

2. 物联网技术

1）数据获取与反馈

物联网设备可以收集产品在实际使用过程中的各种数据，如机械产品的运行状态（如温度、振动、压力等）、电子产品的性能参数等。这些数据可以反馈到CAD/CAE系统中，为产品的改进设计提供依据。

2）协同设计与制造

物联网技术可以实现CAD/CAE系统与制造设备、供应链系统的连接。在产品设计阶段，设计师可以实时了解制造设备的性能和库存情况，从而优化设计方案，确保设计的产品能够维持高效制造。

3. 区块链技术

1）数据安全与知识产权保护

在CAD/CAE领域中，设计数据和分析结果的安全性至关重要。区块链技术可以提供安全、不可篡改的数据存储和传输方式。例如，在航空航天等对知识产权保护要求极高的行业，设计图纸和分析数据可以存储在区块链中，只有授权的用户才能访问和修改，防止数据被泄露或篡改。

2）供应链管理与协同

区块链可以用于管理CAD/CAE相关的供应链。在产品设计和制造过程中，涉及多个供应商和合作伙伴。区块链技术可以记录产品从设计到制造的整个过程中的所有信息，包括设计变更、供应商提供的零部件信息等，确保供应链的透明度和可追溯性。

4. 量子计算技术（潜在影响）

虽然量子计算技术目前仍处于发展阶段，但一旦成熟，将对CAD/CAE的计算性能产生巨大影响。对于复杂的CAE分析，如大规模量子化学模拟、超大型结构的精确力学分析等，量子计算的并行计算能力可以大大缩短计算时间。例如，在新药研发过程中，需要对药物分子与生物大分子之间的相互作用进行精确模拟，量子计算可以处理这种极其复杂的计算任务，为CAD/CAE在生物医学工程等领域的应用提供强大的计算支持。

1.3 CAD/CAE系统的基本功能

一、CAD系统的功能

完整的CAD系统应具备以下功能：

1. 二维绘图功能

二维绘图功能包括基本图形绘制、图形编辑、尺寸标注、文字注释等。

2. 三维建模功能

（1）实体建模：如通过拉伸、旋转、扫掠等操作将二维图形转化为三维实体。

（2）曲面建模：构建复杂的曲面形状，适用于外观设计等需要光滑曲面的情况。

（3）装配建模：将多个零件组合成装配体，模拟实际产品的装配关系。

3. 参数化设计功能

（1）尺寸驱动：通过修改参数驱动模型的形状和尺寸变化。

（2）特征参数化：对模型的特征（如孔的直径、倒角的大小等）进行参数化定义，方便在设计过程中进行调整。在模具设计中，可以根据不同的产品要求快速调整模具的特征参数。

4. 数据交换功能

（1）与其他 CAD 系统兼容：能够导入和导出多种格式的 CAD 文件，如 DWG、DXF（常用于二维绘图）、STL（用于 3D 打印）、IGES、STEP 等通用格式。这使得不同 CAD 软件之间可以共享设计数据。

（2）与下游制造环节对接：将设计数据转换为适合制造的格式，如将 CAD 模型转换为数控加工代码（G-code），以便数控机床进行加工制造。

二、CAE 系统的功能

CAE 系统一般具备以下功能：

1. 结构分析功能

（1）静力学分析：确定结构在静态载荷（如重力、压力等）作用下的应力、应变和位移。

（2）动力学分析：包括模态分析（确定结构的固有频率和振型）、谐响应分析（结构对周期性载荷的响应）和瞬态动力学分析（结构对随时间变化的载荷的响应）。在机械产品设计中，如发动机的设计，采用动力学分析可以帮助避免共振现象，提高产品的可靠性。

（3）疲劳分析：评估结构在循环载荷作用下的疲劳寿命。在航空航天领域，对飞机机翼等关键部件进行疲劳分析，以确保其在长期飞行过程中的安全性。

2. 流体分析功能

（1）内部流场分析：分析流体在封闭空间（如管道、容器等）内的流动情况，包括流速、压力、温度等参数的分布。

（2）外部流场分析：研究物体外部的流体流动，如飞机的空气动力学分析、汽车的风阻分析等。通过优化物体的外形，可以降低风阻，提高能源利用效率。

（3）多相流分析：处理包含两种或多种相态（如气-液、液-固等）的流体系统。在化工过程设计中，多相流分析可以用于研究反应釜内的气-液混合情况，以提高反应效率。

3. 热分析功能

（1）稳态热分析：确定物体在稳定热状态下的温度分布。在电子设备设计中，通过稳态热分析可以评估芯片等发热元件在长时间工作后的温度分布，确保设备不会因过热而损坏。

（2）瞬态热分析：分析物体在随时间变化的热载荷作用下的温度变化过程。例如，在发动机的启动和停止过程中，瞬态热分析可以帮助设计散热系统，以适应不同阶段的热负荷变化。

4. 优化设计功能

（1）基于分析结果的优化：根据结构分析、流体分析或热分析的结果，对设计进行优化。例如，在桥梁设计中，如果通过结构分析发现某个部位的应力过大，可以优化结构的形状或材料分布降低应力，同时满足质量和成本的限制要求。

（2）多目标优化：同时考虑多个优化目标，如在产品设计中既要使结构强度满足要求，又要使质量最小、成本最低等。CAE 系统可以通过算法（如遗传算法、粒子群优化算法等）寻找满足多个目标的最优设计方案。

思考与练习

一、填空题

1. CAD/CAE 技术的四大发展趋势包括：____________、____________、____________和____________。

2. CAD/CAE 技术可应用到以下方面：____________、____________、____________和____________。

二、简答题

1. CAD 技术具备哪些功能？

2. CAE 技术具备哪些功能？

3. 哪些新兴技术会对 CAD/CAM 技术的发展产生影响？

第 2 章 UG NX基础知识

UG NX（以下简称 UG）是一款交互式计算机辅助设计、计算机辅助制造与计算机辅助工程高度集成的三维设计软件系统，涵盖了从产品设计、分析、制造到产品生命周期管理的各种功能，广泛应用于机械、汽车、航空航天、材料成型等行业。

UG 系统提供了多种功能模块，它们既相互独立又相互联系。具体分类如下：

1. 基本环境模块

基本环境模块是 UG 的基础模块，是用户打开 UG 进入的第一个应用模块，该模块提供一些最基本的操作，如文件操作、层的控制和视图定义等。它提供了一个交互环境，可进行用户默认设置或通过“新建/打开”功能与其他模块对接，执行其他交互应用模块，如建模、装配等。

2. CAD 模块

UG 的 CAD 模块拥有强大的三维建模能力，它由许多子模块组成，常用的子模块有：

（1）建模模块：建模模块是软件的基础模块，可提供实体建模、特征建模、曲面建模等三维造型功能，通过特征生成模型的操作，通过参数化设计实现模型的创建。

（2）装配模块：装配模块用于三维模型的虚拟装配，支持“自底向上装配”和“自顶向下装配”和“混合装配”三种装配方法。

（3）制图模块：制图模块以实体模型为基础，将三维模型转化为二维工程图，支持多种视图和尺寸标注，也可以利用曲线功能绘制并完善工程图。

三维模型的任何改变都会同步更新到装配模型和二维工程图中，从而使三维模型、二维工程图保持完全一致，这也减少了因模型修改而导致其他相关模型更新的时间。

3. CAE 模块

CAE 模块包括机构运动及动力学分析、结构分析等功能模块，这些模块构成了 UG NX 软件的计算机辅助工程功能。

（1）机构运动及动力学分析。该功能是集成且关联的运动分析模块，能够形成机械系统的虚拟样机。可以对三维机构进行运动学、动力学分析，并且能够完成大量的装配分配，如干涉检查等，从而完成对虚拟样机的模拟和评估。

（2）结构分析、建模与解算。该功能是将产品数字模型、有限元模型以及有限元求解器集成在一起，能够对零件和装配件进行前/后处理，从而完成模型的有限元分析。

4. CAM 模块

根据已经建立的三维模型生成数控加工流程及数控代码，用于产品的加工，其后处理程序支持多种类型的数控机床。CAM 模块提供了车、铣、线切割等切削仿真功能。

5. 二次开发模块

该模块提供了丰富的二次开发工具集，便于用户进行二次开发工作。借助该模块，用户可以根据自身需求对 UG 系统进行产品定制和开发，从而最大程度地满足其特定需求。

2.1 工作界面的组成及定制

一、UG NX 软件工作界面组成

UG 软件具有 Windows 系统软件风格，启动 UG 软件进入主界面后，单击“新建”按钮，弹出“新建”对话框，如图 2-1 所示。设置模块和文件保存路径后，单击“确定”按钮，进入 UG 工作界面。

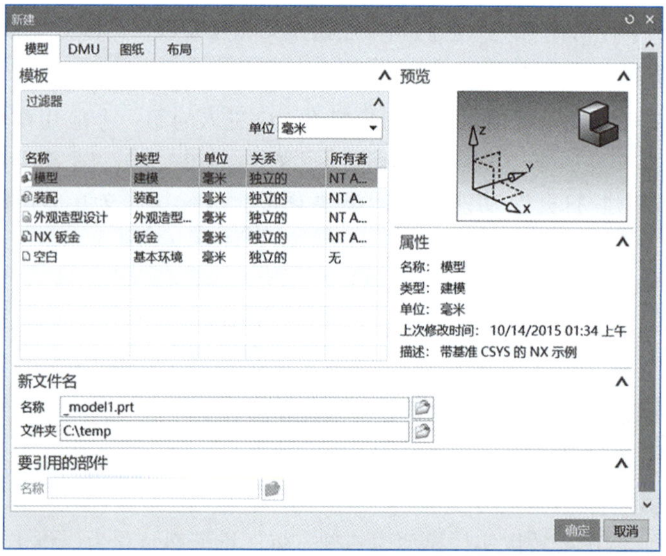

图 2-1 “新建”对话框

UG 工作界面由标题栏、菜单栏、工具栏、资源工具条、图形工作区、提示行、状态栏、选择条等部分组成，如图 2-2 所示。

1. 标题栏

显示 UG 软件版本、当前选择的工作模块、当前工作部件文件名、修改状态等信息。

2. 菜单栏

用于显示 UG NX 12.0 中各功能菜单，主菜单采用级联菜单形式，通过主菜单可进入各层级联菜单，UG 的所有功能都能在菜单中找到相应的命令。

3. 工具栏

显示 UG 常用功能，在工具栏中选择“主页”“装配”等某一选项卡后，功能区显示出该选项卡的常用命令。常用的命令一般显示为大图标，不常用的显示为小图标或存放在“更多”库中。

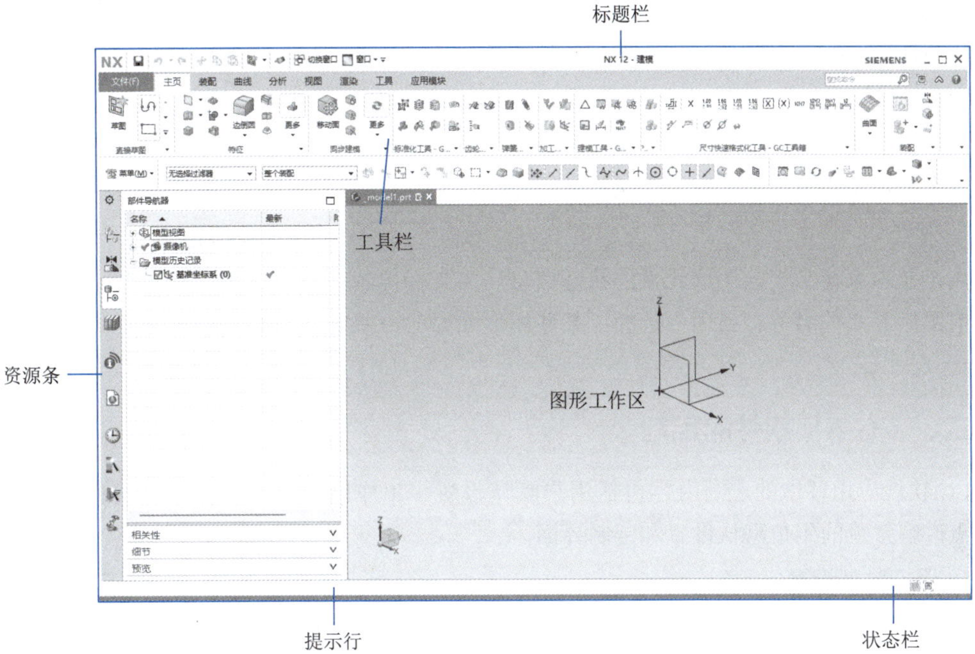

图 2-2　UG NX 12.0 工作界面

4. 资源条

包括导航器、重用库、历史记录、角色等用户界面。其中，导航器用于显示和管理当前零部件操作的结构树，单击资源条中的图标按钮即可打开对应的用户界面。资源条常用按钮功能见表 2-1。

表 2-1　资源条常用按钮功能

按钮名称	按钮图标	按钮功能
装配导航器		通过图形显示部件的装配结构树，可以看出部件的装配过程及相关约束，提供装配中组件的编辑操作方法
部件导航器		通过图形显示零件的特征结构树，可以看出零件的创建过程及相关参数，提供部件中特征的编辑操作方法
约束导航器		通过图形显示装配组件间的约束结构树，可以看出装配体中各个零部件的约束状态和位置关系，可用于约束关系管理
重用库		提供标准件、常用或重复使用部件的快速设计，在装配时，只要从重用库中加载相关部件名称，即可对该部件参数进行选择或修改
HD3D（三维精准描述）工具		用于直接在三维模型上显示信息并进行交互
历史记录		提供今天、一星期前或三星期前等近期打开过的文件的直接访问，通过单击并拖动文件到图形工作区即可打开该文件
角色		显示系统默认的以及用户定制的角色类型，通常在角色下保存相应角色的用户界面设置

5. 图形工作区

用户使用 UG 时的主要工作区域，占据屏幕大部分空间，用于显示用户操作后的结果。

6. 提示行

用于提示用户操作的步骤。在执行每个命令时，系统都会在提示行中显示用户已执行的操作，或者提示用户下一个步骤应该执行的操作。

7. 状态栏

用于显示系统和当前图形元素的状态信息。当光标停留在某个图形元素上时，状态栏将显示当前图形元素的名称；当用户选择了某些图形元素时，状态栏将显示当前选定的元素名称或数量。

二、UG NX 软件的定制

UG 软件应用环境的定制内容包括用户默认设置、工作路径设置、用户角色和界面等，下面重点讲解常见的用户默认设置和定制界面。

1. 用户默认设置

UG 的用户默认环境包含 UG 软件运行时系统所采用的默认参数。在菜单栏中选择“文件”→“实用工具”→“用户默认设置”命令，弹出“用户默认设置”对话框，如图 2-3 所示。

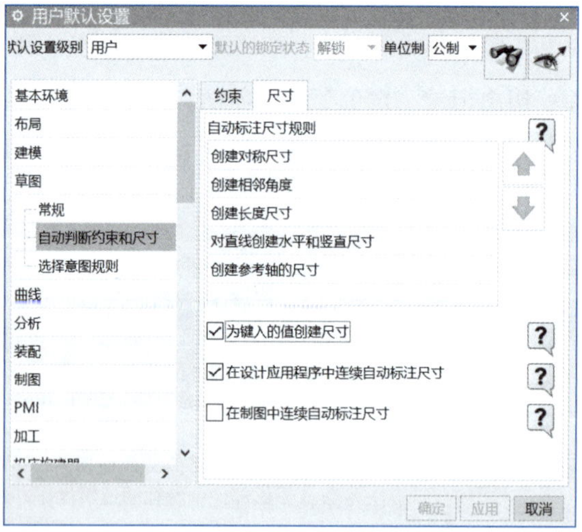

图 2-3 “用户默认设置”对话框

“用户默认设置”对话框中各选项的功能如下：

（1）基本环境。利用“文件新建”选项卡，完成 UG 文件命名规则设置；利用“目录”和“部件”选项卡，完成默认文件保存目录的修改和指定部件默认单位的设置。

（2）建模。利用“特征参数”选项卡，可设置长方体、圆柱和圆锥等基本特征的默认值以及其他设计特征，如孔、凸台、槽的默认值。

（3）草图。绘制草图时，自动标注尺寸带来的很多尺寸标注会导致处理复杂草图时产生不便。取消勾选“尺寸”选项卡中“在设计应用程序中连续自动标注尺寸”复选框，绘制草图时不再自动标注某些尺寸。完成以上修改后重启 UG 方可生效。

2. 定制界面

为了方便用户使用，除了下拉菜单和快捷键外，UG 软件还提供了大量的工具栏按钮，其主要作用是作为菜单命令的快捷操作方式。初次使用时，UG 显示的工具栏按钮都是默认的，用户可以根据需要定制个性化工具栏，更加高效地完成设计工作。

1）工具栏的放置

在 UG 启动后，工具栏按默认配置进行放置，可以通过鼠标拖动改变工具栏的放置位置。将光标移动到工具栏的手柄上，当光标变为状态时，单击并拖动工具栏，移动光标到放置位置后松开，即可完成工具栏的放置。根据所选放置位置的不同，工具栏的排列方向有横向和纵向两种方式。

2）添加/移除工具栏

UG 启动后，显示的是该环境下的默认工具栏。为了使操作界面符合用户要求，可以进行工具栏的添加或移除。将光标移动到工具栏上并右击，弹出工具栏快捷菜单，如图 2-4 所示。单击工具栏快捷菜单中的对应命令，可以显示或隐藏相应的工具栏。

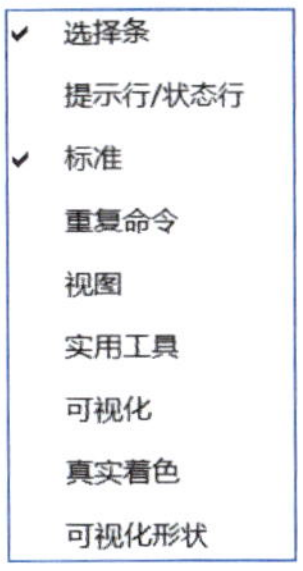

图 2-4　工具栏快捷菜单

3）添加/移除工具栏命令按钮

UG 启动后，工具栏上显示默认的命令按钮，可以通过“添加或移除按钮”显示或隐藏相应工具栏中的命令按钮，如图 2-5 所示。

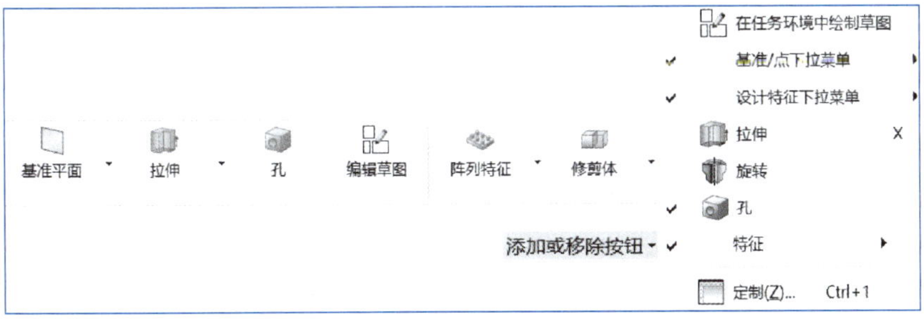

图 2-5　添加/移除工具栏命令按钮

4）自定义工具栏

打开“定制”对话框（见图 2-6）进入工具栏定制环境，常用的打开方法有：

方法一：在菜单中选择“工具”→“定制”命令，弹出“定制”对话框。

方法二：在工具栏的任意位置右击，在弹出的快捷菜单中选择“定制”命令。

“定制”对话框中各选项的功能如下：

（1）“命令”选项卡：用于功能区命令的添加和删除。用户可在“类别”列表中选择菜单，单击对话框左侧的+按钮可逐级打开分类选项，右侧“项”列表框中显示相应的下拉菜单命令。在需要添加的命令上按住鼠标左键不放，拖动到功能区合适的位置后松开，完成命

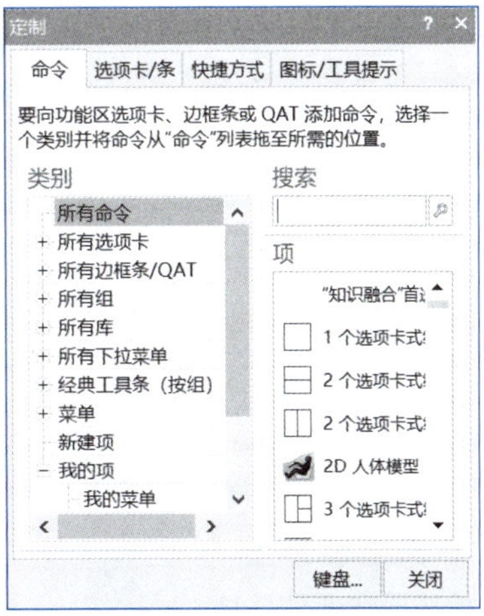

图 2-6　“定制”对话框

令的添加。要删除命令，则从工具栏中用鼠标左键拖动命令图标到“定制对话框”完成删除。

（2）“选项卡/条”选项卡：用于设置显示的选项卡或选项条的类别。选择“选项卡/条”选项卡，勾选“选择”区域中对应选项的复选框，表明在工作界面中添加该选项。

（3）“快捷方式”选项卡：用于设置是否显示快捷工具栏。

（4）“图标/工具提示”选项卡：可对工具栏、边框条、菜单栏、选项卡、对话框等图标大小进行设置。“工具提示”是一个消息文本框，勾选该项时，随光标移动至工具栏、菜单栏或对话框选项上，系统会弹出解释或操作提醒。

2.2 UG 基本操作

一、文件操作

在文件菜单中，常用的命令是文件操作，用于建立新的零件文件、打开现有的零件文件、保存或重命名现有零件文件、关闭打开的零件文件以及使 UG 文件与其他软件交换数据。

1. 新建文件

利用该命令，可以选择各种类型模板进入指定工作环境。在菜单栏中选择“文件”→“新建”命令或在欢迎界面中单击按钮，弹出“新建”对话框，如图 2-1 所示，该对话框中各选项的功能如下：

（1）选择模板：通过选择不同类型的工作模板，可以建立不同类型的文件。在“模版”区域的“单位”下拉列表中可以选择“毫米”或“英寸”度量单位。

（2）命名文件名：文件名通常可以由英文字母、阿拉伯数字或汉字等字符组成。由于 UG 对“模型”和“图纸”等类型采用了相同的扩展名（*.prt），因此通常在文件名中加上相应的类型名称以区分不同类型的文件，如选择“建模”类型，可命名为“项目名称_model. prt”。

（3）选择文件夹：设置新文件默认的保存路径。

2. 打开文件

在菜单栏中选择“文件”→“打开”命令或单击工具栏中的按钮，弹出“打开”对话框，如图 2-7 所示。在该对话框中可以打开已经存在的 UG 文件，或选择“文件类型”打开 UG 支持的其他格式文件。

3. 保存和另存为文件

新建或打开的文件修改后，在菜单栏中选择“文件”→“保存”命令，弹出的下拉菜单中各选项的功能如下：

（1）保存：将当前工作部件、装配中修改的组件保存为原有的文件名和路径。

（2）仅保存工作部件：用原有的文件名和路径保存工作部件。

（3）另存为：用新文件名或新路径保存工作部件。

（4）全部保存：用原有文件名和路径保存当前窗口所有修改部件和顶层装配文件。

（5）保存书签：可进行文件名和路径的选择，在书签文件中保存装配关联、组件可见性、加载选项和部件信息。

（6）保存选项：定义保存部件文件时要执行的操作。

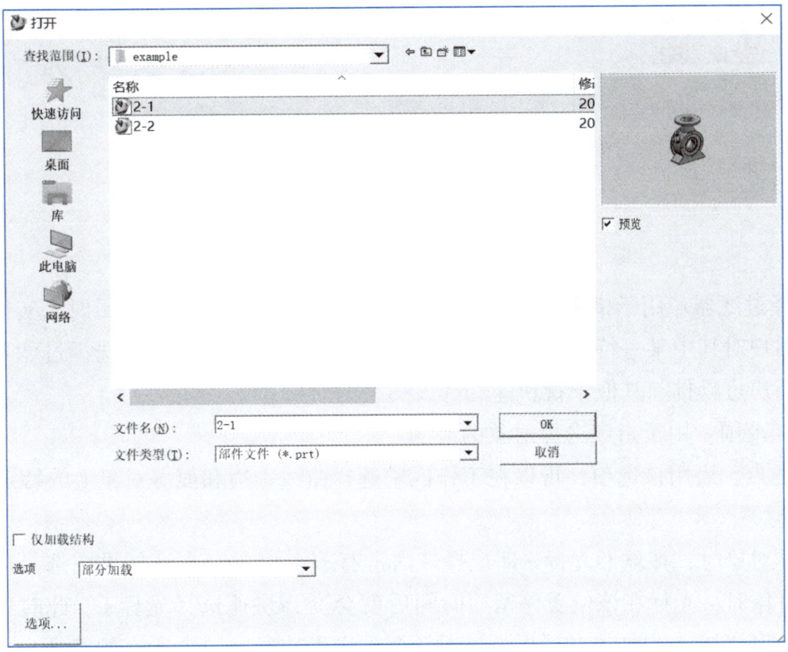

图 2-7 “打开”对话框

4. 关闭文件

在菜单栏中选择“文件”→“关闭”命令，选择适当的选项执行关闭操作，或单击图形工作窗口右上角的⊠按钮关闭当前窗口。

5. 导入导出文件

UG 12.0 具有强大的数据交换功能，支持丰富的交换格式，可与三维软件（如 Pro/E、CATIA、SolidWorks 等）、二维绘图工具和虚拟现实设计软件进行数据交换。

（1）导入文件：在菜单栏中选择“文件”→“导入”命令，在弹出的下拉菜单中列出可以导入的 22 种类别，选择相应的格式，按照提示行中的提示进行相关操作。

（2）导出文件：在菜单栏中选择“文件”→“导出”命令，在弹出的下拉菜单中列出可以导出的 24 种类别，选择相应的格式，按照提示行中的提示进行相关操作。

二、对象操作

在 UG 中，为了提高工作效率及对象操作的准确性，用户需要进行对象操作。

1. 对象的选择

选择对象是用户使用频率最高的操作之一，对象的选择可以通过以下多种方式实现：

1）单击直接选择

用户在图形工作区中直接单击要选取的对象，即可完成相应对象的选择。也可以通过在图形工作区拖动鼠标，完成对象的选择。

2）选择条

用户在图形工作区空白处右击，在弹出的快捷菜单下会出现选择条，选择条将各种用于选择的选项合并在一起，方便用户进行选项的设定，如图 2-8 所示。

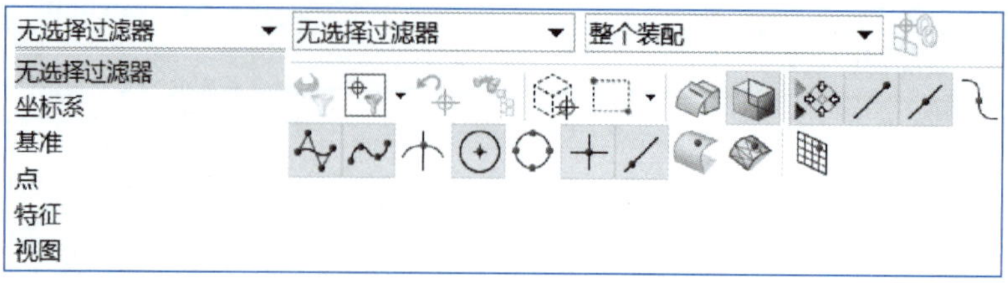

图 2-8 选择条

（1）选择过滤器：用于指定选择对象的类型。在对一个实体进行编辑时，实体往往包含很多特征。当用户对其中某一特征进行批量选取时，通过该下拉列表可以选择过滤条件，在图形工作区中，用户可以排除其他干扰快速选择该类型的对象。

（2）选择范围：用于指定选择对象的范围。

（3）捕捉点：启用该选项，可以在工作区中选择曲线、边和面等对象上的特定控制点。

3）快速选取

用户选择对象时，在球形光标即选择球内常有多个对象存在。如果在选择球位置上有多于一个可选对象时，光标在该位置停留短时间后就会变为快速选择光标，此时单击或在选择区域右击，弹出“快速选取”对话框。该对话框列出了选择区域中所有的特征，当用户在对话框中移动光标时，光标经过的对象就会在图形工作区中高亮显示，确认对象后，单击即可完成该对象的选择。

4）导航器

导航器分为装配导航器、部件导航器和约束导航器。在 UG 主界面资源工具栏中单击相应按钮，可打开对应的对话框，用户可以在导航器结构树中选择需要的对象。

5）取消选择

如果用户在选择对象时，选择了一个并不希望选择的对象，可在按住【Shift】键的同时再次单击该对象，即可取消对它的选择。如果用户要取消所有已经选中的对象，按【Esc】键即可。

2. 编辑对象显示

用户通过编辑对象显示，可修改对象的图层、颜色、线型、宽度和透明度等显示属性。打开“类选择”对话框进入编辑对象显示，常用的打开方法有：

方法一：在菜单栏中选择“编辑”→“对象显示”命令，弹出“类选择”对话框。

方法二：在“视图”工具栏中单击“编辑对象显示”按钮，弹出“类选择”对话框。

方法三：按【Ctrl + J】组合键，弹出“类选择”对话框。

在图形工作区中选择需要编辑的对象后，在“类选择”对话框中单击“确定”按钮，弹出“编辑对象显示”对话框，如图 2-9 所示。

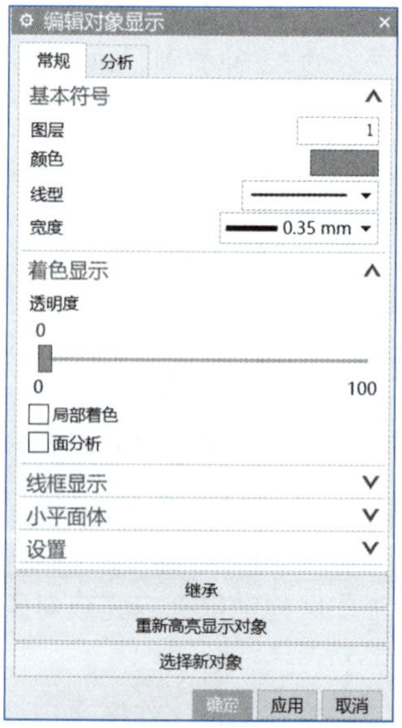

图 2-9 “编辑对象显示”对话框

在该对话框中的“常规”和“分析”选项卡中可进行对象的显示编辑。其中“常规”选项卡中主要选项的具体含义见表2-2。

表2-2　“常规”选项卡中主要选项的具体含义

选项名称	选项含义及设置方法
图层	指定对象所在的图层。通过输入图层号设置当前对象所在的图层，在没有进行设置的情况下，所有对象都默认为图层1
颜色	设置对象的颜色。默认颜色为灰色，如需要设置，可单击“颜色”选项后的颜色条，弹出“颜色”对话框，在该对话框中可以选择对象需要显示的颜色
线型	设置对象边缘的线型。线型有虚线、双点画线、中心线、点线、长点画线、点画线，通过选择“线型”下拉列表中的相应选项进行对象线型的设置
宽度	设置对象边缘的线宽。选择“宽度”下拉列表中的相应选项进行对象线宽的设置
透明度	控制穿过所选对象的光线数量，即设置对象的透明度。用户可通过拖动滑块改变透明度，透明度为0时，表示对象不透明；透明度为100时，表示对象完全透明

例如，进行颜色和透明度设置前后的效果如图2-10所示。

3. 对象的显示和隐藏

在创建复杂模型时，由于模型中包括众多的对象，用户可以利用对象的显示和隐藏功能将当前不进行操作的对象暂时隐藏起来，完成相应操作后，根据需要将隐藏的对象重新显示。该命令有以下三种常用激活方法，命令激活后，弹出“显示和隐藏”对话框，如图2-11所示。

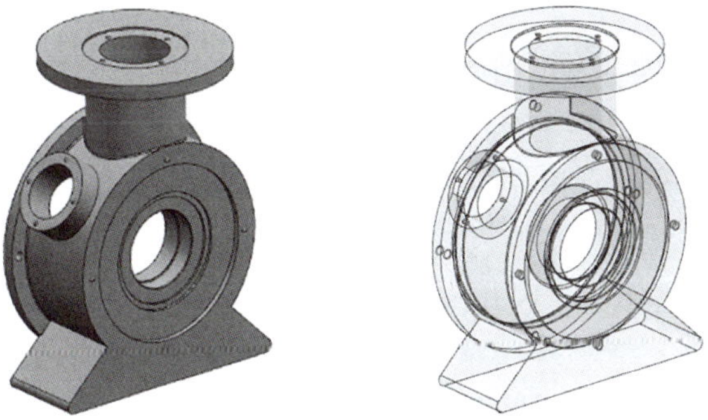

图2-10　颜色和透明度设置效果

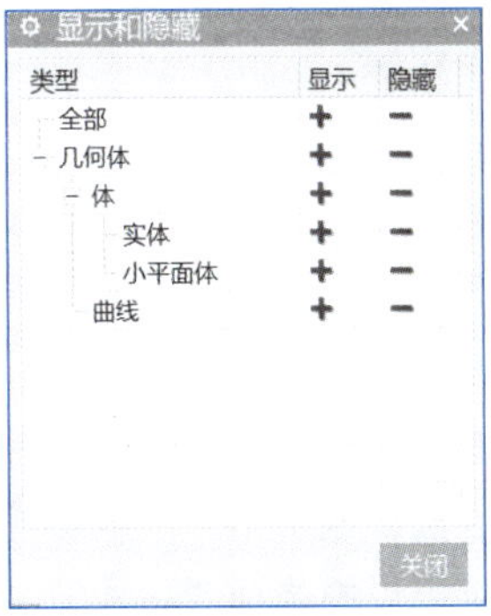

图2-11　“显示和隐藏”对话框

方法一：在菜单栏中选择“编辑”→“显示和隐藏”命令。

方法二：在“视图”工具栏的“可见性”面板中选择“显示和隐藏”命令。

方法三：按【Ctrl + W】组合键，弹出“显示和隐藏”命令。

在该对话框的“类型”列表中收集了当前模型中包含的各种对象类型。通过单击类型名称右侧“显示”列表中的+按钮或“隐藏”列表中的-按钮完成对该类型对象的显示或隐藏。

三、图层操作

图层是为了方便用户对设计模型进行管理，在模型空间中使用不同的层次放置设计模型几何元素的一种对象类型。通过图层操作，用户可以根据自己的需要将不同的几何元素放置到不同的图层中，并且可以通过设置图层显示或隐藏对象，从而提高设计效率。UG中每个模型文件最多可设置256个图层，分别用图层号1~256表示。

1. 图层设置

在 UG 的 256 个图层中，图层的控制共分为四种状态，即可选、工作层、仅可见和不可见，具体含义见表 2-3。

表 2-3　图层状态及其含义

状　态	含　义
可选	该图层上的对象可以在图形工作区中显示并且可以用于后续任何操作，可选图层上的对象也可见
工作层	将图层设为工作图层，这样以后创建的每个对象都位于该图层上。工作图层上的对象可以在图形工作区中显示出来并且可以用于后续任何操作
仅可见	该图层上的对象可以在图形工作区中显示出来，但是不能被选择
不可见	该图层上的对象在图形工作区中不显示，也不能被选择

设计部件时可以使用多个图层，但是一次只能在一个图层上工作，该图层称为工作图层。通常，工作前首先应进行图层的设置和编辑。在菜单栏中选择“格式”→“图层设置”命令或在“视图”工具栏中单击按钮，弹出“图层设置”对话框（见图 2-12），即可进行图层设置。利用该对话框可以设置部件中任意一个层为工作层，并设置层的可见性和选择性、查询层的信息以及编辑层的所属状态。

“图层设置”对话框中各选项的功能如下：

（1）工作层：在“工作层”文本框中输入图层号并按【Enter】键，系统自动将该图层设为当前工作层。

（2）按范围/类别选择图层：通过设置需要选择的图层范围或类别筛选图层。

（3）信息：提供该部件文件中所有图层的相关信息。

（4）显示：控制显示在图层列表中的图层类别和名称。

2. 图层类别

设置层的类目有利于分类管理，提高工作效率。因此，在 UG 中提供了将多个图层设置为集合的方法，便于用户按组查找层。

在菜单栏中选择“格式”→“图层类别”命令或单击“视图”工具栏“图层”下拉列表中的“图层类别”按钮，弹出“图层类别”对话框，如图 2-13 所示。

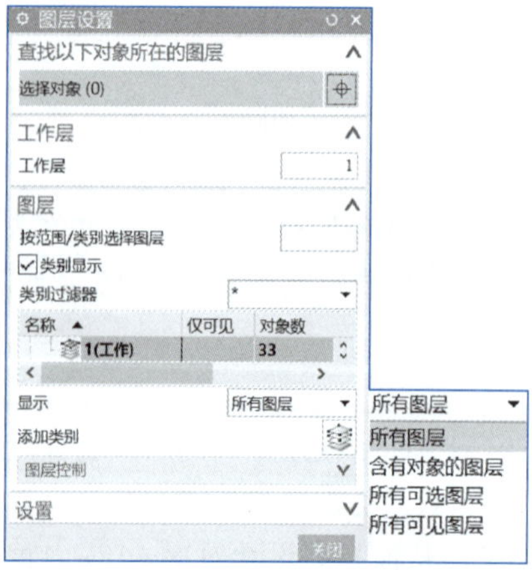

图 2-12　“图层设置”对话框

图 2-13　“图层类别”对话框

各种类型图层及 UG 中的默认图层序号为：图层号 1～20 用于表示实体；图层号 21～40 用于表示草图；图层号 41～60 用于表示曲线；图层号 61～80 用于表示参考对象；图层号 81～100 用于表示片体；图层号 101～120 用于表示工程图对象。

3. 移动至图层

如果在创建模型前未进行图层设置，或用户疏忽将一些不相关的几何元素放在一个不适合的图层中，需要把对象从一个图层移动到其对应的另一个图层中。

在菜单栏中选择“格式”→“移动至图层”命令或单击“视图”工具栏中的“移动至图层”按钮，弹出“类选择”对话框，选取对象，单击“确定”按钮，弹出“图层移动”对话框。在该对话框的“目标图层或类型”文本框中输入图层名称或在“图层”列表中选择相应的图层，单击“确定”按钮，所选的对象即可移动到指定的图层中，如图 2-14 所示。

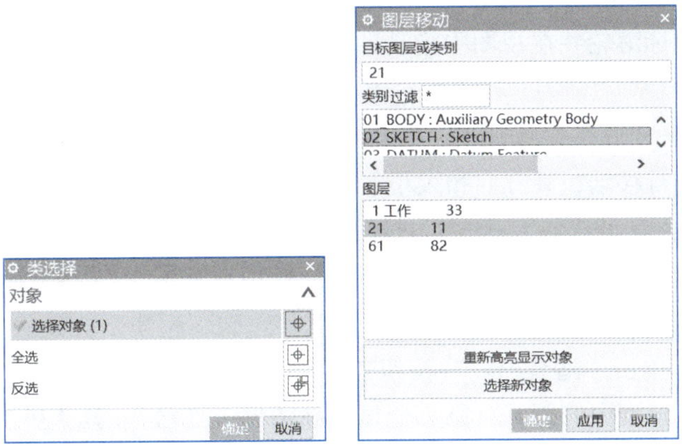

图 2-14　“移动至图层”操作过程

4. 复制至图层

用户将指定的对象复制到指定的图层中，该命令在建模中非常有用。在菜单栏中选择“格式”→“复制至图层”命令或单击“视图”工具栏“图层”下拉列表中的“复制至图层”按钮，弹出对象选取提示，选择要复制的对象，单击“确定”按钮，弹出“图层复制”对话框，其中各选项使用方法同“移动至图层”操作，系统会将所选对象复制到指定图层。

四、视图操作

用户在使用 UG 进行设计时，需要经常改变视角观察模型视图。因此，在 UG 建模模块中，沿着某个方向观察模型，将得到一幅平行投影的平面图，称为视图。此外在不同的设计环境中，为了更清楚地表达模型结构，需要模型以线框或着色等方式进行显示。

1. 查看模型

UG 的“视图”工具栏如图 2-15 所示，其主要作用是调整视图及视图中模型的大小，便于用户更清晰地观察和操作模型。

图 2-15　“视图”工具栏

（1）缩放：对当前视图进行缩小或放大。该命令常用的激活方法有：

方法一：单击“缩放”按钮，即可通过拖动鼠标定义工作区中缩放矩形区域的大小，将该矩形区域中包含的对象完全显示在图形工作区范围内。

方法二：在菜单栏中选择“视图”→“操作”→“缩放”命令，弹出“缩放视图”对话框，在该对话框的“缩放”文本框中输入缩放比例，实现特定缩放功能。

方法三：滚动鼠标滚轮，即可实现放大或缩小视图。

（2）旋转：将当前工作区的模型按照一定的方式进行旋转。该命令常用的激活方法有：

方法一：单击“旋转”按钮，即可通过拖动鼠标完成对视图的旋转操作。

方法二：在菜单栏中选择“视图”→“操作”→“旋转”命令，弹出“旋转视图”对话框，如图 2-16 所示。用户可根据需要选择旋转方式，其中“固定轴”有四种类型：（X 轴）、（Y 轴）、（Z 轴）和（XY 轴）。

方法三：按住鼠标滚轮并在视图中拖动，即可实现对视图的旋转操作。

（3）平移：单击“平移”按钮，拖动鼠标上下左右移动，模型在视图中平行移动，其方向和大小不变。

（4）放大/缩小：单击“放大/缩小”按钮，然后指定一点作为缩放中心，拖动鼠标上下移动即可动态改变模型在视图中的显示大小和显示位置。

（5）适合窗口：单击“适合窗口”按钮，即可调整视图的中心和比例，将该模型中的所有对象完全显示在图形工作区范围内。

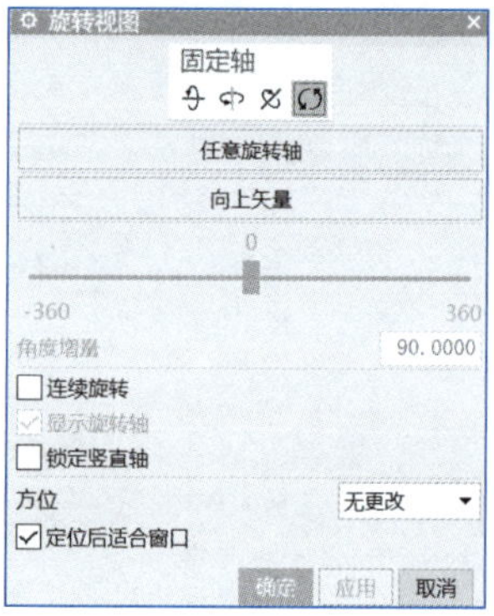

图 2-16 “旋转视图”对话框

2. 定向视图

UG 提供了八种默认的从某一特定方向观察模型的预定义视图，分别为正三轴测图、正等测图、俯视图、仰视图、前视图、后视图、左视图和右视图。

用户可根据需要从“视图”工具栏中的“定向视图”选项或快捷菜单中选择相应的视图改变模型的观察方向。按【Home】键将模型当前视图改为正三轴测图，按【End】键将模型当前视图改为正等测图。应注意的是，这些预定义视图的方向是以绝对坐标系为参考，并不是真正工程意义上的定向视图。

（1）正三轴测图：从坐标系的右-前-上方向观察模型，坐标轴旋转后三个轴向伸缩系数各不相同，如图 2-17(a)所示。

（2）正等测图：以等角度关系，从坐标系的右-前-上方向观察模型，坐标轴旋转后三个轴向伸缩系数相同，如图 2-17(b)所示。

（3）俯视图：沿 ZC 负方向投影到 XC-YC 平面上的视图，如图 2-18(a)所示。

（4）仰视图：沿 ZC 正方向投影到 XC-YC 平面上的视图，如图 2-18(b)所示。

（5）前视图：沿 YC 正方向投影到 XC-ZC 平面上的视图，如图 2-18(c)所示。

（6）后视图：沿 YC 负方向投影到 XC-ZC 平面上的视图，如图 2-18(d)所示。

（7）左视图：沿 XC 正方向投影到 YC-ZC 平面上的视图，如图 2-18(e)所示。

（8）右视图：沿 XC 负方向投影到 YC-ZC 平面上的视图，如图 2-18(f)所示。

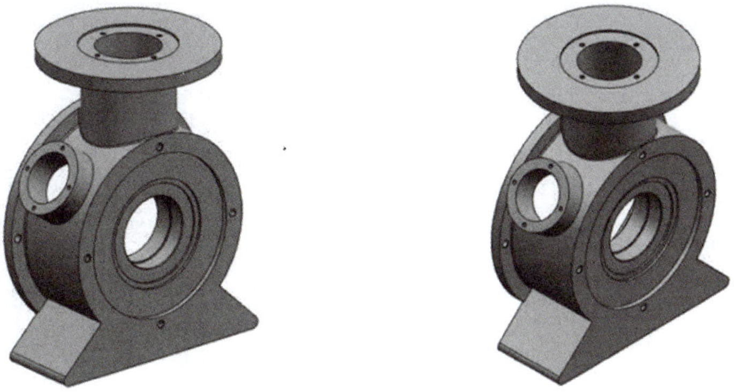

（a）正三轴测图　　（b）正等测图

图 2-17　测视图

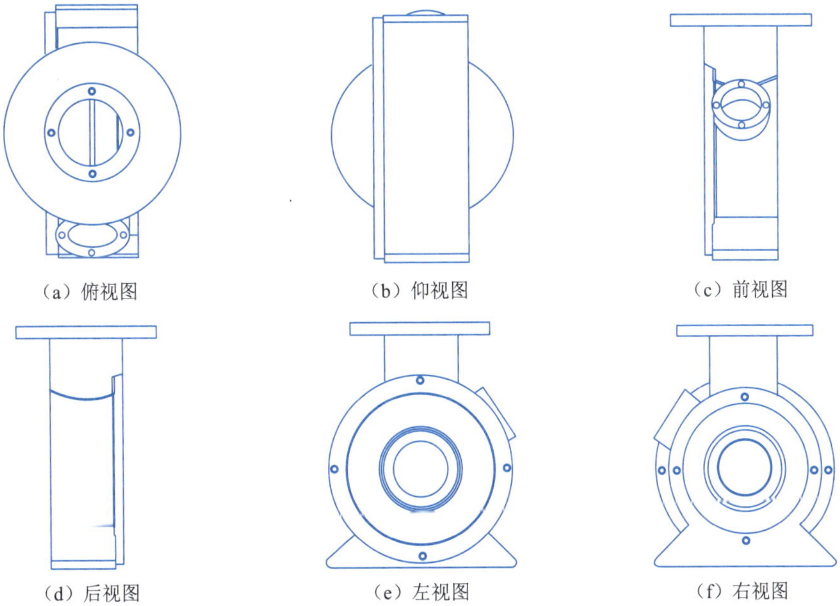

（a）俯视图　（b）仰视图　（c）前视图

（d）后视图　（e）左视图　（f）右视图

图 2-18　基本向视图

3. 显示样式

为查看模型、部件和装配体的显示效果，需要应用到不同的显示样式（渲染样式）。常用的“显示样式”命令激活方法有：

方法一：单击“视图”工具栏按钮右侧的下拉按钮，在下拉列表中选择模型的显示样式。

方法二：在图形区的空白区域右击，在弹出的快捷菜单中选择相应的“渲染样式”命令设置模型的渲染样式。

常用渲染样式的功能及效果见表2-4，通常在模型草绘环境下应用“带有隐藏边的线框”显示样式，在建模环境下应用“着色”显示样式。

表 2-4　常用渲染样式的功能及效果

样式名称	图　标	功　能	效　果
带边着色		模型着色显示并且显示模型的边线	
着色		模型着色显示，不显示模型的边线	
带有淡化边的线框		模型线框显示，隐藏边淡化显示	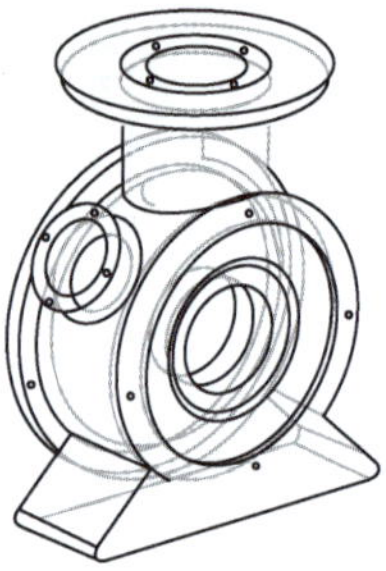
带有隐藏边的线框		模型线框显示，隐藏边不显示	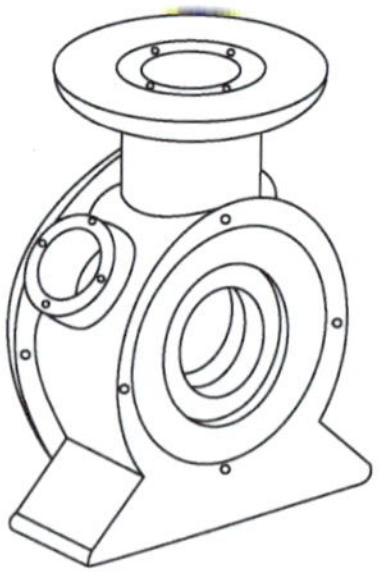
静态线框		模型线框显示，隐藏边正常显示	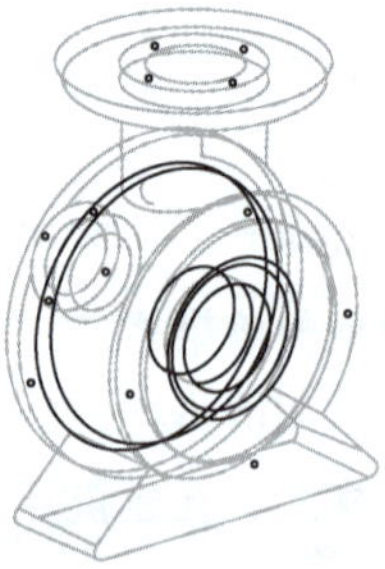

续表

样式名称	图　标	功　能	效　果
艺术外观		根据指定的基本材料、纹理和光源实际渲染工作视图中的面，使模型显示效果更有真实感	
面分析		以线框形式显示工作实体中各平面边或面	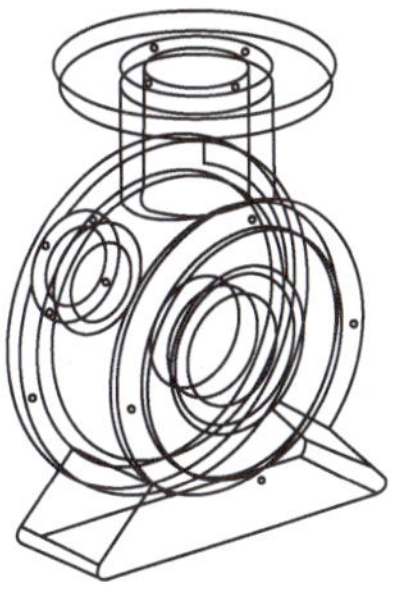
局部着色		根据需要选择面着色以突出显示	

4. 视图布局

视图布局指在图形工作区内将模型的不同视图同时显示出来，可以使用户从多个不同的视角观察模型，从而方便用户对模型的全景把握。

1）新建布局

在应用视图布局前，用户需要新建一个视图布局。在菜单栏中选择“视图”→“布局”→“新建”命令，弹出“新建布局”对话框，如图2-19所示。

在“新建布局”对话框的“名称”文本框中输入新建布局的名称，默认布局名称为“LAY *”，其中“ * ”用视图数代替即可，然后在“布置”下拉列表中选择相应的布局类型。UG系统提供了六种布置格式，最多可以布置九个视图以观察模型。

在确定“布置”格式后，位于对话框下部的布局视图按钮将激活，如选择四个视图布置，则显示四个视图按钮。用户可以接受系统默认的视图布置，也可以根据自己的需要指定各视图在布置中的位置：先通过单击“视图”按钮选择要变换的视图，然后在视图列表框中选择对应的视图。用户完成布局格式和视图类型的选择后，单击“确定”按钮即可完成布局的新建。图2-20所示为新建的视图布局。

图 2-19 “新建布局”对话框

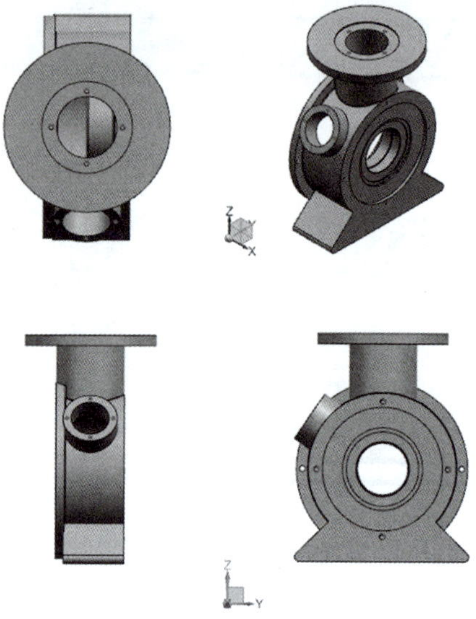

图 2-20 新建视图布局

2）保存布局

为了在以后的视图操作中调用新建的视图布局，在一个新的布局建立后应将其进行保存。用户可以在菜单栏中选择“视图”→“布局”→“保存”命令，将布局按原名保存。如果要使用其他名称保存，则选择“另存布局”命令。

3）打开布局

在用户创建完成新的视图布局并保存后，即可通过打开布局功能调用相关的视图布局。在菜单栏中选择“视图”→“布局”→“打开”命令，弹出“打开布局”对话框。该对话框的列表框中列出了已经保存的布局名称（当前打开的视图布局除外），选择需要的布局名称，单击“确定”按钮即可完成打开布局的操作。

4）删除布局

用户可以根据设计使用的需要删除多余的视图布局。在菜单栏中选择“视图”→“布局”→“删除”命令，弹出“删除布局”对话框，从对话框的布局列表框中选择相应的视图布局，单击“确定”按钮即可删除该视图布局。

5）布局视图操作

（1）工作视图。在多视图布局中，用户可以对各个视图进行旋转、平移等视图操作，但只能在一个视图中编辑模型，这个视图即为工作视图。通过以下方法，将布局视图设为工作视图：

方法一：在图形工作区中，右击所需的视图，在弹出的快捷菜单中选择“工作视图”命令。

方法二：在菜单栏中选择“视图”→“操作”→“选择工作”命令，弹出“选择工作视图”对话框，双击列表中的视图名称或选择视图名称并单击“确定”按钮。

（2）替换视图。用户可以在工作过程中，根据需要替换已存在布局中的任意视图。在菜单栏中选择“视图”→“布局”→“替换视图”命令，弹出“要替换的视图”对话框，依次在视图列表中选择要替换的视图和替换为的视图，单击“确定”按钮即可，如图 2-21 所示。

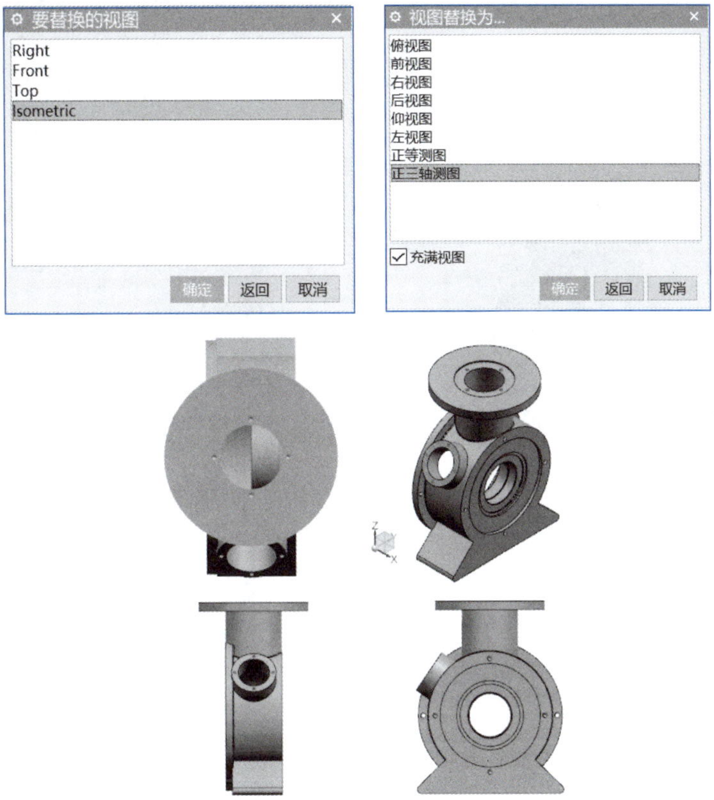

图 2-21　替换视图

用户也可以在图形工作区中右击需要替换的视图，在弹出的快捷菜单中选择“替换视图”命令，然后选择替换为的视图即可。

五、鼠标操作

当用户处在不同的操作状态时，鼠标的功能将有所区别。通常使用的鼠标为三键鼠标，分别为左键（MB1）、滚轮或中键（MB2）和右键（MB3）。常用鼠标各键基本功能如下：

1. 菜单管理功能

（1）左键：在图形工作区或对话框中，单击鼠标左键（简称单击），用于进行选择操作；在某个对象上双击鼠标左键（简称双击），启动该对象的默认操作，如特征对象的属性、部件对象显示为工作部件等。

（2）中键：用于结束拾取，单击鼠标中键，功能相当于单击对话框中的“确定”按钮；按住【Alt】键并单击鼠标中键，功能相当于单击对话框中的“取消”按钮。

（3）右键：单击鼠标右键（简称右击），用于显示该对象的快捷菜单；在图形工作区中，可通过右击显示“视图”操作快捷菜单和选择条。

2. 视图操作功能

（1）中键：在图形工作区中，滚动鼠标滚轮，可进行视图的缩放；按住鼠标中键并拖动鼠标，用于进行视图的旋转。当光标位于图形工作区内时，按住中键并拖动可以绕模型几何中心或旋转点［见图 2-22（a）］旋转视图中的对象。要设置或清除旋转点，可在图形工作区中的空白处右击，在弹出的快捷菜单［见图 2-22（b）］中选择“设置旋转参考”命令，然后在图形工作区中指定一个点作为旋转点，后续可以通过相同的操作“清除旋转参考”。

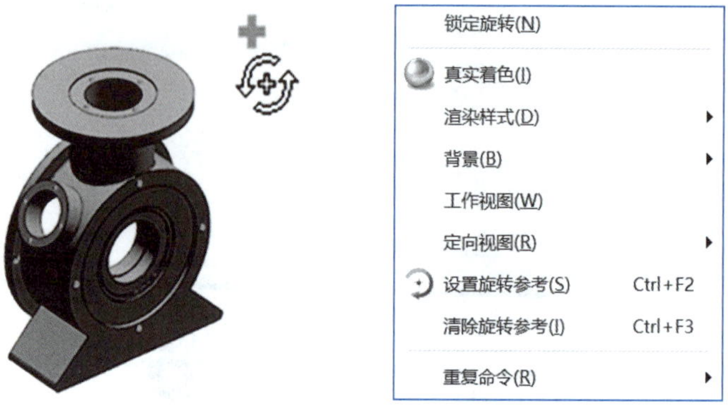

（a）视图旋转　　（b）旋转点设置

图 2-22　中键视图操作

（2）【Shift】键 + 中键（左键 + 中键）：在图形工作区中，同时按【Shift】键和鼠标中键并拖动鼠标，可用于进行视图的平移，方便查看模型的不同区域，适合精确调整视角。

（3）【Ctrl】键 + 中键：在图形工作区中，同时按【Ctrl】键和中键并拖动鼠标，可用于进行视图的缩放。

（4）右键：在图形工作区的空白处按住鼠标右键不放，弹出辐射式快捷菜单，如图 2-23 所示，可进行查看模型、渲染样式等视图操作。

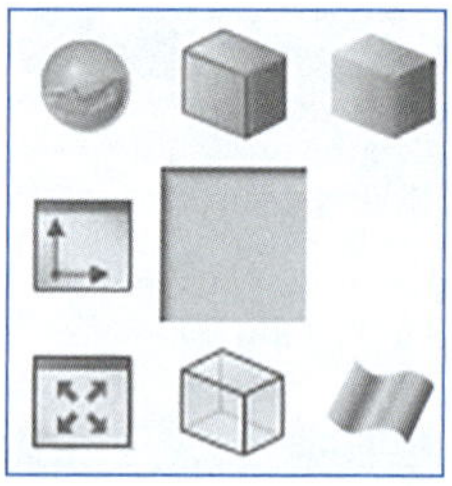

图 2-23　辐射式快捷菜单

2.3　坐　标　系

坐标系是确定三维模型中各个元素空间位姿的基本参照，也是进行视图变换和几何变换的基础。在使用 UG 进行产品三维模型的创建时，用户可以根据需要创建坐标系或对现有坐标系进行移动、旋转等编辑操作，使相对于坐标系的模型数据参数确定更加方便。

一、坐标系的类型

在 UG 中，坐标系包括绝对坐标系（ACS）、工作坐标系（WCS）和基准坐标系（CSYS）三种坐标系。这些坐标系的方向都符合右手定则。

1. 绝对坐标系

绝对坐标系是系统默认的坐标系，用于定义三维空间中的一个固定点和方向，可作为零部件装配的基准。模型中只有一个绝对坐标系，将绝对坐标系视为位于 X = 0、Y = 0、Z = 0 的位置。在 UG 中，图形工作区的左下角用视图三重轴表示绝对坐标系的方位。可以选定三重轴的某一轴，然后按住中键并拖动以该轴为中心对模型进行旋转，如图 2-24 所示。

图 2-24 三重轴

2. 工作坐标系

在每个模型中可以有多个坐标系，然而其中只有一个是工作坐标系。工作坐标系是建模过程中重要的参照，不能被删除；工作坐标系的初始位置与绝对坐标系一致，用户可以根据需要对坐标系进行创建、编辑、显示和隐藏等操作。工作坐标系的 XC-YC 平面称为工作平面。用户可以参考工作坐标系创建体素特征、定义草图平面、创建基准轴或基准平面以及创建矩形阵列等。

3. 基准坐标系

基准坐标系是一种基准特征，因此它作为模型的一个特征存在，创建新文件时，UG 会将基准坐标系定位在绝对零点，显示为部件导航器中的一个特征。基准坐标系包括三个轴、三个平面、一个坐标系和一个原点，这些对象可以单独选取，为创建其他特征或在装配中定位组件提供参考。

二、 工作坐标系的创建

利用创建基准坐标系特征创建工作坐标系，即先创建基准坐标系，然后将工作坐标系移动到该基准坐标系上。用户可以在新建的工作坐标系上继续完成原有模型的创建工作。

创建基准坐标系，在“特征”工具栏的“基准/点”下拉列表中选择“基准坐标系”命令，或在菜单栏中选择“插入”→“基准/点”→“基准坐标系”命令，弹出“基准坐标系”对话框，如图 2-25 所示。在“类型”下拉列表中选择构造基准坐标系的方法，具体见表 2-5，完成基准坐标系的创建。

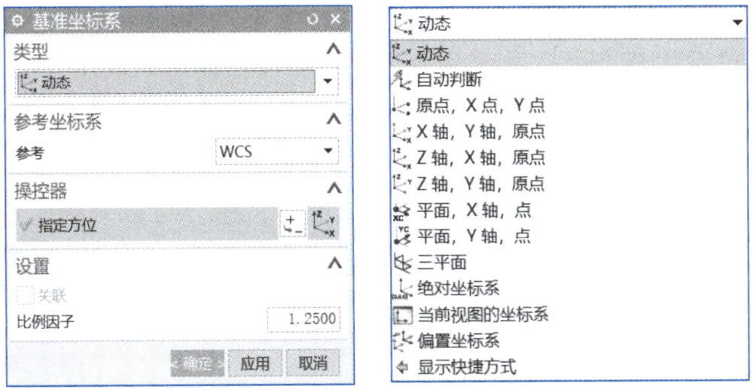

图 2-25 “基准坐标系”对话框

表 2-5　构造基准坐标系的方法

方 法 名 称	方 法 图 标	构造方法描述
动态		激活当前工作坐标系，并对其进行任意移动或旋转；或选择现有基准坐标系作为参考并对其进行偏置，创建新的基准坐标系
自动判断		系统根据用户选择的参考对象，自动选择可能的坐标系构造方法，当满足坐标系构造的要求时，系统将自动创建一个新的坐标系
原点，X 点，Y 点		在图形工作区确定三个点以构造一个新的坐标系，选取顺序依次为原点、X 轴上的点、Y 轴上的点。第一点指向第二点的方向为 X 轴的正向，第一点指向第三点的方向为 Y 轴的正向
X 轴，Y 轴，原点		在图形工作区选择一个点和两个矢量构造一个新的坐标系，选择的一个点是坐标系的原点，两个矢量用于判定 X 轴和 Y 轴的正向
Z 轴，X 轴，原点		在图形工作区选择一个点和两个矢量构造一个新的坐标系，选择的一个点是坐标系的原点，两个矢量用于判定 Z 轴和 X 轴的正向
Z 轴，Y 轴，原点		在图形工作区选择一个点和两个矢量构造一个新的坐标系，选择的一个点是坐标系的原点，两个矢量用于判定 Z 轴和 Y 轴的正向
平面，X 轴，点		在图形工作区选择一个平面、一个矢量和一个点构造一个新的坐标系，选择的一个平面是坐标系的 XOY 平面，即 Z 轴的法面，一个矢量用于判定 X 轴的正向，一个点用于指定坐标系的原点
平面，Y 轴，点		在图形工作区选择一个平面、一个矢量和一个点构造一个新的坐标系，选择的一个平面是坐标系的 XOY 平面，即 Z 轴的法面，一个矢量用于判定 Y 轴的正向，一个点用于指定坐标系的原点
三平面		在图形工作区选择三个平面构造一个新的坐标系，选择的第一个平面的法向为 X 轴，第二个平面的法向为 Y 轴，第三个平面用于确定原点的位置，并按照右手定则生成 Z 轴
绝对坐标系		在绝对坐标位置（0,0,0）处构造一个新的坐标系
当前视图的坐标系		利用图形工作区内视图的方位构造一个新的坐标系，XOY 平面与屏幕平行，X 轴为水平方向向右，Y 轴为竖直方向向上，原点位于图形工作区中央
偏置坐标系		参照现有的坐标系，通过输入相对于现有坐标系 X、Y、Z 坐标轴的偏置距离和旋转角度构造一个新的坐标系

完成基准坐标系的创建后，选取要作为工作坐标系的基准坐标系并右击，在弹出的快捷菜单中选择“将 WCS 设置为基准坐标系”命令，完成工作坐标系的创建。

三、工作坐标系的变换

在建模过程中，为了方便地创建模型的各组成部分，用户可以对新建或现有坐标系进行平移、旋转、重新定向等变换。要进行坐标系变换，可在菜单栏中选择“格式”→WCS 命令，在子菜单中选择相应的变换方法即可执行相应的变换操作，具体方法如下：

1. 动态

“动态”是工作坐标系最常用的变换工具，它可以直接在图形工作区对工作坐标系进行

任意的移动或旋转。可以通过“动态”命令或单击“工具”工具栏“实用工具”面板中的“WCS 动态”按钮激活工作坐标系，如图 2-26 所示。用户可通过单击鼠标中键取消激活。

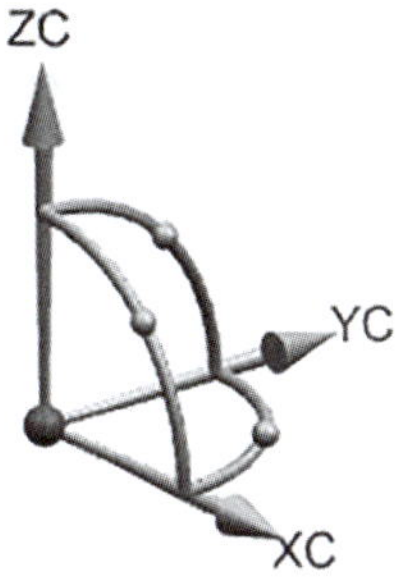

图 2-26　激活后的工作坐标系

激活后的工作坐标系上有三类操作手柄，分别为球形的原点手柄、球形的旋转手柄和锥形的移动手柄。用户可以通过选择操作这些手柄完成工作坐标系的移动、旋转等变换。

（1）原点移动。用户选择原点手柄后可以将工作坐标系的原点平移到模型几何体上的某个端点或将原点移动到指定的位置。

（2）沿坐标轴移动。单击坐标轴 XC、YC、ZC 上对应的锥形移动手柄，然后沿着坐标轴拖动坐标系（默认的距离增量为 10）或在动态输入框中输入相应的距离值，即可沿相应的方向移动坐标系。

（3）绕坐标轴旋转。单击 XC-YC、YC-ZC、ZC-XC 坐标平面内对应的球形旋转手柄，拖动鼠标（默认角增量为 45°）或在动态输入框中输入相应的角度值，即可绕相应的坐标轴旋转坐标系。

（4）重新定向坐标系。单击 XC、YC、ZC 轴或对应的移动手柄，然后选择相应的对象，可使选择的坐标轴与参考的对象平行，或者双击选择的坐标轴使其反向。重新定向坐标系并不移动坐标原点。

2. 原点

“原点”用于重新定义当前工作坐标系的原点，移动后的坐标系各坐标轴的方向并不改变。用户选择“原点”命令后，弹出“点”对话框，如图 2-27 所示，用户可以在对话框中的“点位置”选项组中指定新的原点，或在“输出坐标”选项组中输入点的坐标以定位新坐标原点。

3. 旋转

“旋转”通过选取当前工作坐标系某一轴的方向，并指定相应的角度转动当前工作坐标系。选择“旋转”命令，弹出“旋转 WCS 绕...”对话框，如图 2-28 所示，用户在对话框中指定旋转方式并输入角度值即可完成坐标系的旋转。

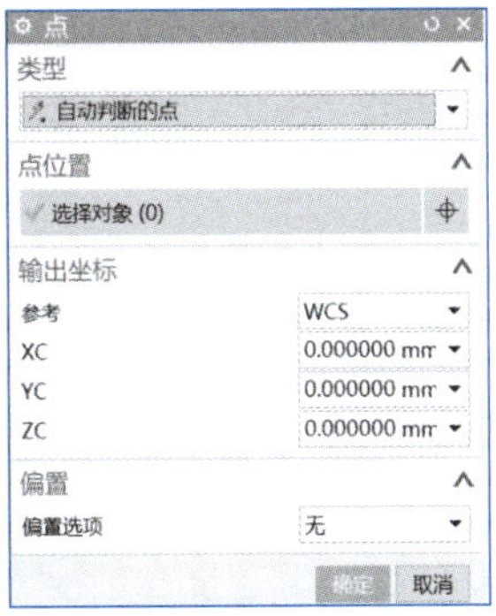

图 2-27　“点”对话框

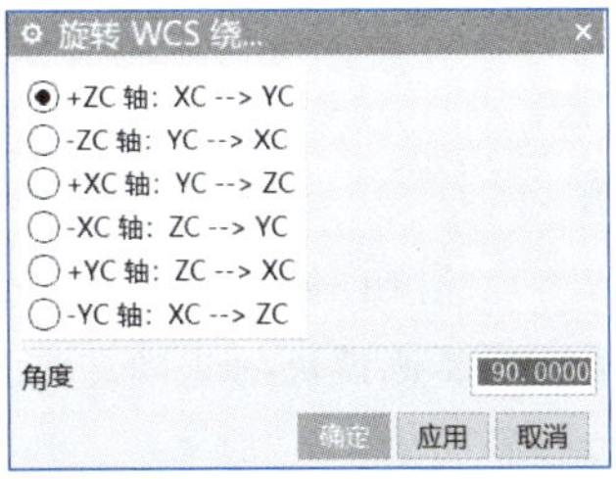

图 2-28　“旋转 WCS 绕...”对话框

4. 定向

选择“定向”命令，弹出“坐标系”对话框，通过其中的选项将当前工作坐标系定位到新的坐标系，其具体操作方法与前文介绍的“工作坐标系的创建”相同。

5. WCS 设为绝对

“WCS 设为绝对”将当前工作坐标系定位到绝对坐标系的原点处，且坐标方向与绝对坐标系相同。

6. 改变方向

改变方向包含“更改 XC 方向”和“更改 YC 方向”两个选项，它们分别通过更改坐标系 X 轴或 Y 轴的方向重新定位当前工作坐标系的方位。

选择相应选项，弹出“点”对话框，在用户确定点位置后，系统将以工作坐标系原点和该点在 XC-YC 平面内的投影之间的连线作为新工作坐标系的 X 轴或 Y 轴方向，工作坐标系 Z 轴的方向保持不变。

四、坐标系的显示及保存

在菜单栏中选择“格式”→WCS→“显示”命令，或单击“工具”工具栏“实用工具”面板中的“显示 WCS”按钮，该功能用于显示或隐藏当前的工作坐标系。

在菜单栏中选择“格式”→WCS→“保存”命令，或单击“工具”工具栏“实用工具”面板中的“保存 WCS”按钮，该功能用于保存当前工作坐标系。通常经过变换后创建的坐标系需要进行及时保存，这样既可以与原来的坐标系进行区别，也便于用户在后续的工作过程中根据需要随时调用。

对当前工作坐标系进行保存后，保存后的坐标系由原来的 XC、YC、ZC 轴变为对应的 X、Y、Z 轴，如图 2-29 所示。

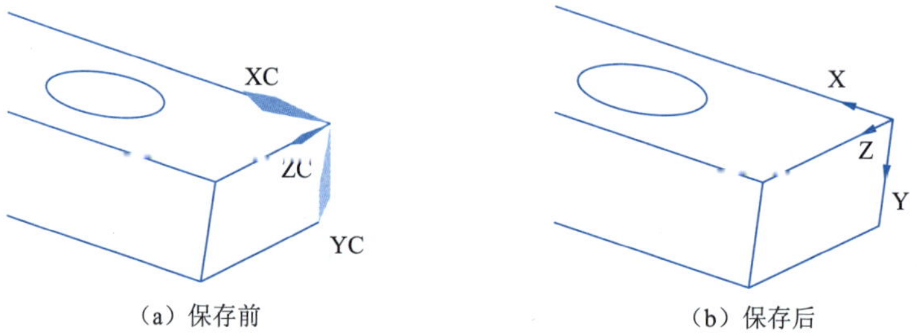

图 2-29 保存坐标系

思考与练习

一、填空题

1. ____________是 UG 的基础模块，仅提供一些最基本的操作，如文件操作、层的控制和视图定义等，是进入其他模块的基础。

2. 在 UG 工作界面中，____________用于显示 UG 版本、用户当前选择的工作模块、当前工作部件的文件名、当前工作部件的修改状态等信息。

3. 导航器分为____________、____________和____________等，是用于显示和管理当前零部件操作的结构树。

4. 在 UG 的 ________ 个图层中，图层的控制共分为四种状态，即 ________、工作状态、________、________。设计部件时可以使用多个图层，工作图层有 ________ 个。

5. ________ 坐标系是 UG 系统提供给用户的坐标系统，用户可以根据需要任意移动其位置。

二、选择题

1. 在 UG 的用户界面中，(　　) 区域提示用户下一步该做什么。

A. 信息窗口　　B. 提示行　　C. 状态行　　D. 部件导航器

2. 在 UG 中，(　　) 是系统默认的坐标系，在模型文件创建时就存在，其原点位置和各坐标轴的方向保持不变，这样可以保证模型各个部分的位置关系确定不变，可以作为零部件装配的基准。

A. 绝对坐标系　　B. 工作坐标系　　C. 基准坐标系　　D. 特征坐标系

3. 利用鼠标移动观察对象，当光标位于图形工作区内时，按住中键并拖动可以绕模型几何中心或旋转点旋转视图中的对象；在图形工作区中，同时按 (　　) 键和鼠标中键，拖动鼠标，可进行视图的平移。

A. 【Ctrl】　　B. 【Shift】　　C. 【Tab】　　D. 【Alt】

4. 下列 (　　) 图标表示“局部缩放”命令。

A. 　　B. 　　C. 　　D. 

5. 在进行视图布局时，UG 系统提供了 (　　) 种布置格式，最多可以布置 (　　) 个视图用于观察模型。

A. 5、8　　B. 6、8　　C. 6、9　　D. 7、9

6. 在应用模型渲染样式时，通常在草绘环境下应用 (　　) 显示样式。

A. 着色　　B. 带有隐藏边的线框

C. 静态线框　　D. 带边着色

三、简答题

1. 简述 UG 软件工作界面的组成。

2. 列举工作坐标系变换的方法。

3. 简述鼠标的视图操作功能。

4. 如何改变对象所在的图层？

四、上机练习

1. 打开 ch2\example\2-1. prt，定制图 2-30 所示的工具栏，具体要求如下：

（1）包括“标准”“选择条”和“特征”三个工具栏。

（2）“特征”工具栏显示的快捷按钮如图 2-30 所示。

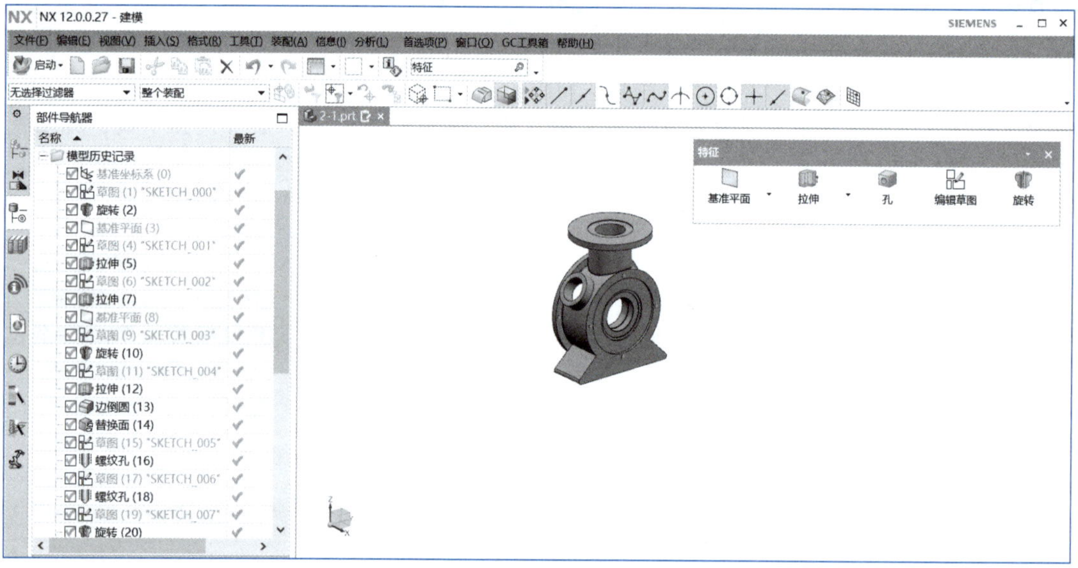

图 2-30 定制工具条

2. 打开 ch2\example\2-2. prt，进行层、视图和坐标系操作，具体要求如下：

（1）如图 2-31(a)所示，将拉伸特征由层 1 移至层 20，并利用图层对其进行显示和隐藏操作。

（2）选择图 2-31(b)所示的上表面，将视图变换到与该平面平行的方向，分别应用各种渲染样式查看模型。

（3）将坐标系由图 2-31(b)所示的位置变换到图 2-31(c)所示的位置，并将变换后的坐标系进行保存。

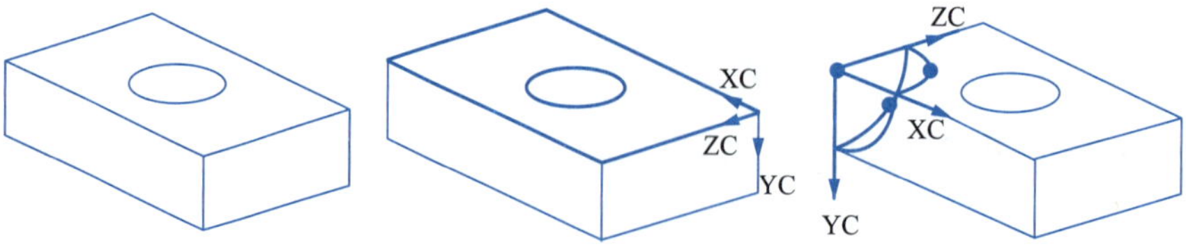

(a) (b) (c)

图 2-31 层、视图和坐标系操作

第 3 章 草图的绘制

草图指与实体模型相关联的二维图形，是在某个指定平面上的二维几何元素的总称，一般作为三维实体模型的基础。“草图”是 UG 软件的一个应用模块，其与曲线功能中所绘制图形的最大不同在于：草图中使用几何约束与尺寸约束，更容易表达用户的设计意图；参数驱动设计的应用，便于模型的创建、修改。应用草图生成器评估约束，可以确保这些约束完整而无冲突。只有限定了合适的约束和标注了准确且足量的尺寸，才能驱动整个草图。这一定程度上可以约束用户的建模操作，减少失误，使操作规范化、准确化。

草图可通过拉伸、旋转或扫掠等特征操作生成实体或片体，草图还可以构造大型设计的二维概念布局等。熟练掌握草图功能，为后续三维建模打好基础，提高在三维建模中的制图效率。

3.1 草图概述

草图是 UG 建模中建立参数化模型的一个重要工具，可用于在部件内部创建二维几何对象。通常情况下，三维建模都是从创建草图开始的，即先利用草图功能创建出各种基本曲线，对曲线进行几何约束和尺寸约束，实现与特征建模模块同样的尺寸驱动，然后通过拉伸、旋转或扫掠等操作创建相应的参数化实体模型。可以说绘制二维草图是创建三维实体模型的基础与关键。

一、进入草图环境

绘制草图的基础是草图环境，该环境提供草图的绘制、编辑操作，以及添加相关约束等与草图操作相关的工具。

在菜单栏中选择“插入”→“草图”命令或单击“主页”工具栏“直接草图”面板中的“草图”按钮，系统进入草图环境，并弹出“创建草图”对话框，通过该对话框即可创建草图工作平面，如图 3-1 所示。

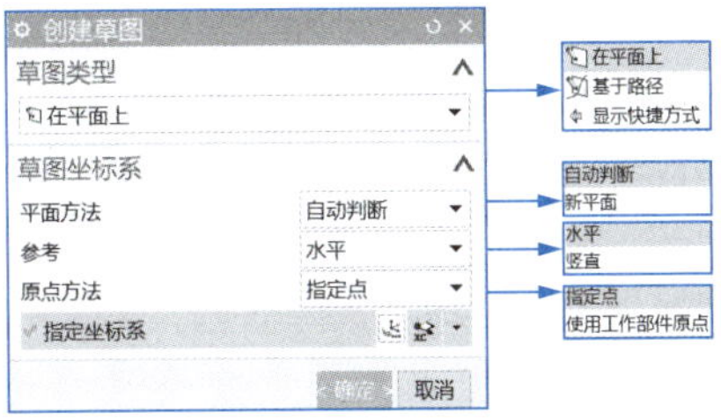

图 3-1 “创建草图”对话框

二、创建工作平面

绘制草图的前提是创建草图的工作平面，要创建的所有草图几何元素都将在该平面内完成。草图平面的使用频率较高，也是草图绘制过程中最重要的特征之一。在图 3-1 所示的“草图类型”下拉列表中包含了“在平面上”和“基于路径”两种不同的草图工作平面创建类型。

1. 在平面上

选择此选项，可在图形区选择任意平面作为草图平面。按照默认设置，选择“在平面上”选项，其下拉列表中，UG 提供了两种指定草图工作平面的方式。

1）自动判断

系统自动选定有效的草图平面，一般以当前坐标系的 XY 平面作为草图平面。选择该选项，用户无须选择平面，单击“确定”按钮即可进入草图绘制模式。另外，也可以选择目前已有的平面作为草图平面，如基准平面、实体平面表面及由坐标系定义的平面。

2）新平面

该选项可以借助现有平面、实体及线段等元素作为参照，创建一个新的平面，然后以此平面作为草图平面。选择“新平面”选项，在“指定平面”下拉列表中选择一种平面创建方式，如单击“平面”按钮，弹出“平面”对话框，创建所需的草图工作平面，如图 3-2 所示。

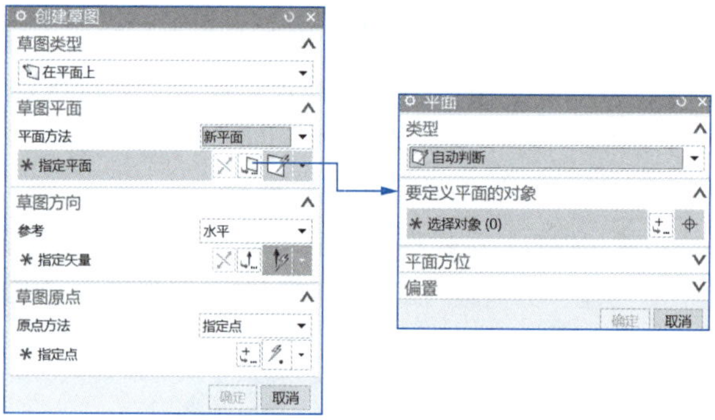

图 3-2 “新平面”指定草图工作平面

在平面上“创建草图”工作平面时，“创建草图”对话框中各选项的功能如下：

（1）“参考”用于指定草图中坐标系的方位。在“参考”下拉列表中，“水平”表示草图平面的 X 轴方向与参考平面的 X 轴方向一致；“竖直”表示草图平面的 X 轴方向与参考平面的 Y 轴方向一致。

（2）“原点方法”用于指定草图坐标系的原点位置。“指定点”表示指定已存在的点作为草图平面的原点；“使用工作部件原点”表示使用环境内部默认原点作为草图平面的原点。

（3）“指定坐标系”用于指定一个坐标系，在“指定坐标系”下拉列表中选择一种坐标系创建方式，单击“坐标系对话框”按钮，弹出“坐标系”对话框。创建坐标系后返回到“创建草图”对话框，即可选择创建的坐标平面作为草图平面。

2. 基于路径

该方式指定一轨迹，通过该轨迹确定一平面作为草图的工作平面。利用该方式创建草图工作平面，首先选择“草图类型”下拉列表中的“基于路径”选项。然后选择路径（即曲线轨迹），并分别设置“平面位置”“平面方位”“草图方向”等参数，即可创建草图工作平面，如图 3-3 所示。

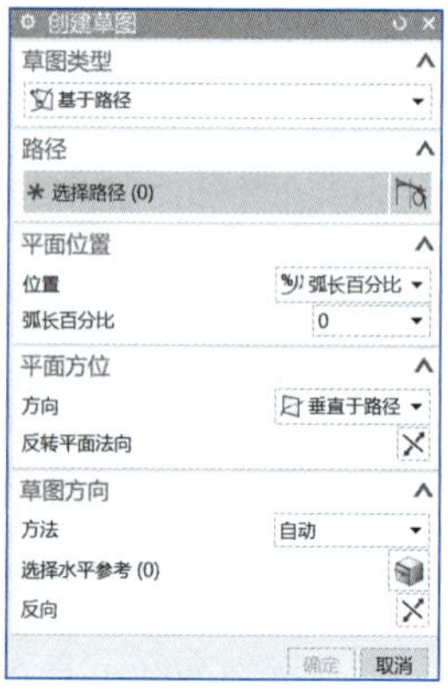

图 3-3 “基于路径”创建草图工作平面

"基于路径"创建草图工作平面时，"创建草图"对话框中各选项的功能如下：

(1)"路径"用于选择定义草图平面的路径，可选择模型边线和草图线条。

(2)"平面位置"用于定义平面在曲线上所处的位置，可选择"弧长""弧长百分比""通过点"三种定义方式。

(3)"平面方位"用于指定平面的方向，默认方向为"垂直于路径"，还可选择"垂直于矢量""平行于矢量"和"通过轴"。

(4)"草图方向"可对草图的放置方位进行准确设置，以获得需要的放置效果。"方法"下拉列表中包含三个选项："自动"选项，系统自动给定一个方向作为 X 轴方向；"相对于面"选项，用户选择一个面作为方向参考，X 轴在坐标原点与此面相切；"使用曲线参数"选项，以曲线在此点的切线方向作为 Z 轴方向。

三、创建草图前的准备

在草图的工作环境中，为了更准确、有效地绘制草图，需要对一些常规的参数进行相应设置，以满足不同用户的使用习惯。在菜单栏中选择"首选项"→"草图"命令，弹出"草图首选项"对话框，其中包括"草图设置""会话设置""部件设置"三个选项卡，各选项功能如下：

1. "草图设置"选项卡

该选项卡用于控制"活动草图"区域，可以对草图尺寸的标注样式、文本高度和草图几何约束符号显示尺寸等基本参数进行设置，如图 3-4 所示。

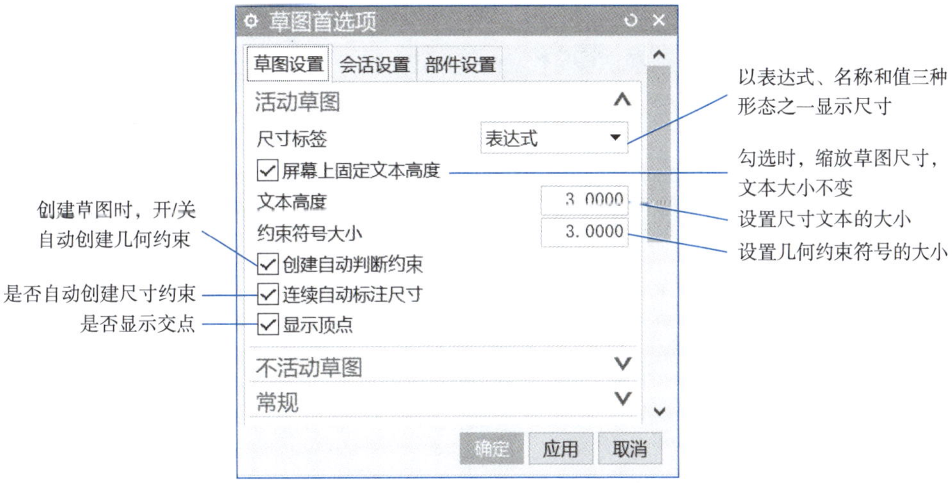

图 3-4　"草图设置"选项卡

2. "会话设置"选项卡

该选项卡可以对绘制草图中的捕捉精度、草图显示状态，以及名称前缀样式等基本参数进行相应设置，主要包括"设置""任务环境""名称前缀"三个选项组，如图 3-5 所示。该选项卡中的选项一般保持默认设置。

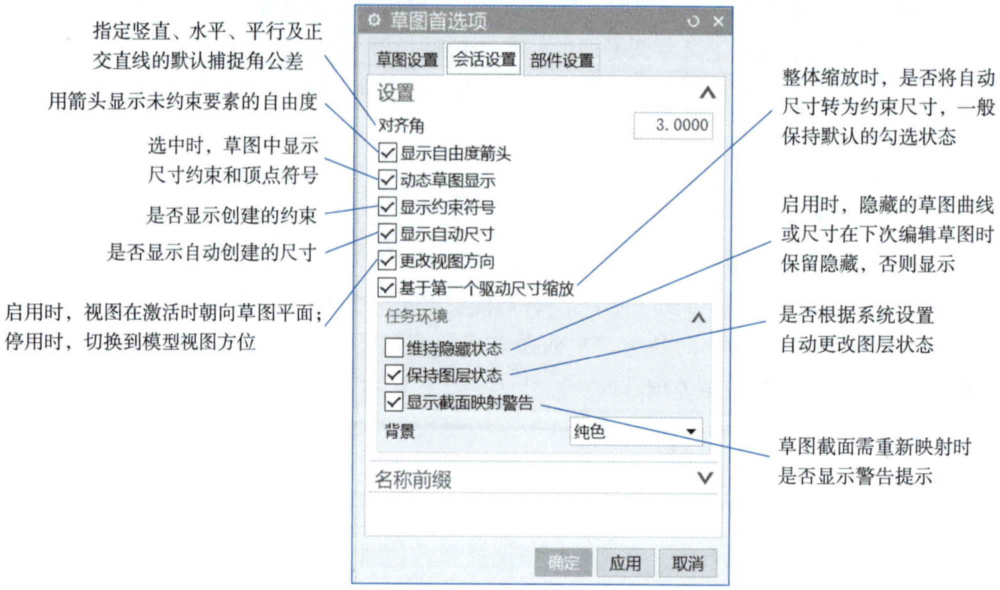

图 3-5 “会话设置”选项卡

3. “部件设置”选项卡

该选项卡可以对草图中的几何元素以及尺寸的颜色进行相关设置，用于控制曲线、尺寸、自由度箭头的颜色设置，以及当前部件中其他草图对象的颜色设置。掌握草图对象的颜色区别对及时发现草图可能存在的问题或错误非常有用，如图 3-6 所示。

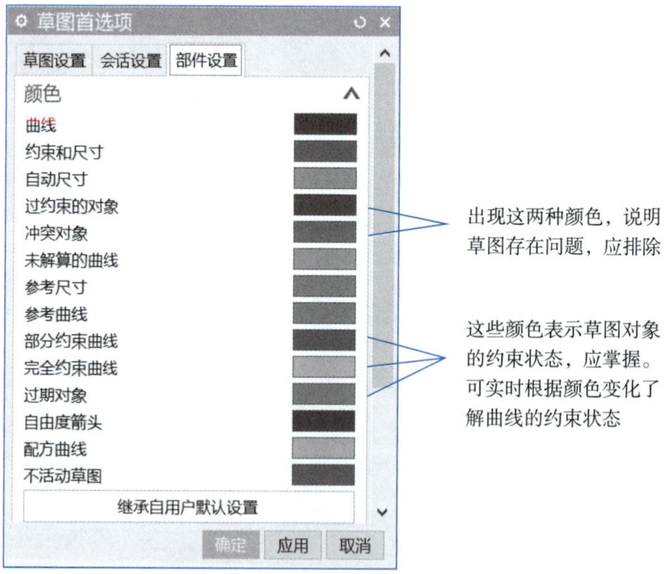

图 3-6 “部件设置”选项卡

设置好绘制草图的各个选项后即可进入草图环境中绘制草图。草图可分为外部的和特征内的草图。通常使用“草图”命令创建的草图为外部草图；基于草图的特征（如拉伸、旋转等）集成草图命令，在特征中生成的草图为特征内的草图。外部的和特征内的草图可以相互转换，操作方法为：在部件导航器中右击父特征，在弹出的快捷菜单中选择“将草图设为外部”命令或“将草图设为内部”命令。

3.2　草图的绘制

草图的绘制是本章的重要内容，也是创建实体模型的基础和关键。通过绘制的二维轮廓，添加相关约束，构建出实体或截面的轮廓，再利用拉伸、旋转或扫掠等操作生成与草图对象相关联的实体模型。在参数化建模时，灵活地应用绘制草图功能会给设计带来很大的方便。草图建立的一般过程如下：

（1）选择一个草图平面或路径，并指定水平或竖直参考方向。

（2）可以选择重命名草图。

（3）设置自动判断约束和设置草图选项。

（4）创建草图的曲线。

（5）添加、修改或删除约束。

（6）拖动外形或修改尺寸参数。

（7）退出草图生成器。

指定草图工作平面后，可在草图工作平面上建立草图对象，此时需要借助“直接草图”面板，如图 3-7 所示。

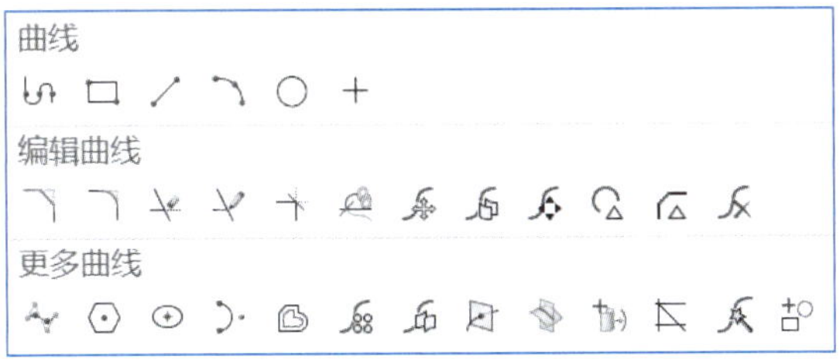

图 3-7　“直接草图”面板

进入草图环境后，激活以上草图命令的常用方法如下，以“圆”命令为例进行说明。

方法一：在菜单栏中选择“插入”→“草图曲线”→“圆”命令○，弹出“圆”对话框。

方法二：草图环境下，在“主页”工具栏“直接草图”面板中选择“圆”命令○，弹出“圆”对话框。

下面介绍草图曲线的常用命令。

一、点和直线

1. 点命令

点是建模中最基本的要素，无论简单曲线还是复杂实体，都是由特征点创建出来的。草图对象由控制点控制，如直线由两个端点控制、圆弧由圆心和起始点控制。在“直接草图”面板中单击+按钮，弹出“草图点”对话框，用于在草图中创建点，如图 3-8 所示。单击该对话框中“点对话框”按钮，弹出“点”对话框，其中“类型”选项组用于选择点的捕捉方式，系统提供了端点、交点、象限点等方式。

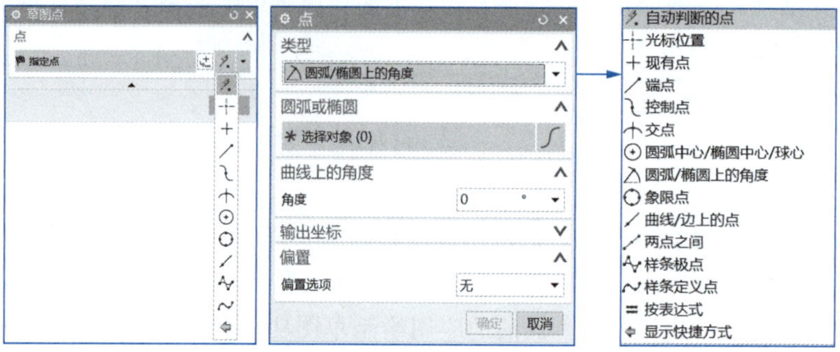

图 3-8 “草图点”对话框及“点”对话框

2. 直线命令

1）直线命令

“直线”命令用于绘制直线，激活“直线”命令后，弹出“直线”对话框，该对话框中包含两种输入模式：坐标模式和参数模式。

（1）坐标模式：单击按钮，光标右下角出现浮动的 XC、YC 起点和终点动态输入框，用于输入（XC,YC）坐标以创建直线的起点和终点，如图 3-9 所示。该模式是系统默认的初始模式。

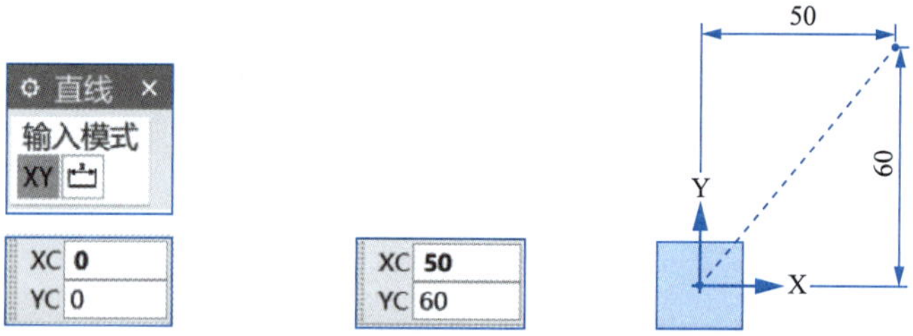

（a）起点动态输入框　（b）终点动态输入框　（c）绘制直线

图 3-9 “坐标模式”绘制直线

（2）参数模式：单击按钮，光标右下角出现浮动的“长度”“角度”动态输入框，在图形区单击以确定直线起点位置，通过动态输入框确定直线终点，如图 3-10 所示。若“创建自动判断的约束”中设置了平行、垂直、相切等约束，在绘制直线时可以捕捉到这些约束。

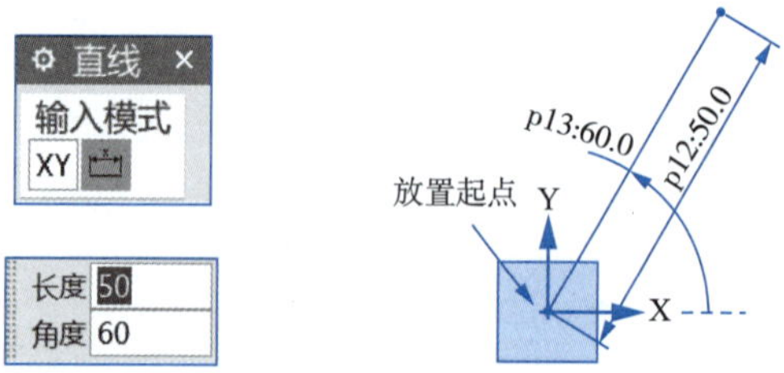

（a）参数模式动态输入框　（b）绘制直线

图 3-10 “参数模式”绘制直线

2）直线编辑

（1）转动与拉伸：直线的转动与拉伸功能可以通过在图形工作区选择直线的端点并单击进行拖动，直至合适的位置后松开，完成修改。

（2）移动：将光标移至图形工作区直线处，出现预选色后单击进行拖动，直至合适的位置后松开，完成修改。

二、轮廓

“轮廓”命令以线串模式创建一系列相连的直线或圆弧，即上一条曲线的终点是下一条曲线的起点。

1. 调用和结束“轮廓”命令

单击“直接草图”面板中的“轮廓”按钮，弹出“轮廓”对话框，如图 3-11 所示。按【Esc】键或重新单击“直接草图”→“轮廓”按钮可结束“轮廓”命令。

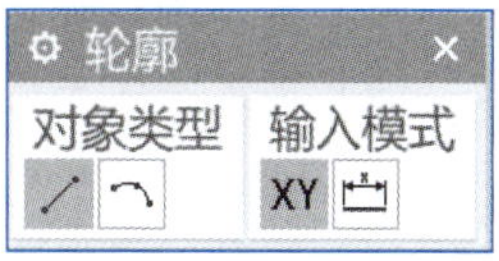

图 3-11　“轮廓”对话框

“轮廓”对话框中各选项的功能如下：

（1）创建直线。启动“轮廓”命令默认直线模式，第一条线的起始点应使用 XY 坐标，也可以用点捕捉；系统将为线串中第二条直线使用长度和角度参数。

（2）创建圆弧。当前绘制对象为圆弧，并且圆弧与上一段线条相切或垂直。绘制一段圆弧后，系统默认重新激活直线功能，要创建一系列成链的圆弧，需再次单击圆弧选项。

（3）使用 X 和 Y 坐标值创建曲线。

（4）使用参数创建曲线。其中直线参数为长度和角度；圆弧参数为半径和扫掠角度（圆弧的圆心角）。

2. 直线-圆弧或圆弧-圆弧模式的切换方法

（1）在“轮廓”对话框中直接选择“圆弧”选项。

（2）移动光标使选择球套住上一曲线的终点并拖动，当出现轮廓的圆弧象限符号显示（见图 3-12）时，松开鼠标，移动光标引导圆弧从合适象限移出，可得到八种不同的圆弧，给定圆弧参数后，单击完成圆弧的创建。

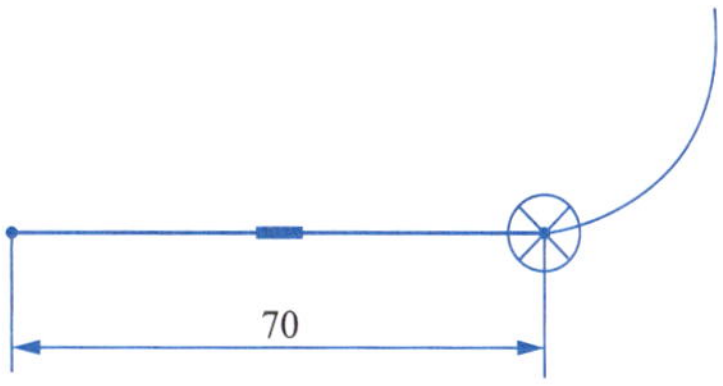

图 3-12　直线与圆弧切换

如果圆弧与前一曲线的连接不符合设计意图，可移动光标重新套住上一曲线的终点，从合适的象限移出。

3. “轮廓”命令实际操作时的注意事项

（1）在草图应用环境，位于选择条上的“点捕捉”工具是可以使用的，当创建曲线时，用户可根据自己的设计意图选择点捕捉方式。

（2）新建一个草图时，应首先设置“自动约束”，并启用“自动判断的约束”功能，可大大提高草图创建的效率。

三、圆弧和圆

1. 圆弧命令

“圆弧”命令用于创建圆弧，单击“直接草图”面板中的“圆弧”按钮，弹出“圆弧”对话框，如图 3-13 所示。在“圆弧方法”选项组中提供了两种圆弧定义方法。

图 3-13　“圆弧”对话框

1）三点定圆弧

（1）通过三点绘制圆弧，默认点 1、2 为圆弧的端点，在点 3 处单击即可创建圆弧，如图 3-14(a)所示。

（2）点 3 在圆弧上移动，光标越过第 2 点，则将第 3 点变为圆弧的端点，如图 3-14(b)所示。

2）圆心、半径和扫掠角度定圆弧

（1）输入坐标确定圆弧中心，如图 3-15(a)所示。

（2）输入圆弧半径与扫掠角度，如图 3-15(b)所示。

（3）通过光标滑动确定圆弧位置，如图 3-15(c)所示。

（4）绘制结果如图 3-15(d)所示。

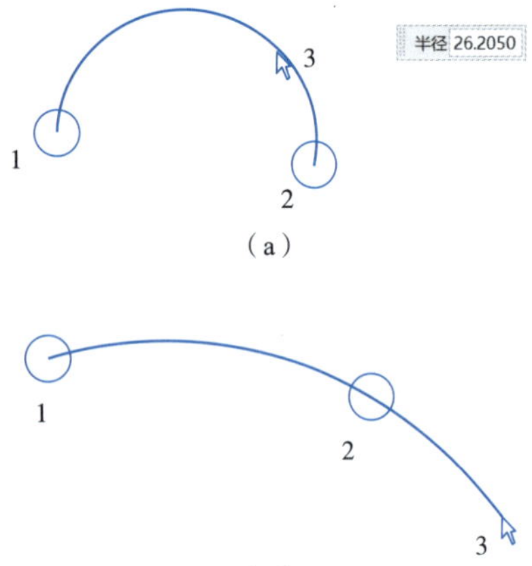

图 3-14　三点定圆弧

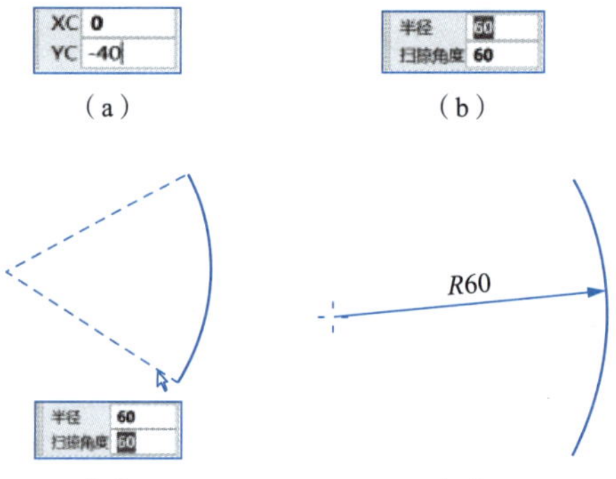

图 3-15　圆心、半径和扫掠角度定圆弧

由于圆弧具有方向特性，在动态输入框中输入参数后先按【Enter】键锁定参数，锁定后参数不再随指针变化，然后移动光标改变圆弧方向，单击即可在当前方向生成圆弧。

2. 圆命令

“圆”命令用于创建圆，操作步骤与创建圆弧类似，单击“直接草图”面板中的“圆”按钮○，弹出“圆”对话框。在“圆方法”选项组中提供了两种圆定义方法。

1）圆心和直径定圆

单击此按钮后，在图形工作区合适位置单击以确定圆心位置，圆的半径可以在任意位置单击确定，或者在光标右下角的动态输入框中输入直径参数创建圆。

2）三点定圆

通过指定圆弧上的三点创建圆。单击此按钮后，可以在图形工作区任意位置单击三次，依次确定圆上三点，也可以通过动态输入框进行准确绘制。

四、其他图形

1. 矩形命令

“矩形”命令用于在草图中创建矩形，单击“直接草图”面板中的“矩形”按钮，弹出“矩形”对话框，如图 3-16 所示。

图 3-16　“矩形”对话框

在“矩形方法”选项组中提供了三种矩形定义方法。

（1）按 2 点：依次指定两个对角顶点创建矩形，矩形的两个边分别与 XC、YC 平行。单击按钮，在图形工作区任意选取两个位置单击创建矩形，或在图形工作区只定义第一角点，在光标右下角动态输入框中输入“高度”和“宽度”实现准确绘制。

（2）按 3 点：依次指定三个顶点创建矩形，矩形的两个边可与 XC、YC 成一定夹角。单击按钮，在图形工作区任意选取三个位置单击创建矩形，或在光标右下角动态输入框中输入“宽度”“高度”“角度”实现准确绘制。

（3）从中心：依次指定一个中心点、一条边的中点和一个顶点创建矩形的两个边，可与 XC、YC 成一定的夹角。单击按钮，在图形工作区先定义矩形的中心点，然后指定矩形第一条边上的中点，再指定矩形第一条边的长度，或在光标右下角动态输入框中输入“宽度”“高度”“角度”实现准确绘制。

2. 多边形命令

“多边形”命令用于创建具有指定边数的正多边形。单击“直接草图”面板中的“多边形”按钮，弹出“多边形”对话框，如图 3-17 所示。

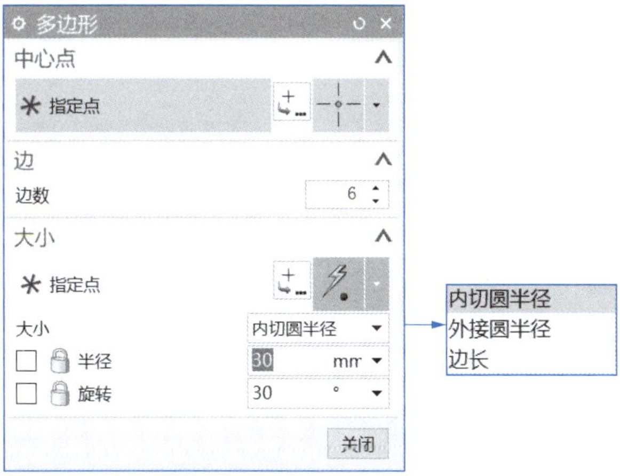

图 3-17　“多边形”对话框

“多边形”对话框中各选项的功能如下：

（1）中心点：指定多边形中心点的位置。

（2）边：指多边形的边数，最小边数为 3。

（3）大小：在“大小”选项组中提供了三种定义方式：

①内切圆半径：该定义方式指半径连接到边线中点。

②外接圆半径：该定义方式指半径连接到多边形顶点。

③边长：该定义方式指半径连接到多边形顶点，可以在“长度”文本框中输入边长。

以“内切圆半径”方式为例，创建正六边形如图 3-18 所示。

3. 艺术样条

“艺术样条”命令用于动态创建和编辑样条，通过拖动定义点或极点，在定义点处指定斜率或曲率约束实现。单击“直接草图”面板中的“艺术样条”按钮，弹出“艺术样条”对话框，如图 3-19 所示。创建艺术样条的类型有“通过点”和“根据极点”两种。

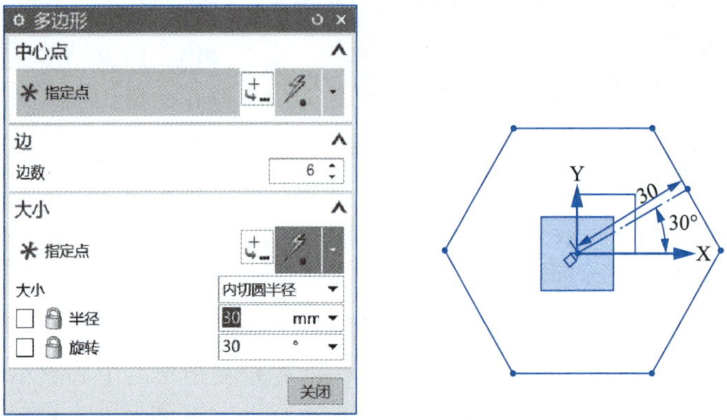

图 3-18 “内切圆半径”方式创建正六边形

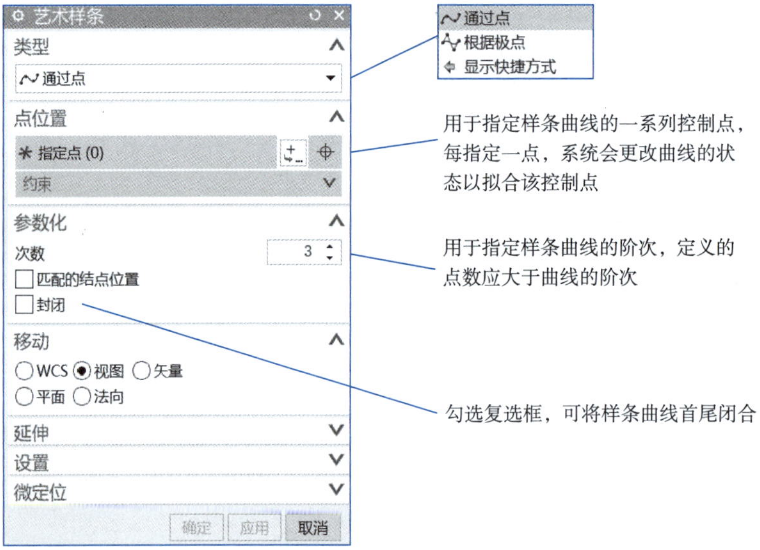

图 3-19 “艺术样条”对话框

（1）通过点：单击按钮，在图形工作区依次单击创建点，系统将顺次光滑连接各点并创建样条曲线。

（2）根据极点：单击按钮，在图形工作区依次单击创建点，系统将在点定义的控制多边形中构建曲线并始终精确连接到结束点。

3.3 草图操作

一、镜像曲线

“镜像曲线”命令将草图几何体通过指定的中心线，进行镜像复制生成新的镜像副本，并创建镜像约束，如果中心线为当前草图的直线则转换为参考线。镜像曲线的操作示例如下：

（1）单击“直接草图”面板中的“镜像曲线”按钮，或在菜单栏中选择“插入”→

“草图曲线”→“镜像曲线”，弹出“镜像曲线”对话框，如图 3-20(a)所示。

(2)“镜像曲线”命令包括“要镜像的曲线”和“中心线”两个要素。首先在“中心线”选项组中选择镜像中心线，如图 3-20(b)所示。

(3) 在“要镜像的曲线”选项组中选择要镜像的对象，如图 3-20(c)所示。

(4) 在“设置”选项组中勾选“中心线转换为参考”复选框，将镜像中心线转换为构造线，单击“确定”按钮完成镜像，镜像效果如图 3-20(d)所示。“镜像曲线”命令还同时创建镜像约束，因此，修改镜像约束一侧的几何体，另一侧的几何体相应变化。

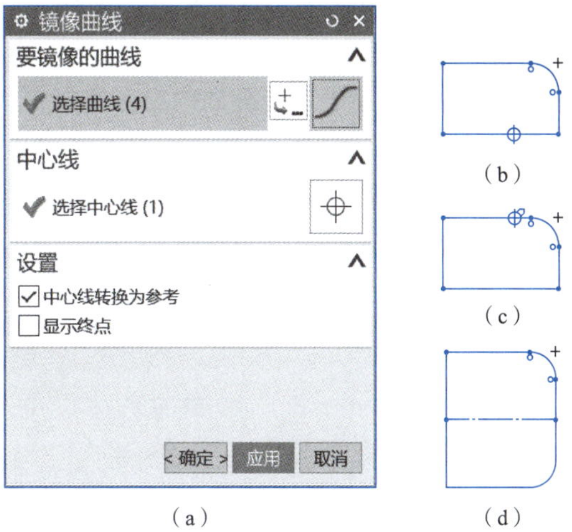

图 3-20　镜像曲线

二、阵列曲线

“阵列曲线”命令可按照一定规律实现特征的复制。单击“直接草图”面板中的“阵列曲线”按钮，或在菜单栏中选择“插入”→“草图曲线”→“阵列曲线”命令，当“创建自动判断的约束”功能打开时，弹出“阵列曲线”对话框，如图 3-21 所示。

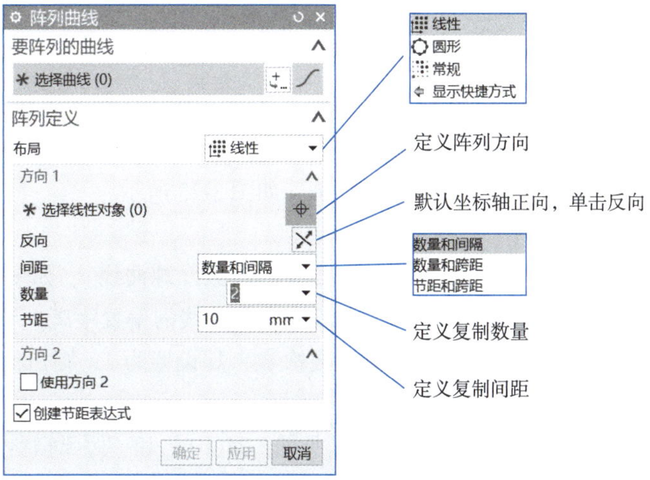

图 3-21　“阵列曲线”对话框

阵列曲线的操作示例如下：

（1）当“要阵列的曲线”选项组中“选择曲线”处于激活状态时，在图形区选择需要阵列的曲线。

（2）“阵列定义”选项组中的“布局”面板可用于定义阵列的样式，有“线性”“圆形”“常规”（不常使用）三种，具体含义如下：

①“线性”阵列，利用数量、间隔、节距和跨距等参数实现一个或两个线性方向的复制。其中，“节距”指两个相邻特征的中心距，“跨距”指首个特征与末尾特征的中心距。

②“圆形”阵列，通过指定旋转点和设置数量、跨距、节距角等参数实现圆形轨迹的复制。其中“节距角”指两个特征之间的角度。

（3）单击“选择线性对象”按钮，用于选择阵列的参考方向（线性对象）或选择圆形阵列的中心。

（4）从“间距”下拉列表中选择一种定义方式，设置阵列的间距和数量。

（5）单击“确定”按钮完成阵列，如图 3-22 所示。

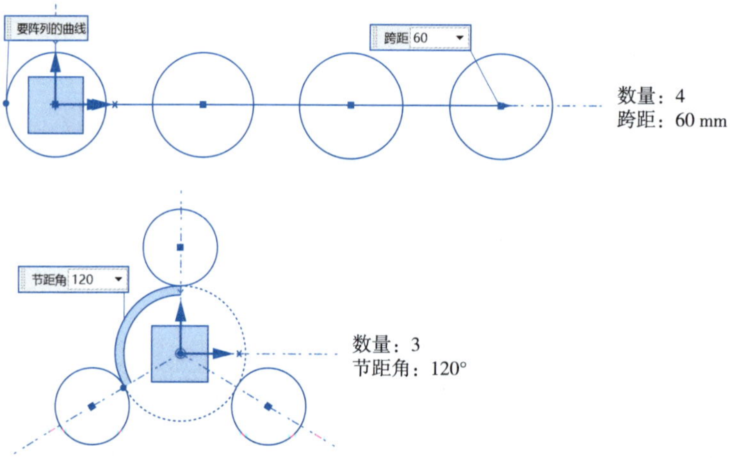

图 3-22　阵列曲线

三、偏置曲线

“偏值曲线”命令用于在距离现有直线、圆弧、轮廓、样条曲线一定距离处创建新的曲线。单击“直接草图”面板中的“偏置曲线”按钮，或在菜单栏中选择“插入”→“草图曲线”→“偏置曲线”命令，弹出“偏置曲线”对话框，如图 3-23 所示。

偏置曲线的操作示例如下：

（1）在“要偏置的曲线”选项组中选择要偏置的对象（源曲线），如图 3-24(a)所示。

（2）输入偏置距离，在“距离”文本框中设置与源曲线的偏置距离。

（3）在“副本数”文本框中设置偏置的重复次数，如设置为 2，则由偏置出的曲线再次向该方向偏置同样的距离。

（4）“端盖选项”设置，包括“延伸端盖”［见图 3-24(b)］和“圆弧帽形体”［见图 3-24(c)］两种，可在偏置曲线与源曲线的端点处创建不同形式的闭合端盖。

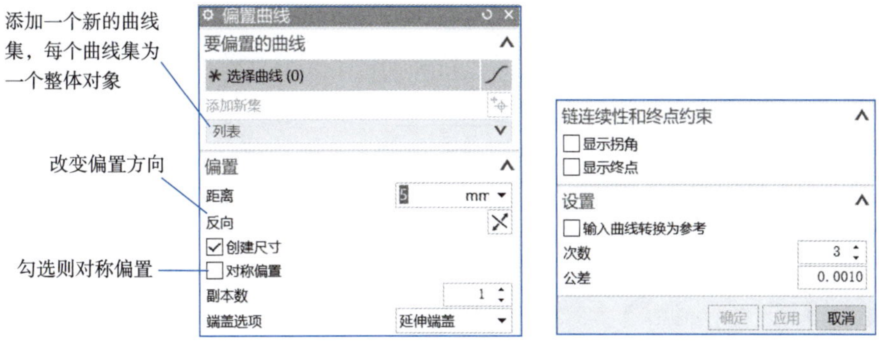

图 3-23　“偏置曲线”对话框

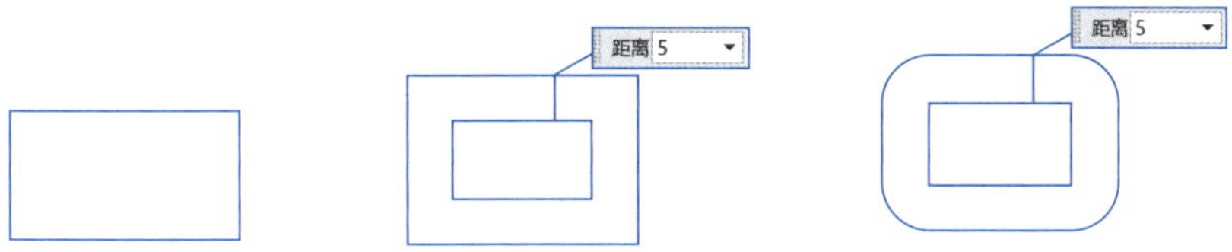

（a）　　（b）　　（c）

图 3-24　偏置曲线

（5）对于样条曲线，需要设置“次数”和“公差”，一般来说阶次越高、公差越小，偏置曲线和源曲线的相似精度越高。

（6）单击“确定”按钮完成偏置。

四、快速修剪和延伸

1. 快速修剪

“快速修剪”命令用于快速修剪曲线到最近交点或虚拟交点或定义的边界上，如果该曲线没有相交的曲线则被删除。单击“直接草图”面板中的“快速修剪”按钮，弹出“快速修剪”对话框，一般有以下两种操作方法：

（1）按住鼠标左键，在光标呈蜡笔状时拖动鼠标，拖动轨迹与目标曲线相交，曲线被修剪掉的是选中曲线时光标一侧的部件，可一次修剪多条曲线，如图 3-25 所示。

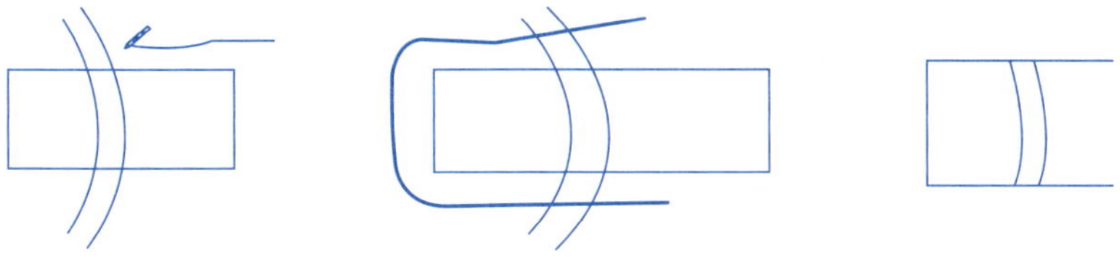

（a）拖动　　（b）拖动轨迹　　（c）修剪结果

图 3-25　修剪多条曲线

（2）一次修剪一条曲线到最近的交点处。依次选择边界曲线和需要修剪的曲线，如图 3-26（a）、（b）所示，修剪结果如图 3-26（c）所示。当“创建自动判断的约束”功能打开时，系统在修剪操作后会自动判断并增加适当的约束，如同心、等半径、重合、点在曲线上、共线和相切等。

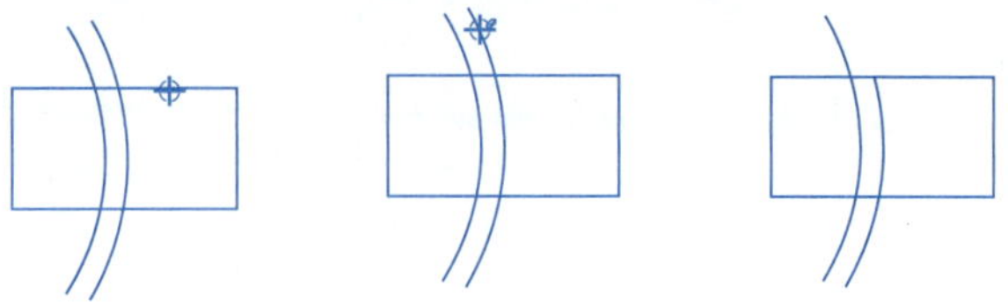

(a) (b) (c)

图 3-26　修剪一条曲线

2. 快速延伸

“快速延伸”命令用于将曲线延伸到它与另一条曲线的交点或虚拟交点处。依次选择边界曲线和需要延伸的曲线，如图 3-27(a)、(b)所示，延伸结果如图 3-27(c)所示。需要注意的是，开放的曲线才能被延伸，当曲线有两个端点，指定曲线时距离光标较近的端点才被延伸。

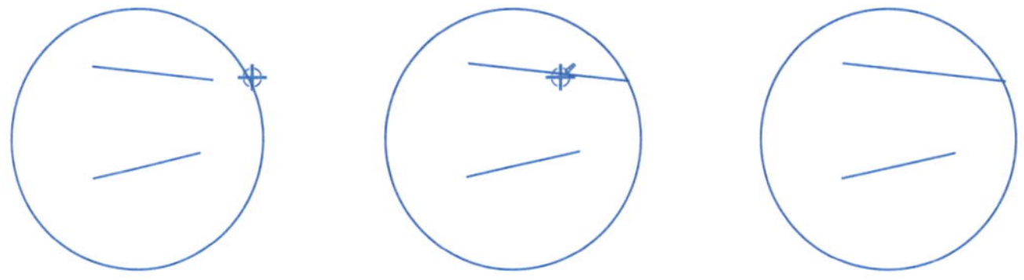

(a) (b) (c)

图 3-27　快速延伸

3.4　草图的约束

完成草图绘制后，为了对草图的大小与形状进行精确控制，并方便用户修改，需要对草图进行相应的约束管理。草图约束就是设置约束方式，约束草绘曲线的形状、尺寸和位置。利用草图约束工具可以对草图元素进行基本尺寸或几何形状的精确设置，其类型分为几何约束和尺寸约束两种。在绘制草图时，通常先添加几何约束，再添加尺寸约束。

一、草图约束的状态

1. 几何体的约束状态

如果草图中的曲线或点被完全约束，不存在自由度，称为完全约束的几何体，这时的草图称为完全约束的草图；如果曲线或点缺少约束，有自由度存在，曲线或点显示自由度箭头，称为欠约束的几何体；如果曲线或点应用的约束超过了对其控制所需的约束时，曲线或顶点过约束，称为过约束的几何体；如果几何体施加的约束存在冲突，称为冲突约束。UG 标准下，对象的约束状态使用不同的颜色进行表示：

(1) 草图元素为蓝色时，表示处于无约束状态，既没有定形也没有定位。

(2) 草图元素为暗红色时，表示处于欠约束状态，只定义了定形或定位尺寸中的一部分约束。

(3) 草图元素为绿色时，表示处于完全约束状态，既完全定形也完全定位。

(4) 草图元素为红色时，表示处于过约束状态，定形或定位约束条件中有重复约束。

对于草图中的几何体，期望是完全约束，可以完整表达出设计意图；允许存在欠约束；不允许存在过约束或冲突约束。

2. 几何体的自由度符号

当几何体处于欠约束状态时，曲线或点显示自由度箭头（默认只在约束命令显示），自由度箭头提供了关于草图曲线的约束状态的视觉反馈。增加约束会移除自由度箭头，直到完全消失。不同几何体有不同的自由度，见表 3-1。

表 3-1 几何体的自由度

几 何 体	自由度个数
点	2 个自由度：沿 X 和 Y 方向
圆	3 个自由度：圆心 2 个，半径 1 个
二次曲线	6 个自由度：每个端点 2 个，锚点 2 个
圆弧	5 个自由度：圆心 2 个，半径 1 个，起始角度和终止角度 2 个
直线	4 个自由度：每端 2 个
极点样条曲线	4 个自由度：每个端点 2 个
过点的样条曲线	每个定义点处 2 个自由度
椭圆	5 个自由度：中心 2 个，1 个用于方向，主半径和次半径 2 个

二、草图的几何约束

几何约束一般用于定位草图对象和确定草图对象间的相互位置关系。在“直接草图”面板中单击“更多”按钮，选择“几何约束”命令，或在菜单栏中选择“插入”→“草图约束”→“几何约束”命令，弹出“几何约束”对话框，如图 3-28 所示。选择相关草图对象，在弹出的工具条中选择需要的约束方式。

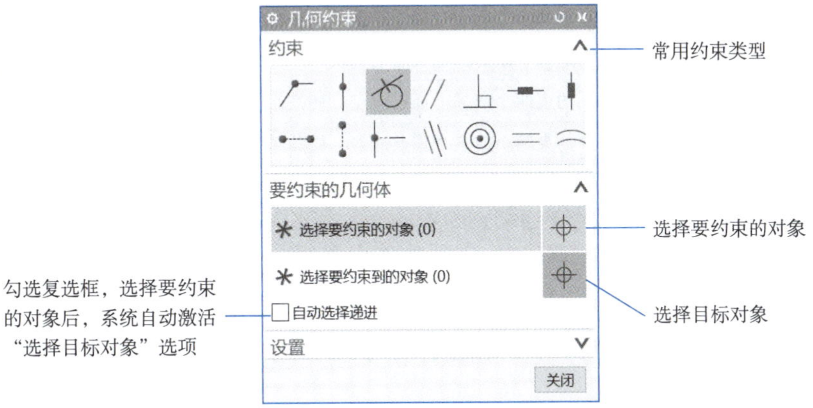

图 3-28 “几何约束”对话框

1. 几何约束主要作用

（1）草图对象的几何约束，如要求一条直线约束为水平或竖直状态。

（2）两个或多个草图对象之间的关系，如约束两条直线垂直或平行，或者多个圆弧具有相同的半径。

2. 几何约束的类型

“几何约束”对话框的“约束”选项组中列出多种不同几何体可以添加的不同约束类型，具体功能见表3-2。

表3-2 几何约束的类型

约束类型	图标	功能
固定		点（固定位置）
		直线（固定角度）
		直线、圆弧或椭圆弧端点（固定端点的位置）
		圆弧中心、椭圆弧中心、圆心或椭圆中心（固定中心的位置）
		圆弧或圆（固定半径和中心的位置）
完全固定		创建足够的约束，用一个步骤完全定义草图几何形状的位置和方向
重合		定义两个或多个点相互重合
同心		定义两个或多个圆或椭圆弧有相同中心
共线		定义两条或多条直线位于同一直线上
点在曲线上		定义一个点在曲线上的某个位置
中点		定义指定点位于曲线的中点
水平		定义一条线水平
竖直		定义一条线竖直
平行		定义两条或多条直线，使其互相平行
垂直		定义两条直线，使其相互垂直
相切		定义两个对象，使其相切
等长		定义两条或多条直线，使其长度相同
等半径		定义两个或多个圆弧，使其半径相等
定长		定义一条有固定长度的直线
水平对齐		约束两个或多个顶点或点，使其水平对齐
竖直对齐		约束两个或多个顶点或点，使其竖直对齐

3. 自动判断的约束设置和创建自动判断约束

草图中的几何体之间有平行、垂直、相切、共线、点重合等几何关系，直线自身也有水平、竖直的几何状态，在创建草图的过程中系统会捕捉用户的设计意图自动创建几何关系，以提高效率。将“自动判断的约束”和“创建自动判断的约束”两个命令配合使用，可达到预期的效果。

1）自动判断的约束

在菜单栏中选择“工具”→“草图约束”→“自动约束”命令，弹出“自动约束”对话框。用于设置在创建草图过程中系统自动判断并允许创建几何约束的类型，通常全部选项都应选中。

当启用“自动约束”命令时，UG分析当前草图中的几何体，并在适当的位置应用选定约束。该功能在以下情况非常有用：①将几何体添加到当前草图时；②由其他CAD系统导入几何体时。

2）创建自动判断约束

“创建自动判断约束”复选框用于启用或禁用自动判断的约束。在“直接草图”面板中单击“更多”按钮，选择“创建自动判断约束”命令，或在菜单栏中选择“工具”→“草图约束”→“创建自动判断约束”命令，系统会自动判断约束，并创建一个约束。

当“创建自动判断约束”禁用，系统也会自动判断约束，但并不创建约束，所创建的几何体是独立、非相关联的。在创建曲线时，按住【Alt】健，可临时禁用“创建自动判断约束”。

4. 显示/移除约束

“显示/移除约束”用于显示草图几何相关的几何约束，在“直接草图”面板中单击“更多”按钮，选择“显示草图约束”命令，在草图对象中将显示所有的约束。取消选择“显示草图约束”选项，将草图中所有的约束隐藏。

“显示/移除约束”常用于以下情况：①分析几何体的约束状态；②删除草图中的多余约束；③分析和删除几何体的冲突约束。

三、草图的尺寸约束

1. 尺寸约束的作用

（1）约束草图几何体的大小，如圆弧的半径。

（2）约束两个几何体间的关系，如两点间的距离。

尺寸约束的显示类似于制图的尺寸标注，由尺寸文本、延伸线和箭头等构成，更改尺寸约束值，即更改草图对象的形状、大小或位置。在草图环境中，单击“快速尺寸”工具栏下方的下拉按钮，或在菜单栏中选择“插入”→“草图约束”→“尺寸”命令，在其子菜单中提供五种尺寸约束类型。

2. 尺寸约束类型

（1）快速尺寸：基于选定的对象和光标位置，自动判断尺寸类型创建尺寸约束。单击此选项，弹出图3-29所示“快速尺寸”对话框。其中“方法”选项组包含九种尺寸约束类型，具体功能见表3-3。

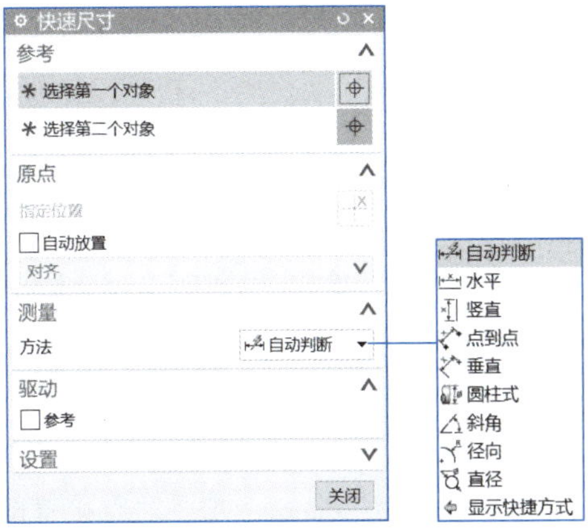

图3-29 “快速尺寸”对话框

表 3-3 尺寸约束类型

约束类型	图标	功能
自动判断		根据选择的几何图形并基于对象和光标位置自动判断尺寸类型，其创建方式包括了下拉列表中所有标注方式
水平		定义与 XC 轴平行的尺寸约束
竖直		定义与 YC 轴平行的尺寸约束
点到点		标注的尺寸与所选两个点对象的连线平行
垂直		定义点到直线的垂直距离约束
圆柱式		在圆柱的非圆视图上标注直径尺寸
斜角		定义不平行两直线的夹角尺寸约束
径向		定义圆或圆弧的半径约束
直径		定义圆或圆弧的直径约束

（2）线性尺寸：控制两对象间的线性距离。该选项对话框的组成与“快速尺寸”对话框类似，但“方法”下拉列表中的选项不同。

（3）角度尺寸：沿顺时针方向定义两直线间的角度约束。

（4）径向尺寸：控制圆形对象的半径或直径。

（5）周长尺寸：约束一个开放或封闭轮廓内选定曲线的总长度，轮廓中不能有椭圆和二次曲线。周长尺寸不显示在草图中，仅建立约束表达式。

选择一种尺寸约束类型后，在图形工作区选择需要约束的对象，系统生成尺寸线预览。此时拖动指针调整尺寸线位置，在某个位置放置尺寸线后，会弹出动态输入框，如图 3-30 所示。输入框包括参数名和参数值，用于修改参数值。

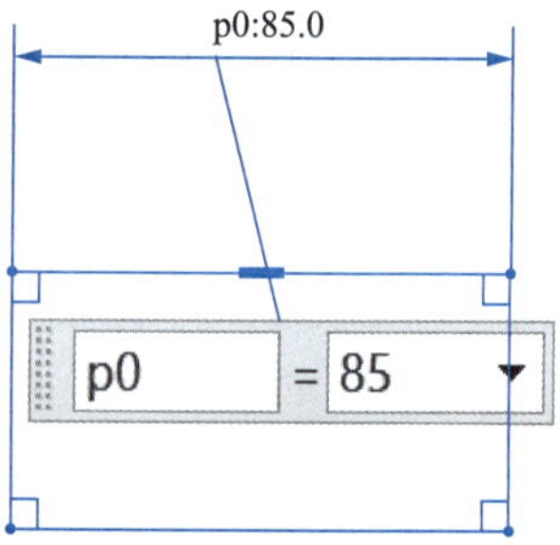

图 3-30 尺寸线动态输入框

系统默认尺寸约束的测量方法为“自动判断的尺寸”，它会根据选择的几何图形并基于对象和光标位置自动判断尺寸类型，当“自动判断的尺寸”不能满足要求时才选用特定的尺寸约束类型。当选择“自动判断的尺寸”时，使用“轮廓”“直线”“圆弧”“圆”“矩形”命令，如果在屏幕输入框中输入了参数值，将自动创建相应的尺寸约束。此时需要注意以下三点：

（1）在创建约束的过程中，一些几何体被完全约束，注意其颜色变化。

（2）在创建约束的过程中如果出现过约束或约束冲突，几何体及约束的颜色也会发生变化，此时应立即检查，消除错误。

（3）无论哪种类型的尺寸对话框中，单击“设置”选项组中的“设置”按钮，弹出“线性尺寸设置”对话框，可在该对话框中设置尺寸文字和箭头样式等。

3. 备选解

“备选解”命令可针对尺寸约束和几何约束显示备选解，并选择一个结果。在菜单栏中选择“工具”→“草图约束”→“备选解”命令，或在“直接草图”面板中单击“更多”按钮，选择“备选解”命令。例如，相切约束备选解如图 3-31 所示。

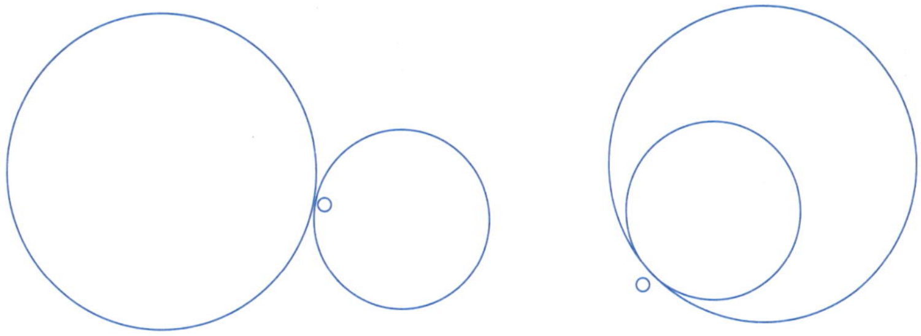

图 3-31　相切约束备选解

3.5　课堂练习——绘制草图

本练习绘制定位板零件平面图，如图 3-32 所示。该定位板在机械装配系统中应用广泛，主要起定位和固定的作用，其主要结构由连接板和定位槽组成。绘制时，首先利用直线工具绘制辅助中心线，然后利用圆、直线工具绘制定位圆轮廓，再利用直线工具绘制切线，并利用快速修剪工具修剪掉不必要的线。需要指出的是 UG 草图中不允许存在重复线，一般要求截面封闭，否则会造成拉伸不成功。

操作步骤：

（1）新建一个名称为“定位板 . prt”的文件，然后单击“草图”按钮，弹出“草图”对话框，选择 XC-YC 平面作为草图平面，进入草绘环境后，选择“直线”与“圆弧”命令，根据图 3-32 所示的尺寸绘制辅助线，并利用右键快捷菜单中的转换为参考命令将其转化为呈双点画线的参考线，如图 3-33 所示。

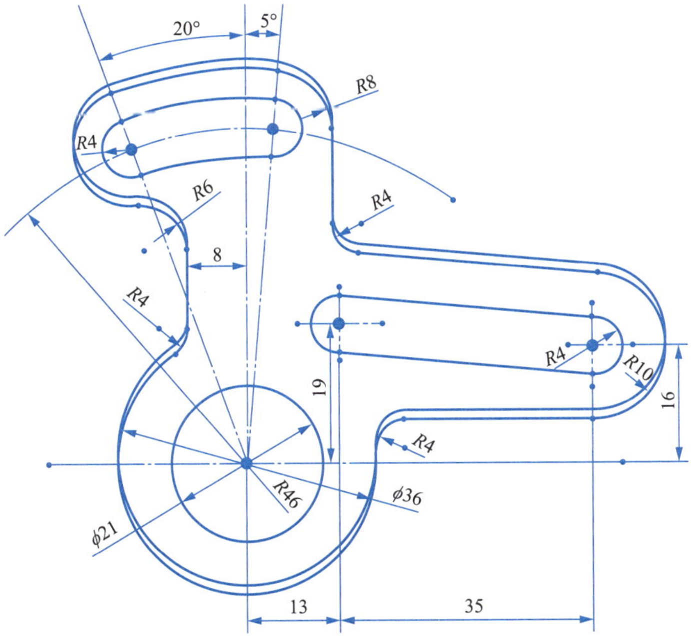

图 3-32　定位板零件平面图

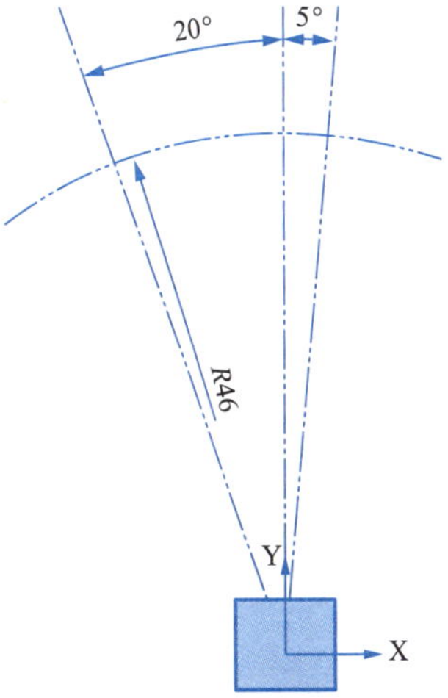

图 3-33　辅助线

（2）单击“圆”按钮○，根据图 3-32 所示的尺寸绘制圆，如图 3-34 所示。在绘制两个同心圆时，可采用同心圆约束，各个圆绘制完成后，需要对其进行完全固定约束。

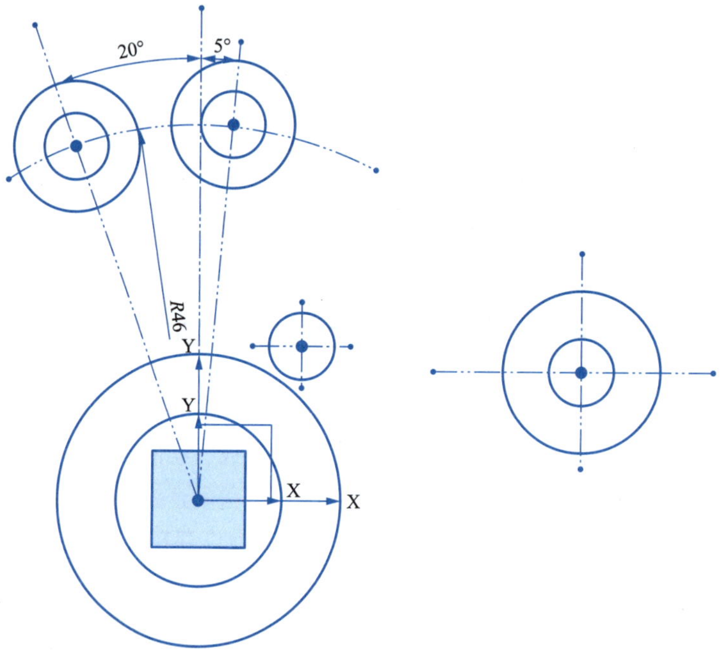

图 3-34　绘制圆

（3）单击“直线”按钮⁄，在图 3-34 所示右侧两圆上方绘制一条直线，由于这条线利用约束工具与两个圆相切，所以对尺寸无严格要求，如图 3-35 所示。

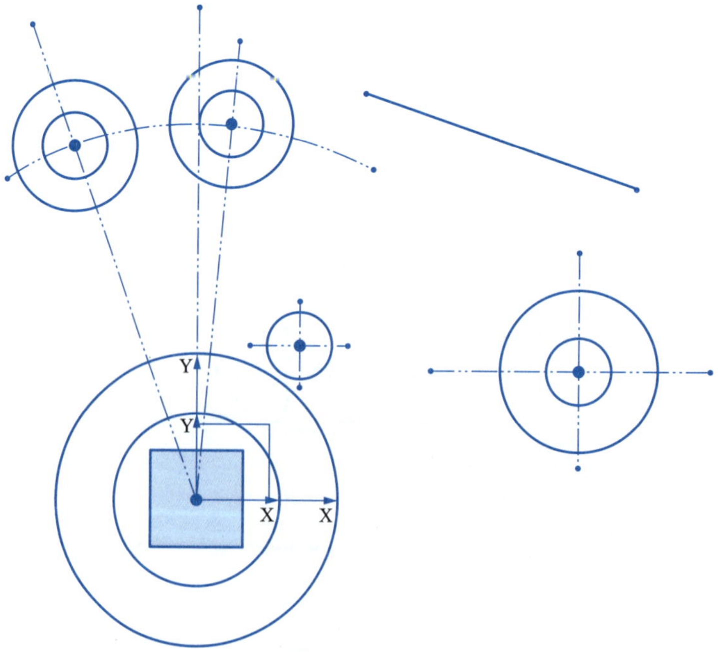

图 3-35　绘制直线

(4) 单击“约束”按钮，先单击草图中的直线，再单击要与之相切的圆，在约束操作面板中单击“相切”按钮，相切约束的效果如图 3-36 所示。

(5) 单击“快速修剪”按钮，剪掉不需要的线段，如图 3-37 所示。

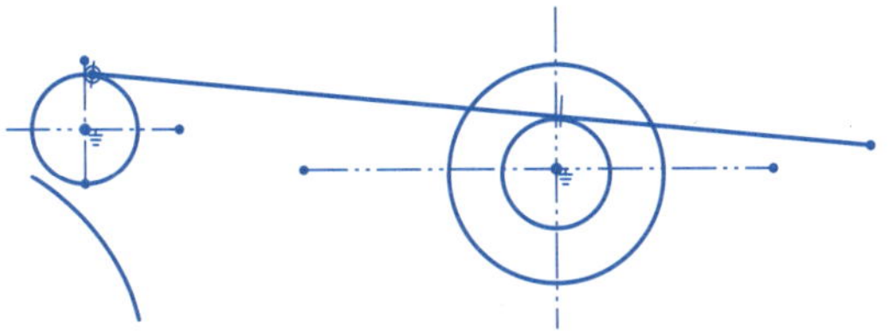

图 3-36　相切约束

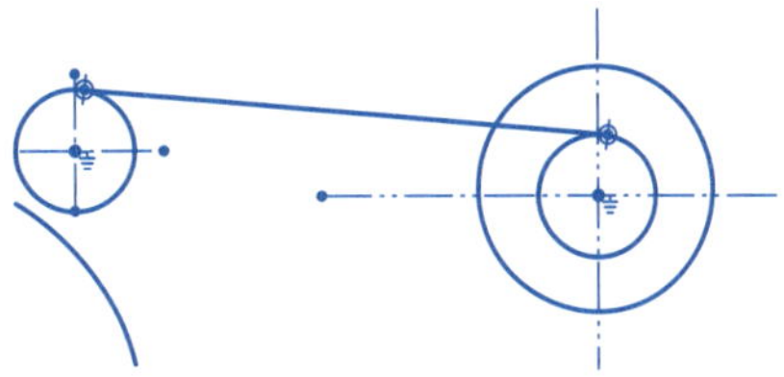

图 3-37　修剪线段

(6) 绘制出另一条直线，利用约束方法使其与两圆相切，并利用“快速修剪”命令剪掉不需要的线段，如图 3-38 所示。

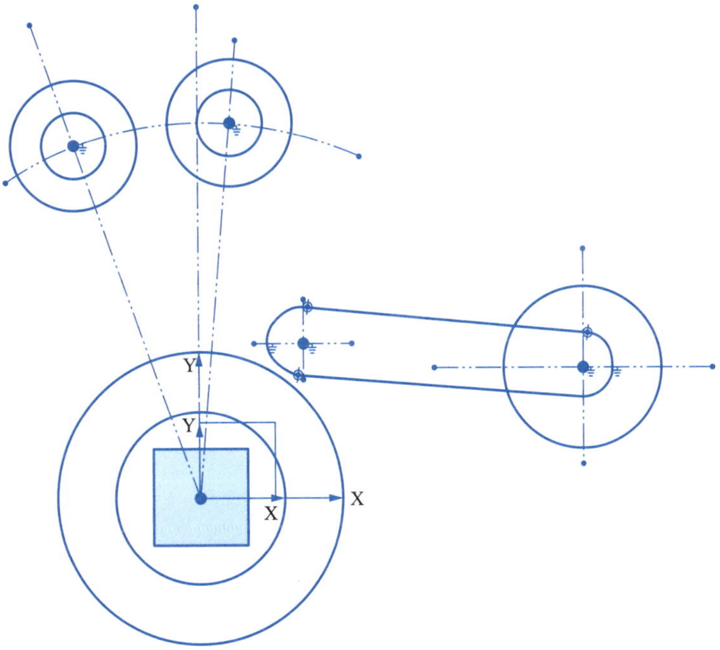

图 3-38　相切直线

(7) 绘制一条直线，利用约束方法使其与前面绘制的直线平行，并与最右侧大圆相切，如图 3-39 所示。

(8) 绘制一条竖直直线，利用约束方法使其与中间大圆相切，如图 3-40 所示。也可以利用草图绘制的捕捉功能，直接从与圆的切点起始绘制竖直线。

(9) 单击“圆角”按钮，选择与之相切的两条边，并输入圆角半径 4，其结果如图 3-41 所示。

(10) 单击“直线”按钮，利用捕捉功能绘制一条与最右侧圆底部相切且水平的直线，如图 3-42 所示。利用圆角工具，完成倒圆角。

(11) 利用“快速修剪”命令，将右侧圆不需要的线进行修剪，如图 3-43 所示。

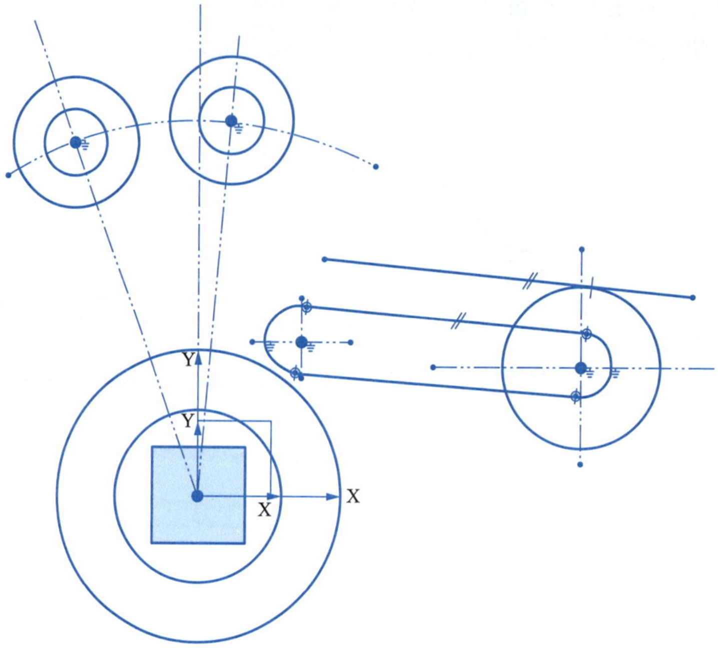

图 3-39　绘制与圆相切直线

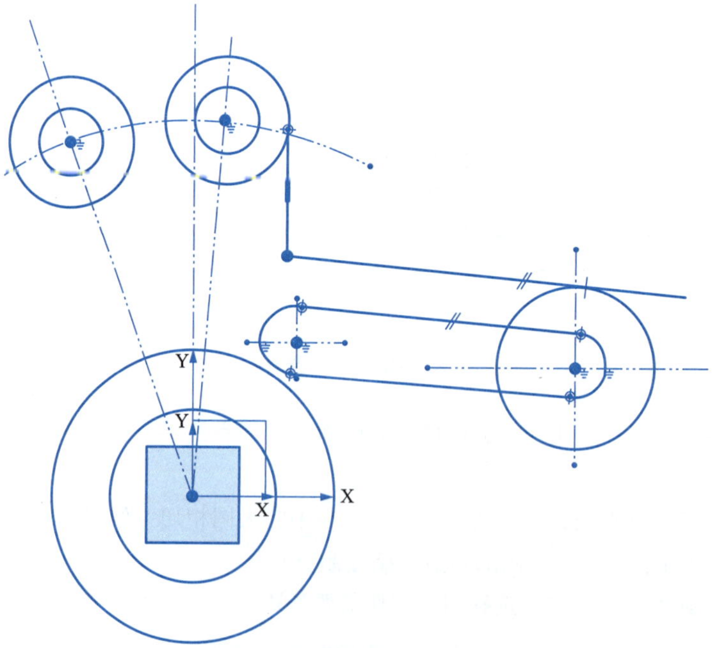

图 3-40　绘制与圆相切竖直线

（12）单击“圆弧”按钮，绘制扫掠角度为40°的两段圆弧。利用“快速修剪”命令剪掉不需要的弧线，如图3-44所示。

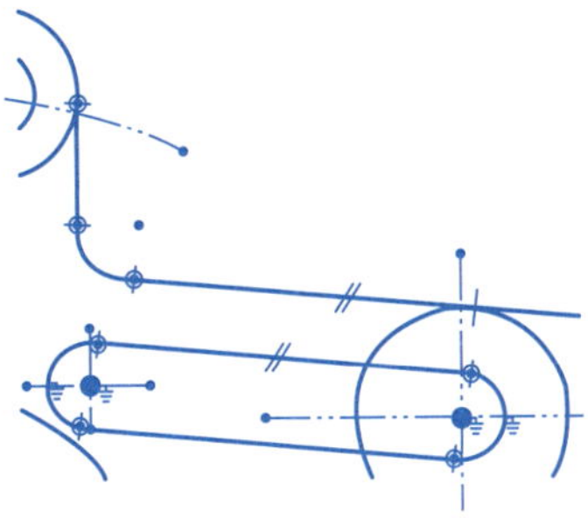
图 3-41　倒圆角

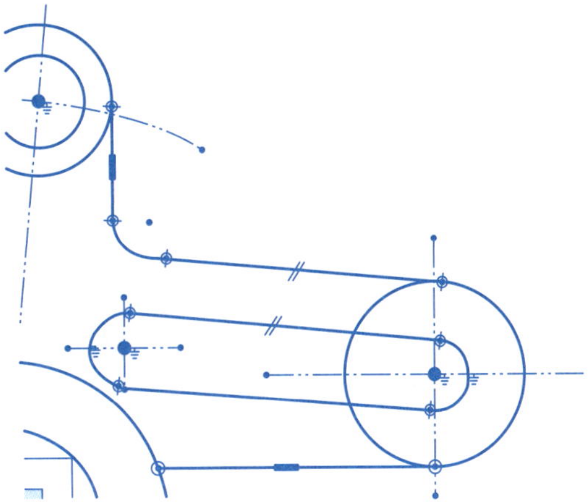
图 3-42　水平直线

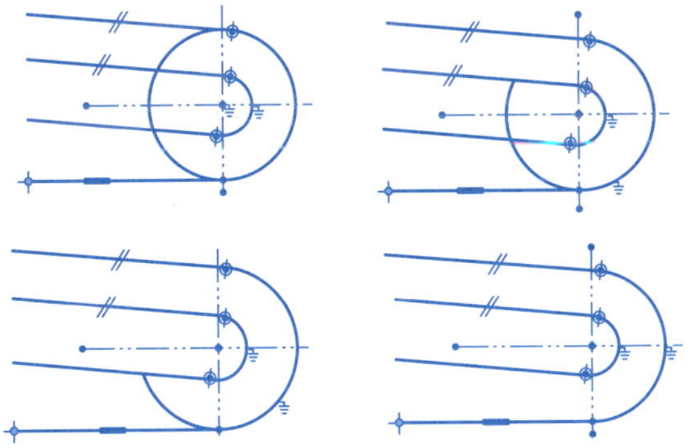
图 3-43　修剪线

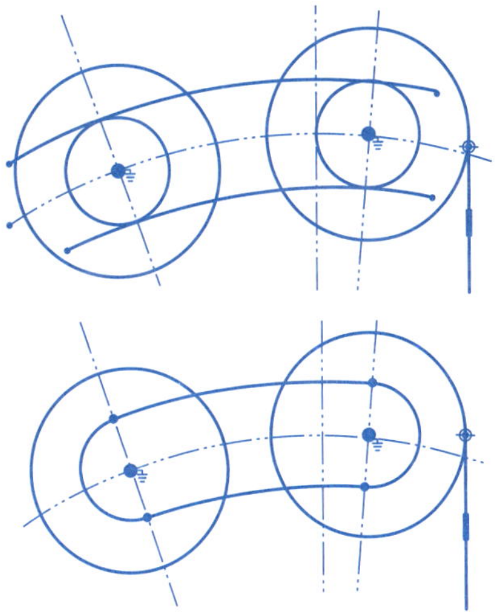
图 3-44　与圆相切圆弧及修剪圆弧

（13）利用圆弧工具绘制与大圆相切的两段扫掠角度为 40°圆弧，并利用“快速修剪”命令剪掉不需要的线，如图 3-45 所示。

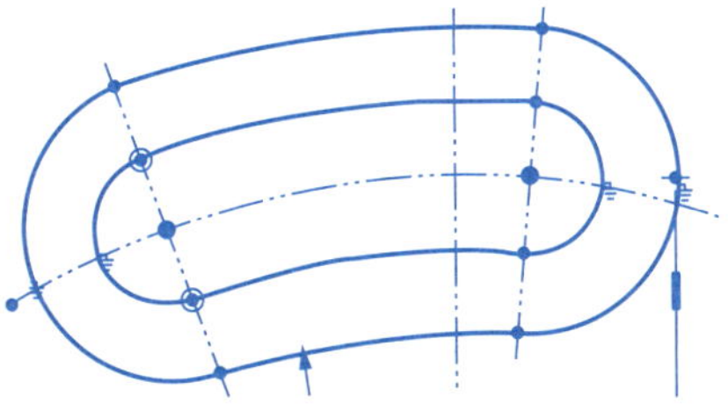
图 3-45　与圆相切圆弧

（14）单击“直线”按钮╱，在 Y 轴左侧绘制与之平行且距离为 8 的直线，如图 3-46 所示。利用“圆角”命令，完成该直线与上下两圆之间的倒圆角。最后利用快速修剪工具，将草图内部不需要的线剪掉。

（15）将辅助线隐藏，如图 3-47 所示。

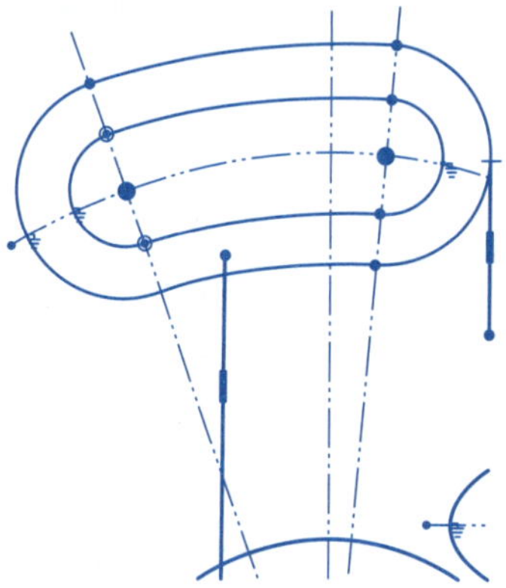

图 3-46　竖直线

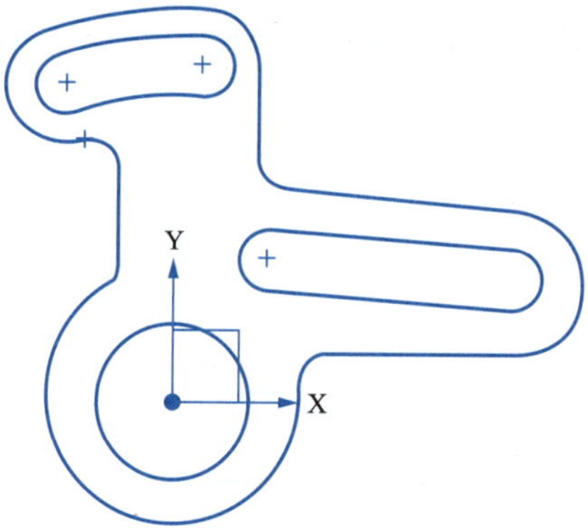

图 3-47　隐藏辅助线

（16）单击“完成草图”按钮，退出草图环境，利用“特征建模”命令完成草图拉伸，结果如图 3-48 所示。只有草图可以进行拉伸等操作时才可认为草图创建成功。

图 3-48　定位板零件图

思考与练习

一、填空题

1. ____________是指与实体模型相关联的二维图形，是在某个指定平面上的二维几何元素的总称。

2. 在绘制草图的过程中，____________是最小的几何构造元素，也是草图几何元素中的基本元素。

3. ____________是指通过拖动定点和极点，在定点指定斜率约束绘制关联或非关联的曲线。

4. 完成草图绘制后，为了对草图的形状和大小进行精确控制，并方便用户修改，需要对草图进行相应的____________。

二、选择题

1. 利用（　　）功能可以将二维曲线、实体或片体的边沿着某个方向投影到已有的曲面、平面或参考平面上。

A. 镜像曲线　　　　　　B. 投影曲线

C. 偏置曲线　　　　　　D. 添加现有曲线

2. (　　) 方式可以绘制出一条曲线链，然后将与曲线链相交的曲线部分全部修剪。利用该功能可以快速地一次修剪多条曲线。

A. 单独修剪　　　　　　B. 统一修剪

C. 边界修剪　　　　　　D. 删除

3. (　　) 功能用于控制一个草图对象的尺寸或两个对象间的关系，相当于对草图进行尺寸标注。

A. 自动约束　　　　　　B. 尺寸约束

C. 显示/移除约束　　　　D. 自动判断约束设置

4. 使用 (　　) 方法需要指定延伸边界，且被延伸曲线将延伸至边界处。

A. 单独延伸　　　　　　B. 统一延伸

C. 边界延伸　　　　　　D. 拖动

5. 草图中的图标表示 (　　) 命令。

A. 绘图　　　　　　B. 编辑

C. 约束　　　　　　D. 变换

6. 下列 (　　) 图标表示草图中的“偏置曲线”命令。

A. 　　　　　　B. 

C. 　　　　　　D. 

三、简答题

1. 创建草图工作平面的方法有哪些？

2. 绘制圆有哪几种方式？

3. 简述草图的几何约束方式。

四、上机练习

按图3-49至图3-52所示零件图标注的尺寸绘制草图。

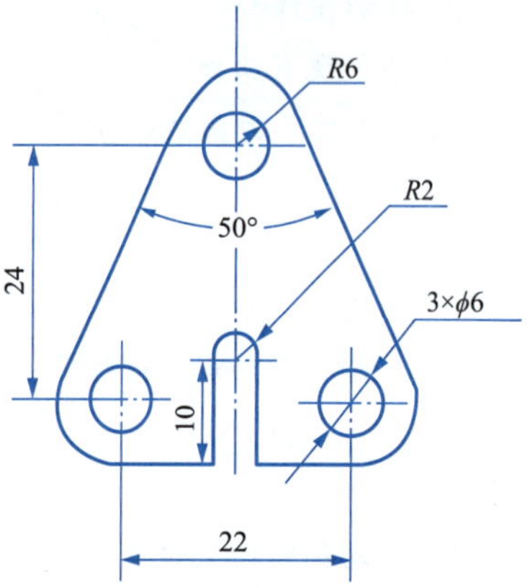

图 3-49　零件图①

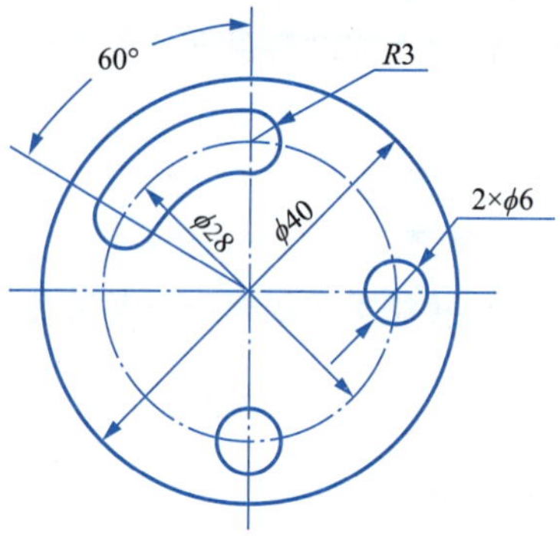

图 3-50　零件图②

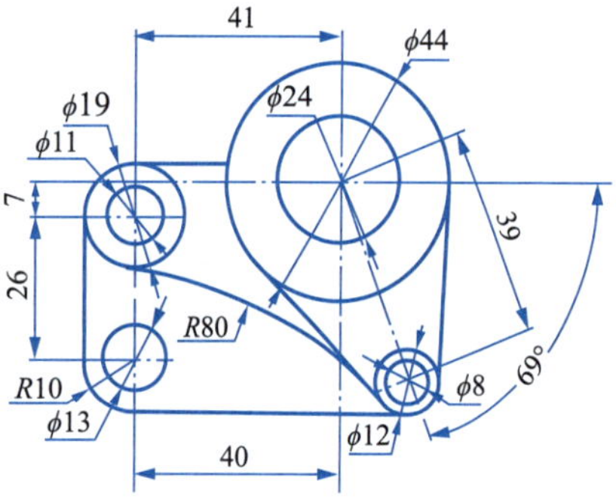

图 3-51　零件图③

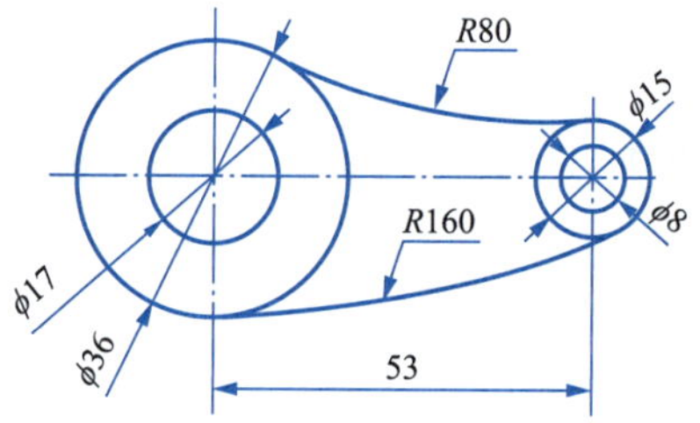

图 3-52　零件图④

第④章 三维建模

CAD 模块是三维软件最基本的模块。在 CAD 模块中，最常用到的建模方法是基于参数化特征和约束的实体造型方法，又称复合建模。其中，参数化特征建模作为 CAD 模块的基础和核心建模工具，用户应熟练掌握其类型及创建方法。

4.1 建模概述及分类

UG 作为常用的三维 CAD 软件之一，具有强大的建模功能，并且具有交互简单和编辑方便的特点，有助于用户快速进行产品的模型设计。常用建模方法包括参数化建模、基于约束的建模和特征建模。

一、参数化建模

在进行产品设计时，认真分析产品的结构，充分了解产品各个部分之间的关系，形成合理的设计意图，然后运用软件提供的功能对设计进行不断改进和完善。参数化设计的目的就是方便用户按照产品的设计意图进行灵活修改。

为了进一步编辑参数化模型，应将用于模型定义的参数值随模型一起存储。模型的参数之间可以彼此引用，以建立模型各个组成部分之间的关系。如图 4-1 所示的模型，孔的参数包括其位置、直径和深度，长方体的参数包括其长度、宽度和高度等。设计者的意图可以是孔的轴线通过长方体的底面中心，孔的直径总是等于长方体宽度的一半，孔的深度总是等于长方体的高度。将这些参数关联起来即可获得要求的结果，并且易于修改。

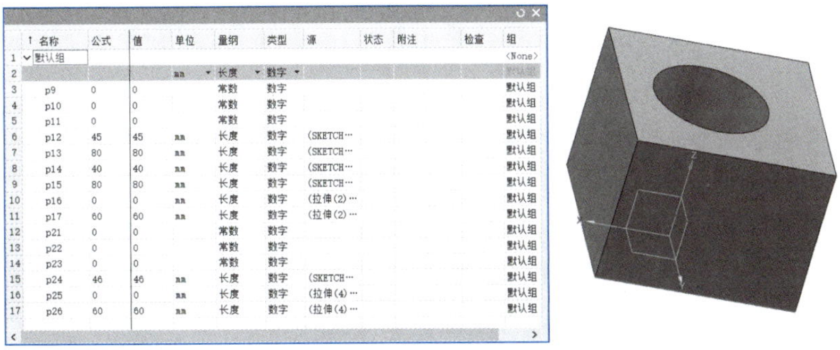

	↑ 名称	公式	值	单位	量纲	类型	源	状态	附注	检查	组
1	默认组										<None>
2				mm	长度	数字					
3	p9	0	0		常数	数字					默认组
4	p10	0	0		常数	数字					默认组
5	p11	0	0		常数	数字					默认组
6	p12	45	45	mm	长度	数字	(SKETCH…				默认组
7	p13	80	80	mm	长度	数字	(SKETCH…				默认组
8	p14	40	40	mm	长度	数字	(SKETCH…				默认组
9	p15	80	80	mm	长度	数字	(SKETCH…				默认组
10	p16	0	0	mm	长度	数字	(拉伸(2)…				默认组
11	p17	60	60	mm	长度	数字	(拉伸(2)…				默认组
12	p21	0	0		常数	数字					默认组
13	p22	0	0		常数	数字					默认组
14	p23	0	0		常数	数字					默认组
15	p24	46	46	mm	长度	数字	(SKETCH…				默认组
16	p25	0	0	mm	长度	数字	(拉伸(4)…				默认组
17	p26	60	60	mm	长度	数字	(拉伸(4)…				默认组

图 4-1 参数化模型

二、基于约束的建模

在基于约束的建模中，模型的位置和形状由一组设计规则进行驱动或求解，这组设计规则称为约束。这些约束可以是尺寸约束（如草图尺寸或定位尺寸）或几何约束（如平行或相切等）。例如，一条线相切到一个圆弧上，设计意图可以是线的角度改变时仍然保持与圆弧的相切关系，如图 4-2 所示。

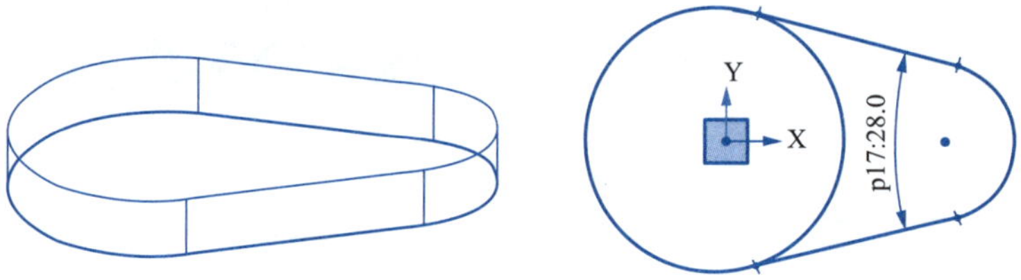

图 4-2 模型及其草图

三、特征建模

在三维 CAD 软件中，零件模型通常由许多单独的具有一定参数的几何元素组合而成，就像装配体是由许多单独的零件组成一样，这些独立的几何元素称为特征。特征可以通过草图构建、工具构建以及复制构建等方法生成。

在 UG 建模中，通常将这些方法集成在单一的建模环境中，因此在进行产品设计时，设计者在建模技术上有更多的灵活性。

4.2 基本特征的建立

通过构造不同的特征，可以生成由简单到复杂的各种零件，以满足设计需求。也就是说，零件三维模型是由一系列按照先后顺序构造的特征组成的，如果先后创建的特征之间具有参照关系，则在它们之间建立关联，即建立了父子关系。存在父子特征的顺序不能随意进行调整。

基本特征是零件实体建模的基础，即零件的毛坯。后续的工程特征和特征编辑都必须建立在基本特征的基础上。基本特征包括拉伸、旋转、扫掠等设计特征。

一、拉伸

拉伸特征是将一个截面沿着一个指定的方向拉伸一定距离生成的特征。拉伸的截面可以是草图、实体边缘等二维几何元素。

单击“特征”工具栏中的“拉伸”按钮，弹出“拉伸”对话框，如图 4-3 所示。在该对话框中可以依次设置拉伸特征的截面、方向、深度及布尔运算等参数，从而完成拉伸特征的创建。

图 4-3 “拉伸”对话框

1）截面

拉伸特征的截面有绘制截面和选择曲线两种方式。通常在创建实体模型时，截面要求是封闭的图形。

（1）绘制截面。单击“绘制截面”按钮，进入草图环境，用户根据需要绘制相应的草图轮廓即建立用于生成特征的截面，截面绘制完成后返回“拉伸”对话框，建立的草图被自动选为拉伸的截面。

（2）选择曲线。单击“曲线”按钮，在当前环境中选择用于建立拉伸特征的曲线或实体边缘。用户可以通过选择条快速进行相关曲线的选取，每个完整的曲线或实体边缘都可以组成拉伸的截面。

2）方向

用于指定拉伸特征的生成方向。默认方向为截面的方向，用户也可以通过选择曲线、边缘或任意创建矢量的方法规定拉伸的参考矢量，即指定矢量。如果指定矢量的方向与用户的要求正好相反，则可以单击反向按钮或双击表示方向的箭头改变指定矢量的方向。

3）限制

用于指定拉伸特征在生成方向上的深度。“开始”选项用于指定拉伸特征在生成方向上的开始位置，“结束”选项用于指定拉伸特征在生成方向上的结束位置。“开始”和“结束”选项包括以下类型：

（1）值。拉伸特征的深度由用户输入的距离决定。当输入值为负时，表示深度的开始或结束位置与当前的生成方向相反。如图 4-4 所示，图中箭头所示方向为指定矢量的方向，圆点手柄表示开始位置，箭头手柄表示结束位置，用户也可以通过拖动手柄设置对应的距离。开始和结束的距离都是手柄相对于拉伸截面所在平面的距离值。

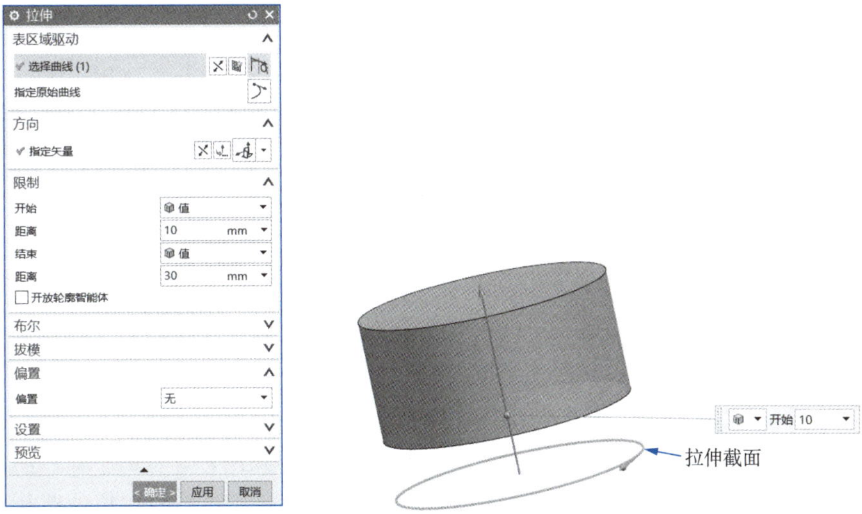

图 4-4　值的设置

（2）对称值。拉伸特征的深度为用户输入距离值的 2 倍。拉伸特征以拉伸截面所在平面为对称面，分别向该平面两侧拉伸指定的距离，如图 4-5 所示。

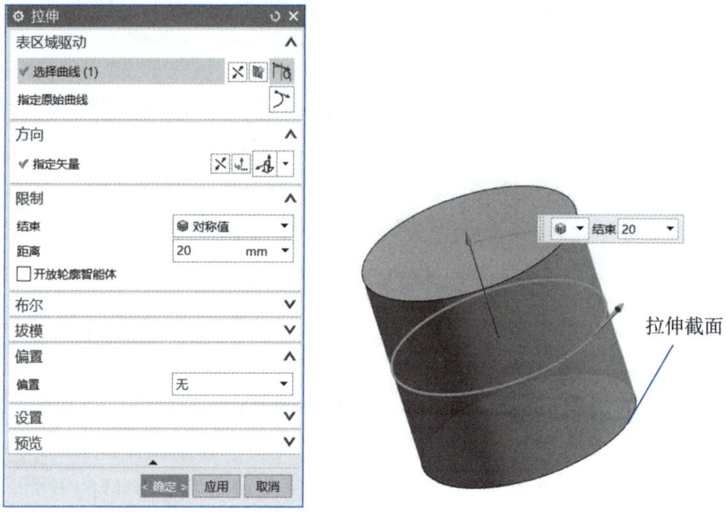

图 4-5　对称值的设置

（3）直至下一个。拉伸特征的深度为从草图平面开始，沿拉伸方向延伸到第一个与截面完全相交的实体表面，拉伸的截面形状会随着合并实体的形状发生改变，如图 4-6 所示。如果延伸方向上没有与截面完全相交的实体表面，则会弹出相应的错误提示。

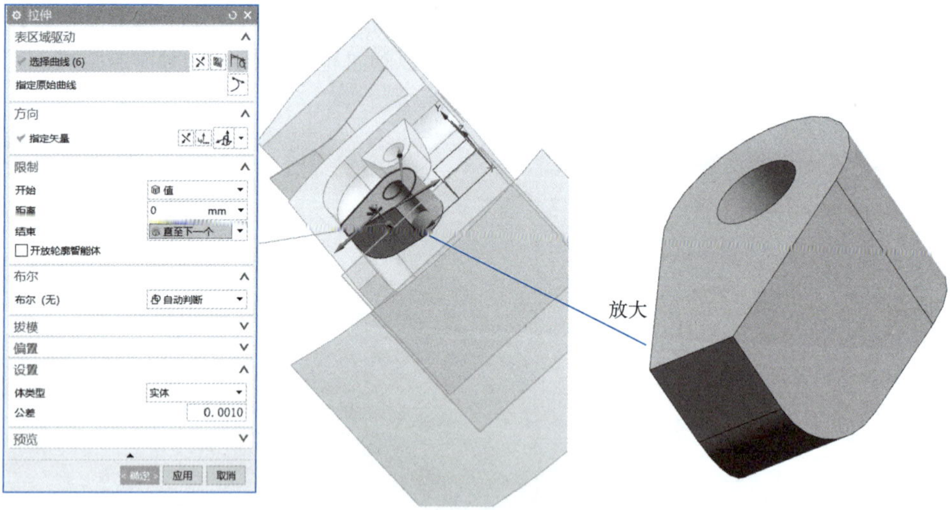

图 4-6　直至下一个的设置

（4）直至选定。拉伸特征的深度为从草图平面开始，延伸到用户选定的平面、曲面或体等参考对象，如图 4-7 所示。需要注意的是，用户选定的参考对象要与截面在拉伸路径重合，否则会弹出相应的错误提示。

（5）直至延伸部位。拉伸特征的深度为从草图平面开始，延伸到用户选定的参考平面，如图 4-8 所示。需要注意的是，当拉伸截面在延伸方向上与用户选定的参考对象不完全相交时，用户选定的参考对象会进行延伸，使它与拉伸截面在延伸方向上完全相交。

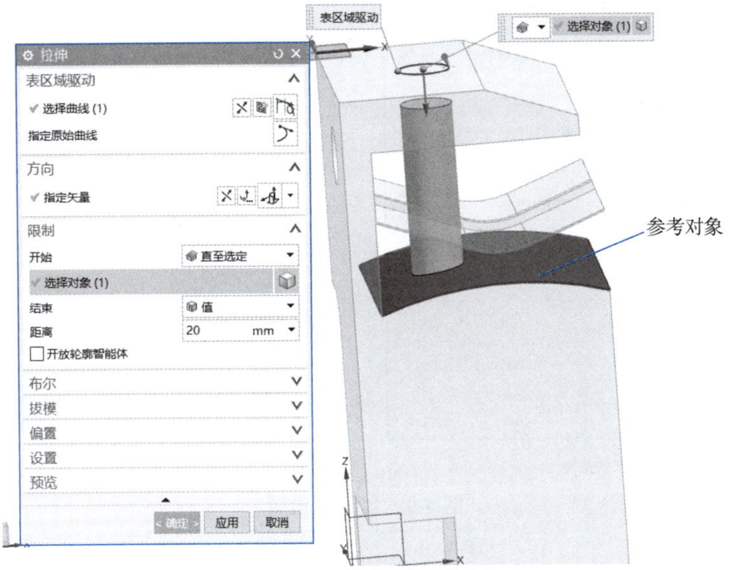

图 4-7　直至选定的设置

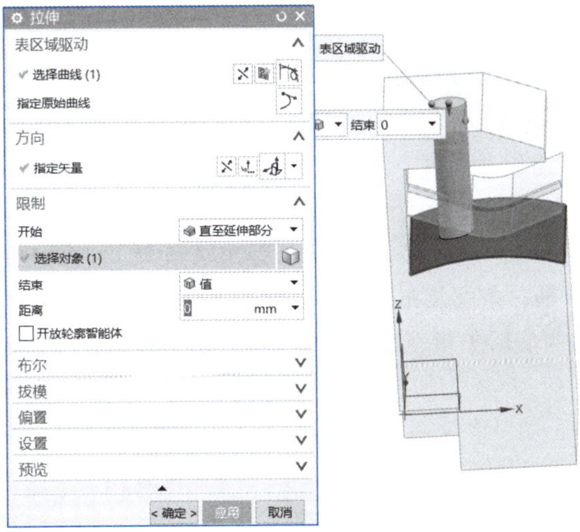

图 4-8　直至延伸部位的设置

（6）贯通。拉伸特征的深度为从草图平面开始，延伸到拉伸方向上所有可能相交的体，如图 4-9 所示。

4）布尔

用于指定拉伸特征生成时的布尔运算，“布尔”选项组包括“无”“求和”“求差”“求交”四种选项，其中“无”表示不对当前特征进行布尔运算，一般用于模型第 1 个特征的创建。

当创建当前特征之前，模型已经有特征存在，通常系统会根据拉伸特征的截面、方向和限制等参数，自动判断布尔运算的类型，即自动选择“求和”“求差”或“求交”进行布尔运算。

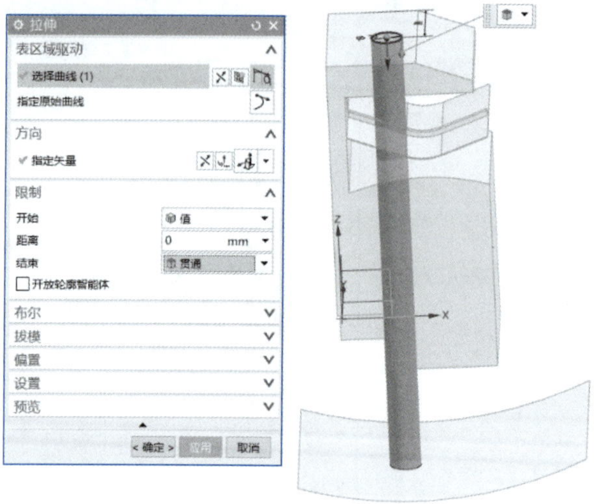

图 4-9　贯通的设置

二、 旋转

旋转特征是将一个截面绕着一个指定的轴旋转一定角度生成的特征。旋转特征的操作与拉伸特征的操作类似，不同之处在于：

（1）旋转特征的旋转轴除了要指定矢量外，还需要指定矢量通过的点。

（2）旋转特征的截面必须全部位于旋转轴的一侧，不允许跨越中心线。

（3）旋转特征的度量单位是角度，其旋转角度从截面位置开始算起，开始和结束角度的绝对值的和不能大于360°。

单击“特征”工具栏中的“旋转”按钮，弹出“旋转”对话框，在该对话框中可以依次设置旋转特征的截面、轴、角度及布尔运算等参数，从而完成旋转特征的创建。图 4-10 所示为以基准坐标系的 YC 轴为旋转矢量、以坐标原点为旋转矢量通过点而创建的旋转特征。

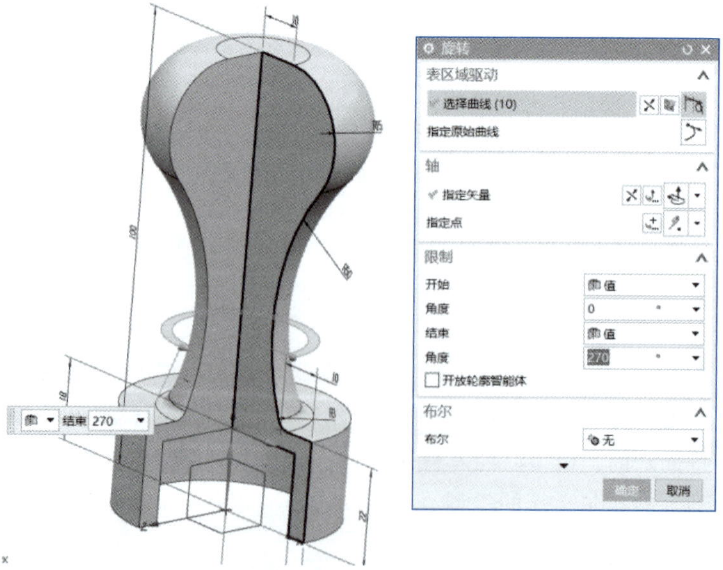

图 4-10　旋转特征

三、扫掠

扫掠特征是将一个截面图形沿着一定的轨迹运动生成的特征。扫掠特征包括扫掠、沿引导线扫掠等类型。沿引导线扫掠是将实体表面、实体边缘、曲线等截面线串沿着一定的引导线进行扫描生成的实体或者片体。

引导线可以是开放的或者封闭的。截面应相对于引导线放置，当引导线开放时，截面应位于引导线的起点；当引导线封闭时，截面应位于组成引导线的任一曲线的起点。沿引导线扫掠要求截面应垂直于引导线，如图 4-11 所示，因此要求：

（1）引导线应该是光顺的，不能有尖锐拐角。

（2）引导线曲线上的曲率半径应比截面曲线上对应部分的曲率半径大。

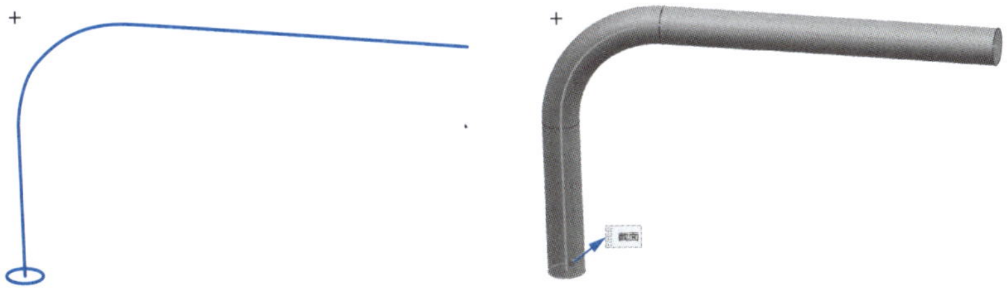

图 4-11　引导线与截面线串

在菜单栏中选择“插入”→“扫掠”→“沿引导线扫掠”命令，弹出“沿引导线扫掠”对话框，用户通过设置截面、引导线、偏置、布尔等选项完成该特征的创建。

1）引导线封闭

当引导线封闭、截面封闭时，如图 4-12 所示，扫掠特征是由封闭截面沿封闭引导线扫描后形成的实体区域，如图 4-13 所示。

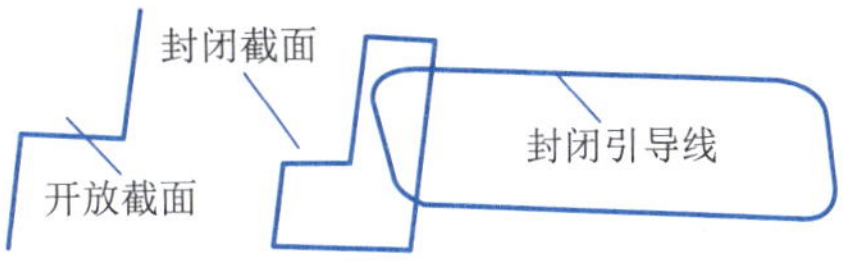

图 4-12　扫掠截面及封闭引导线

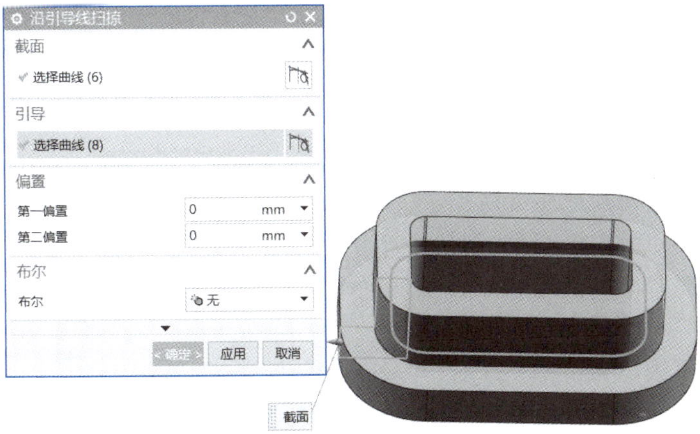

图 4-13　引导线封闭、截面封闭时的扫掠特征

当引导线封闭、截面开放时，扫掠特征是将由开放截面沿封闭引导线扫描后所包围的区域用实体填充后形成的，如图 4-14 所示。

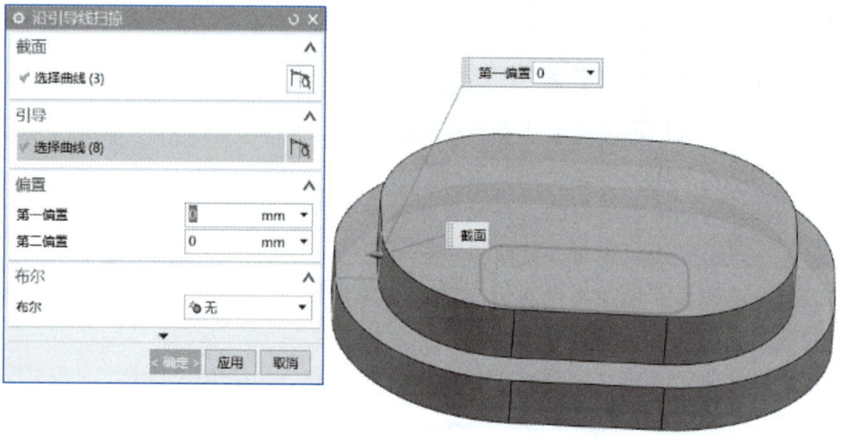

图 4-14 引导线封闭、截面开放时的扫掠特征

2）引导线开放

当引导线开放、截面封闭时，如图 4-15 所示，扫掠特征是由封闭截面沿开放引导线扫描后形成的实体区域，如图 4-16 所示。

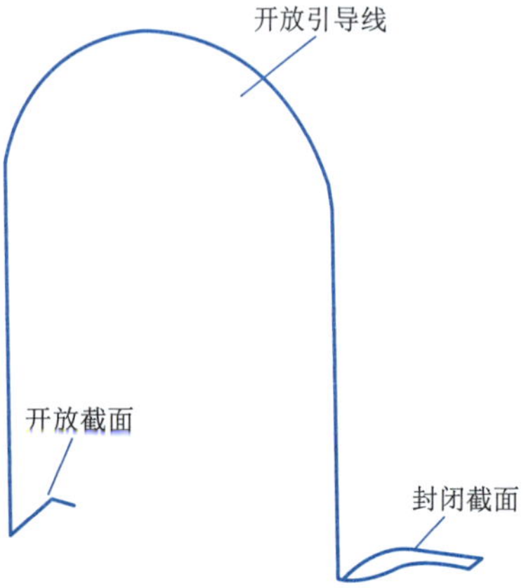

图 4-15 扫掠截面及开放引导线

图 4-16 引导线开放、截面封闭时的扫掠特征

当引导线开放、截面开放时，扫掠特征是由开放截面沿开放引导线扫描后形成的片体，如图 4-17 所示。此时，可以通过设置“偏置”选项生成实体特征。

偏置是以截面线串为参照，并对截面进行加厚的设置。第一偏置为相对于偏置起点偏置的距离，第二偏置为相对于偏置终点偏置的距离，二者之差的绝对值为扫掠截面的厚度，如图 4-18 所示。

图 4-17 引导线开放、截面开放时的扫掠特征

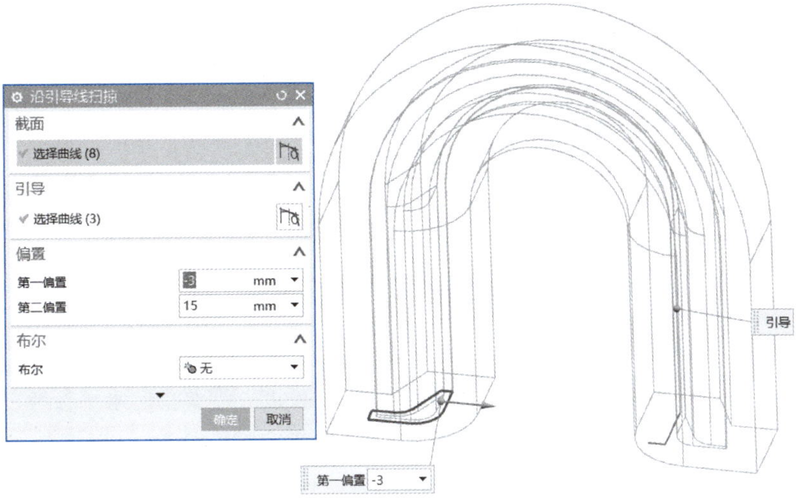

图 4-18　设置偏置的扫掠特征

4.3　工程特征的建立

工程特征是从工程实践中引入的实体造型概念，是针对基础特征的进一步加工。与基础特征不同的是，工程特征不能独立创建，必须在建立好的实体模型上创建。工程特征主要包括孔、凸台、键槽、槽、三角形加强筋、螺纹等设计特征和倒角、倒圆等细节特征以及抽壳等偏置特征。这些特征通常是在创建基础特征后才能添加，并且在添加到基础特征上时，除了要根据特征类型指定相应的形状参数外，还需要指定它们相对于已有特征的位置，即放置位置的设置。

一、工程特征的类型

在添加工程特征时，除了需要指定特征的形状参数外，还需要确定特征相对于基础特征的位置。

1. 放置面

对于大多数工程特征来说，放置面通常是平面的。槽特征的放置面例外，它的放置面必须是圆柱面或圆锥面。

放置面通常为已有实体的表面，如果没有合适的表面，用户也可以使用基准平面作为放置面。如图 4-19 所示，为了在圆柱面上放置孔，需要在圆柱面上作一个基准平面作为孔的放置面。工程特征正交于放置面建立，且与放置面相关联。

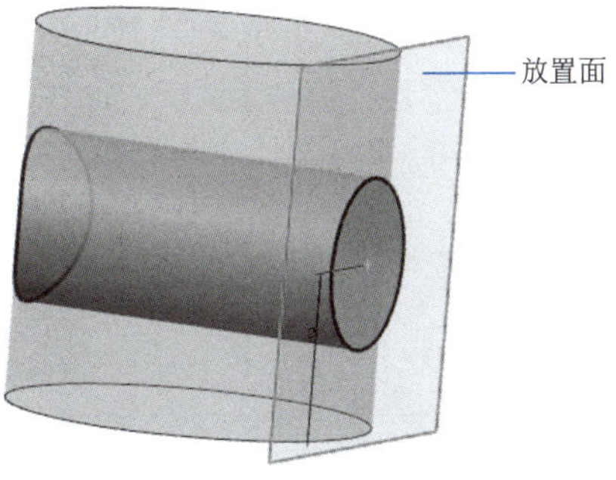

图 4-19　基准平面作为放置面

2. 水平参考

水平参考用于定义特征坐标系的 X 轴。可以将投影到放置面上的线性边、平面、基准轴或基准平面定义为水平参考，图 4-20 所示为键槽特征的放置参数。

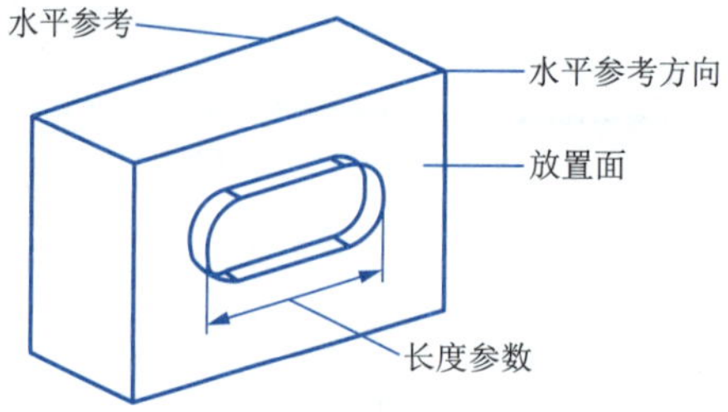

图 4-20　键槽特征的放置参数

通常在下列情况时需要指定水平参考：

（1）对于有长度参数的工程特征，为了度量特征的长度，需要指定水平参考。

（2）为了定义水平或垂直类型的定位尺寸，也需要指定水平参考。

3. 定位尺寸

为了将工程特征正确放置在放置面上，还需要通过设置定位尺寸指定它们在放置面上的具体位置。

系统会根据工程特征的不同类型，提供不同的定位尺寸方法。对于圆形或圆锥形工程特征，有六种不同的定位方法；对于矩形工程特征，则有九种不同的定位方法，如图 4-21 所示。各定位方法的含义见表 4-1。

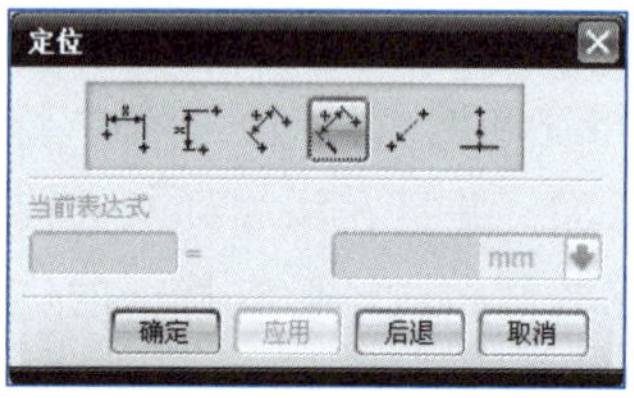

（a）圆形或圆锥形工程特征的定位方法

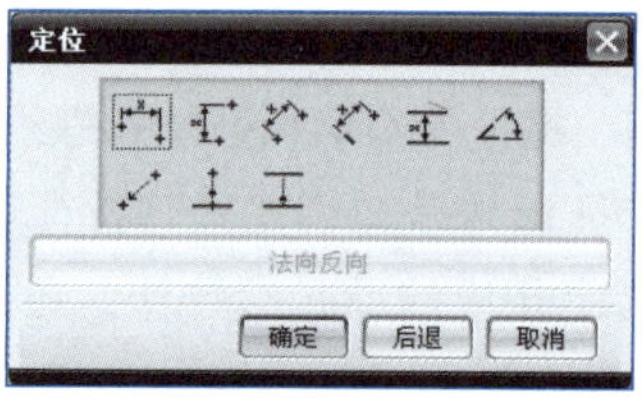

（b）矩形工程特征的定位方法

图 4-21　定位方法

表 4-1　定位方法

名　称	图　标	含　义
水平		在两点之间创建定位尺寸，水平尺寸与水平参考对齐，或与竖直参考成 90°
竖直		在两点之间创建定位尺寸，竖直尺寸与竖直参考对齐，或与水平参考成 90°
平行		在两点之间创建定位尺寸，且为两点间的最短距离
垂直		指定一个线性边缘、基准面或轴和一个点之间的最短距离
按一定距离平行		指定工具特征上的一个线性边缘，使这个边与目标特征上的一个线性边缘、基准面或轴在一个给定的距离上保持平行
角度		在两个线性边缘间创建用角度度量的定位尺寸
点到点		指定两点间的距离为零，即使目标对象和工具对象上的选定点重合
点到线		指定一个点与一条边、基准面或轴之间的距离为零，即使工具对象上的点在目标体的参考对象上
线到线		指定两条边间的距离为零，即使目标对象和工具对象上选定的边重合

所有类型的定位尺寸都需要在选定的两个点或两个对象之间进行测量，其中第一个点或第一个对象为已有实体上的参照对象，将其作为定位尺寸的目标参考；第二个点或第二个对象为要创建的工程特征上的参照对象，将其作为定位尺寸的工具参考。

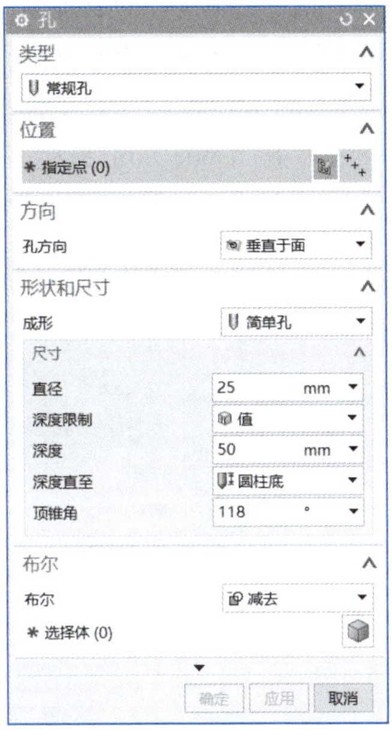

图 4-22　“孔”对话框

二、工程特征的创建

（1）“孔”是所有加工特征中最常用的。在菜单栏中选择“插入”→“设计特征”→“孔”命令，或在工具栏中单击按钮，弹出“孔”对话框，如图 4-22 所示，在其中“形状和尺寸”选项组中提供了四种孔的类型，分别为简单孔、沉头孔、埋头孔和锥形孔。

（2）“凸起”是指在指定放置面上创建一个圆台，创建的圆台和目标体的布尔关系默认为“求和”。在菜单栏中选择“插入”→“设计特征”→“凸起”命令，或在工具栏中单击按钮，弹出“凸起”对话框，如图 4-23 所示。

（3）“槽”是以直槽形状添加一条通道，使其通过实体或在实体内部。在菜单栏中选择“插入”→“设计特征”→“槽”命令，或在工具栏中单击按钮，弹出“槽”对话框，如图 4-24 所示。槽共有三种类型，分别为“矩形”“球形端槽”“U 形槽”。

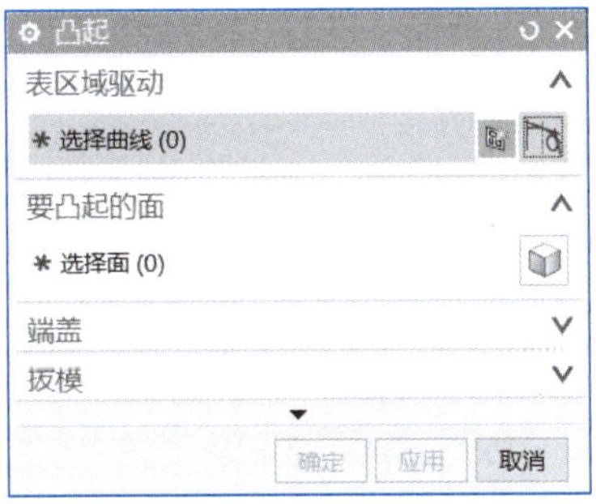

图 4-23　“凸起”对话框

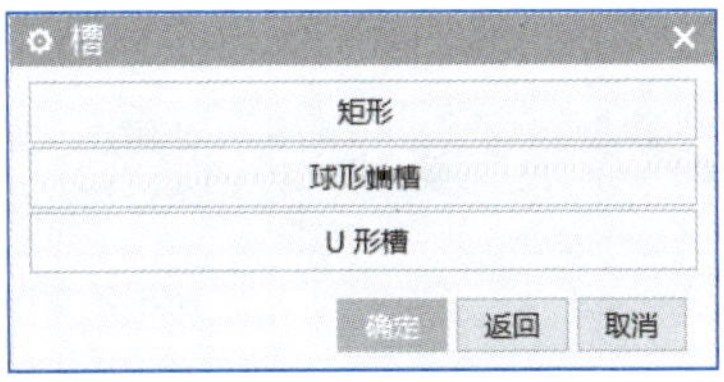

图 4-24　“槽”对话框

4.4　基准特征的建立

基准特征是辅助用户在要求的位置或方位建立实体特征和草图的特征，主要包括基准平面、基准轴、基准坐标系和基准点等特征。

基准平面和基准轴可以相对于已有实体模型建立，此时建立的基准称为相对基准；也可以固定在模型空间中建立，此时称为固定基准。因为相对基准是基于参照的实体模型建立的，因此它与这些参照相关联，且是参数化的特征，因此一般尽量使用相对基准。

一、基准平面

“基准平面”命令用于建立基准平面特征，是建模中的重要辅助工具。基准平面可以作为草图平面和工程特征的放置面、定位工程特征的目标参考、基础特征限制的参考、装配中的约束定位等。通常在一个模型中，可以建立多个基准面，但一般最多只建立三个固定基准面，即XC-YC、YC-ZC和XC-ZC坐标平面。在菜单栏中选择“插入”→“基准/点”→“基准平面”命令或单击“特征”工具栏中的基准平面按钮，弹出“基准平面”对话框，如图4-25所示，从“类型”下拉列表中选择一种类型创建基准平面，各创建类型的具体含义见表4-2。

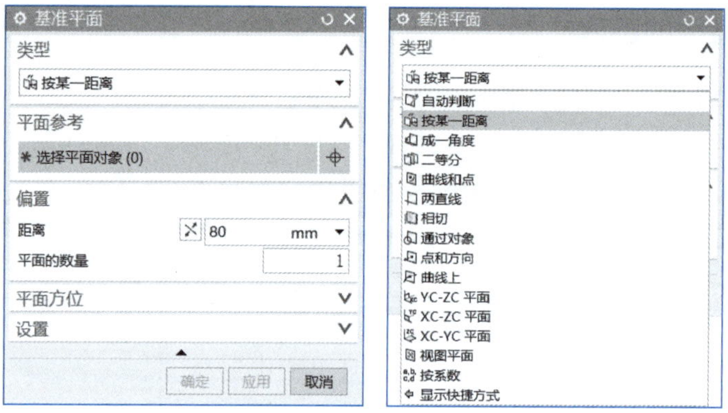

图4-25 “基准平面”对话框

表4-2 创建基准平面的类型

名　称	图　标	含　义
自动判断		根据用户选择的对象确定最佳方法创建基准平面
按某一距离		创建与用户选定的一个平面或基准平面平行，且相距指定距离的基准平面
成一角度		用户选定的一个平面对象为参照，指定一个与该平面的夹角创建平面
二等分		两个选定平面的中间位置创建基准平面，如果选定的平面不平行，则以两平面的角平分面创建基准平面
曲线和点		使用点、直线、边、基准轴或平面的各种组合创建基准平面（如三个点、一个点和一条曲线等）
两直线		使用任意两条线性曲线、线性边或基准轴的组合创建基准平面
相切		创建与一个非平的曲面相切的基准平面
通过对象		在所选对象的曲面法向上创建基准平面
点和方向		根据一点和指定方向创建平面
曲线上		在曲线或边上的位置处创建平面
YC-ZC 平面		沿工作坐标系或绝对坐标系的 YC-ZC 平面创建固定基准平面
XC-ZC 平面		沿工作坐标系或绝对坐标系的 XC-ZC 平面创建固定基准平面
XC-YC 平面		沿工作坐标系或绝对坐标系的 XC-YC 平面创建固定基准平面
视图平面		创建平行于视图平面并穿过工作坐标系原点的固定基准平面
按系数		使用含有系数 A、B、C 和 D 的方程在工作坐标系或绝对坐标系上创建固定的非关联基准平面，且 $AX+BY+CZ=D$

二、基准轴

“基准轴”命令用于建立基准轴特征。基准轴分为相对基准轴和固定基准轴。相对基准轴与一个或多个参考对象关联；固定基准轴固定在它建立的位置上，并且是不相关的。基准轴可以作为旋转特征的轴线、圆形阵列的参照、基准平面的参考等。

在菜单栏中选择“插入”→“基准/点”→“基准轴”命令或单击“特征”工具栏中的基准轴按钮↑，弹出“基准轴”对话框，如图 4-26 所示，从“类型”下拉列表中选择一种类型创建基准轴，各创建类型的具体含义见表 4-3。

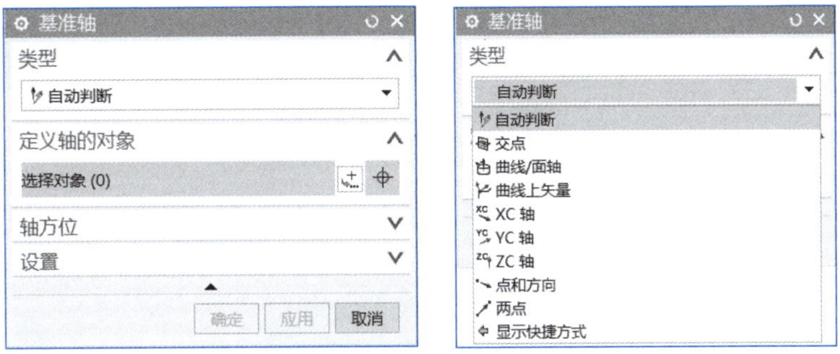

图 4-26　“基准轴”对话框

表 4-3　创建基准轴的类型

名　称	图　标	含　义
自动判断		根据用户选择的对象确定最佳的方法创建基准轴
交点		在两个基准平面或平面的相交处创建基准轴
曲线/面轴		沿线性曲线或线性边、圆柱面、圆锥面或环面的轴创建基准轴
曲线上矢量		创建与曲线或边上的指定点相切、垂直或双向垂直，或者与另一对象垂直或平行的基准轴
XC 轴		在工作坐标系的 XC 轴上创建固定基准轴
YC 轴		在工作坐标系的 YC 轴上创建固定基准轴
ZC 轴		在工作坐标系的 ZC 轴上创建固定基准轴
点和方向		经过指定的点，沿指定的方向创建基准轴
两点		指定两个点，经过这两个点创建基准轴

4.5　建模的基本操作

一、特征的阵列

特征的阵列是指将指定的特征复制到矩形或圆形的图样中，从而快速创建与已有特征同样形状的多个且呈一定规律分布的特征。

在菜单栏中选择“插入”→“关联复制”→“阵列特征”命令，弹出“阵列特征”对话框，如图 4-27 所示。先选择一种阵列方式，再选择需要阵列的特征并输入阵列参数，单击“确定”按钮即可完成特征的阵列。

图 4-27 “阵列特征”对话框

常用的阵列方式有：线性阵列、圆形阵列、沿曲线阵列、多边形阵列、螺旋式阵列、常规阵列和参考阵列。

（1）线性阵列。用于将一个或多个特征沿线性方向复制图形。通过指定种子特征、阵列的个数和阵列偏置对种子特征进行阵列，如图 4-28 所示。

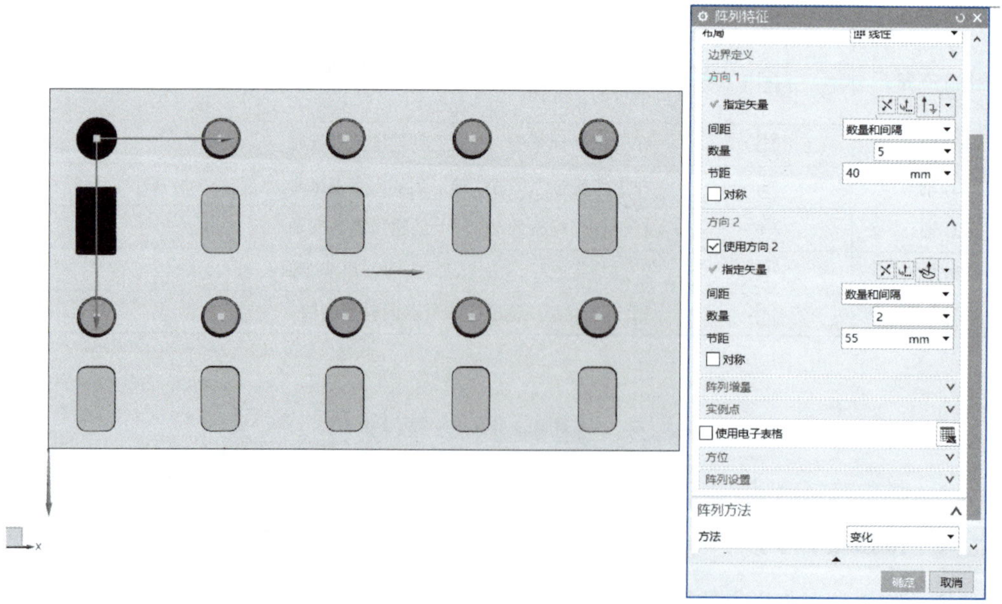

图 4-28 线性阵列

（2）圆形阵列。用于以圆形阵列的方式复制所选的实体特征，通过指定种子特征、阵列的个数和角度对种子特征进行圆形阵列，如图 4-29 所示。该方式常用于盘类零件上重复性特征的创建。

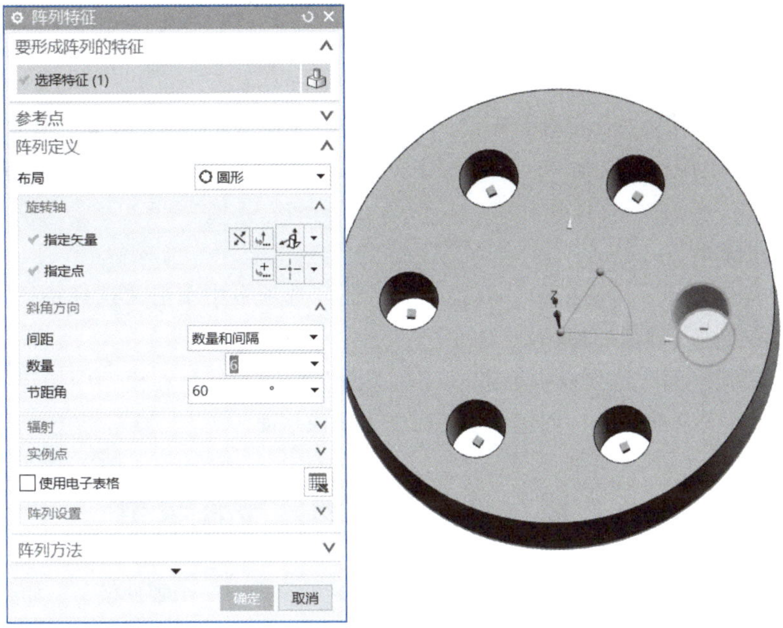

图 4-29　圆形阵列

（3）沿曲线阵列。用于沿着一条曲线路径进行阵列，如图 4-30 所示。

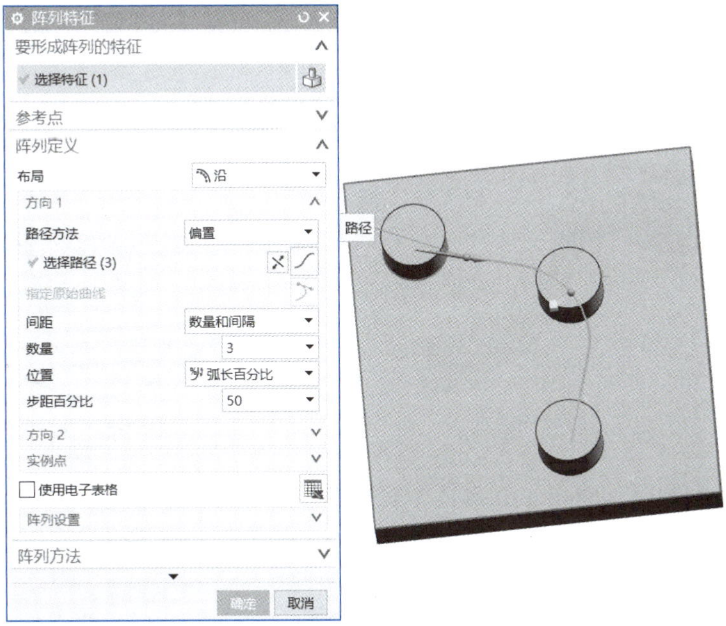

图 4-30　沿曲线阵列

(4) 多边形阵列。用于沿着一个正多边形进行阵列。

(5) 螺旋式阵列。用于沿着平面螺旋线进行阵列。

(6) 常规阵列。根据空间的点或由坐标系定义的位置点进行阵列。

(7) 参考阵列。通过参考模型中已有的阵列方式进行阵列。

二、特征的镜像

“镜像特征”指将指定特征相对于基准平面或实体表面镜像复制。在菜单栏中选择“插入”→“关联复制”→“镜像特征”命令，或在“主页”工具栏中单击“镜像特征”按钮，弹出“镜像特征”对话框。

具体操作步骤如下：

(1) 在“镜像特征”对话框的“要镜像的特征”选项板中单击“选择特征”按钮，然后在模型中选择需要进行镜像的特征。

(2) 在“镜像平面”选项板中单击“选择平面”按钮，然后在模型中指定一个已存在的平面，也可以通过“基准平面”创建一个平面作为镜像平面。

4.6 课堂练习——创建零件模型

本练习将通过拉伸特征、沿引导线扫掠特征和旋转特征建立一个零件模型，如图 4-31 所示。

操作步骤：

(1) 打开文件 ch4\example\4-1. prt。

(2) 创建拉伸特征。在菜单栏中选择“插入”→“设计特征”→“拉伸”命令或在“特征”工具栏中单击“拉伸”按钮，弹出“拉伸”对话框。

(3) 选择图 4-32 所示草图为拉伸截面，指定 ZC 轴负方向为拉伸方向，然后设置拉伸的深度值，单击鼠标中键，完成拉伸特征，如图 4-33 所示。

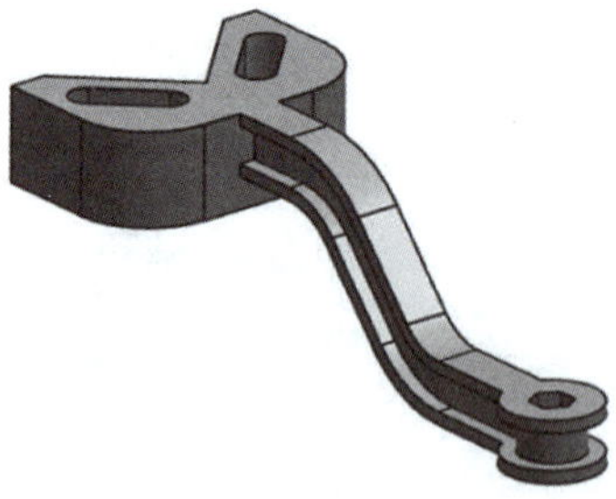

图 4-31 特征建模实例模型

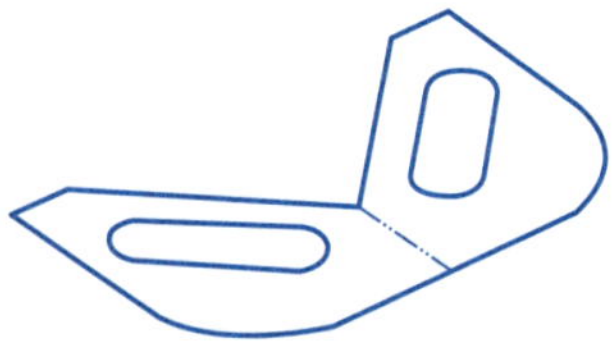

图 4-32 拉伸截面

(4) 创建沿引导线扫掠特征。在部件导航器中选择草图 (8) 和草图 (10)，将它们显示出来，如图 4-34 所示。在菜单栏中选择“插入”→“扫掠”→“沿引导线扫掠”命令，弹出“沿引导线扫掠”对话框。

(5) 选择草图 (10) 为截面线串，单击鼠标中键，选择草图 (8) 为引导线串；在“沿引导线扫掠”对话框中选择求和布尔运算，选择拉伸特征为目标体。单击鼠标中键，完成扫掠特征的创建，如图 4-35 所示。

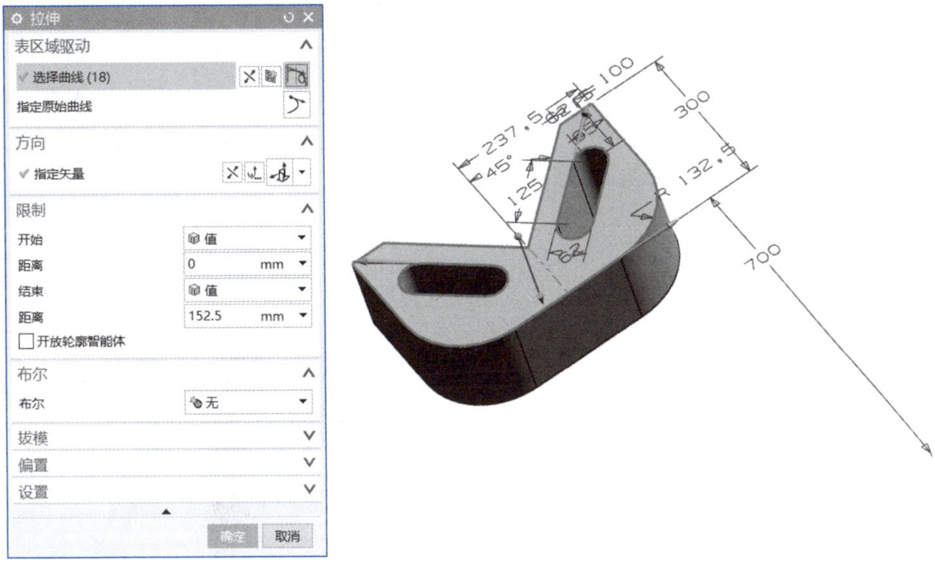

图 4-33　拉伸特征

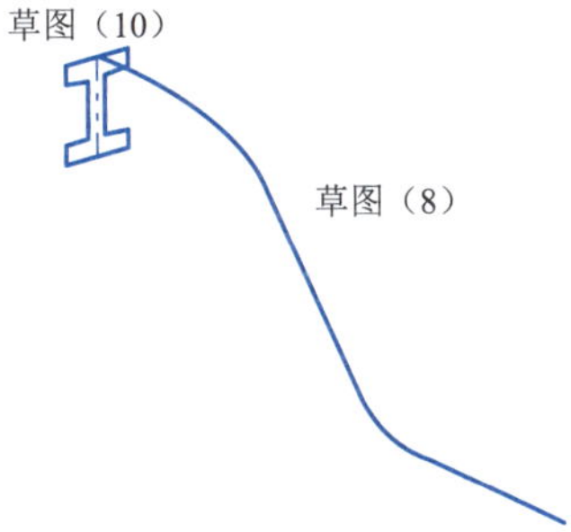

图 4-34　扫掠草图

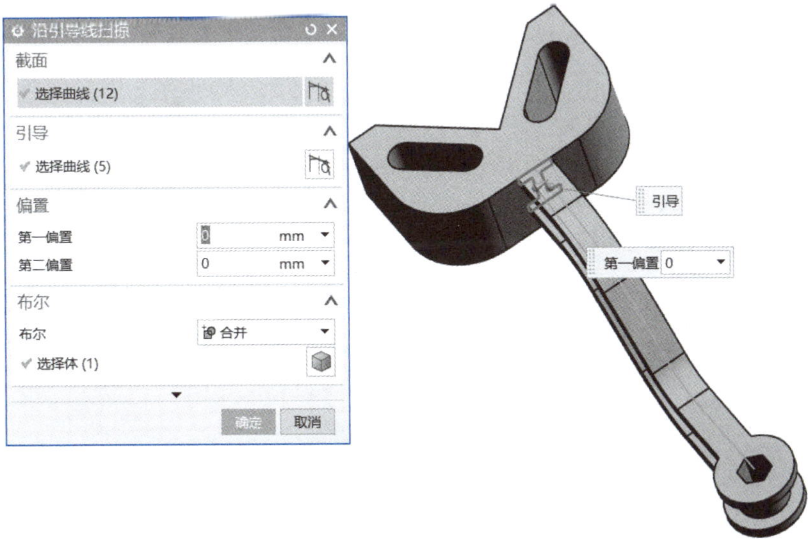

图 4-35　创建沿引导线扫掠特征

（6）创建旋转特征。将草图（8）和草图（10）隐藏，将草图（6）显示出来，如图 4-36 所示。在“特征”工具栏中单击“旋转”按钮，弹出“旋转”对话框。

（7）选择草图（6）作为截面，选择草图（6）的竖直线作为轴矢量，设置起始角度为 0°，终止角度为 360°，选择求和布尔运算。单击鼠标中键，完成旋转特征的创建，如图 4-37 所示。

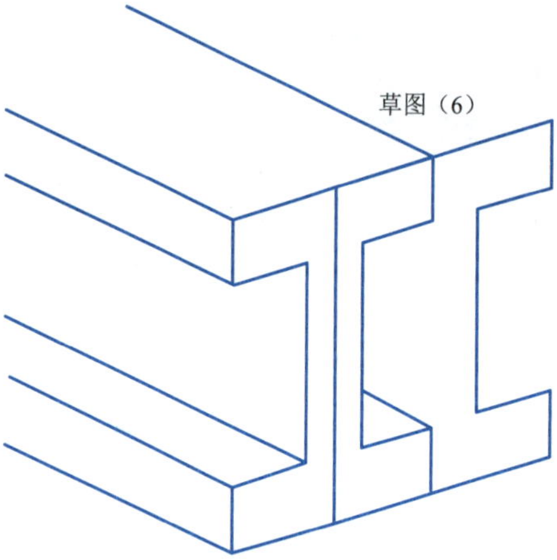

图 4-36　旋转特征草图

图 4-37　创建旋转特征

（8）通过拉伸特征去除材料。将草图（7）显示出来，如图 4-38 所示。在“特征”工具栏中单击“拉伸”按钮，弹出“拉伸”对话框。

（9）选择草图（7）作为截面，拉伸方向指向已存实体，开始距离为 0，结束选项为直至下一个，选择求差布尔运算。单击鼠标中键，完成拉伸特征的创建，如图 4-39 所示。

（10）保存模型。

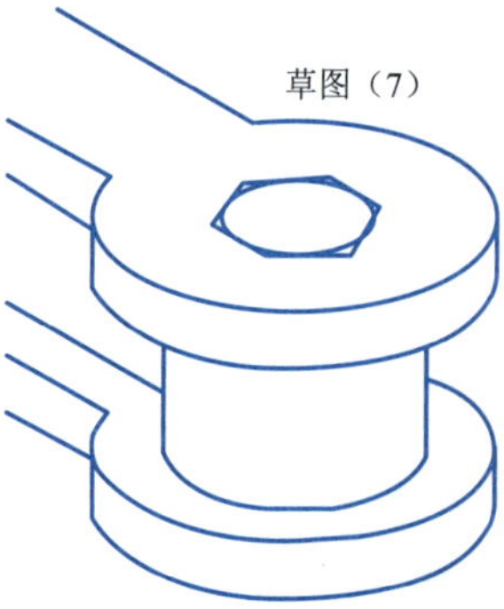

图 4-38　拉伸草图

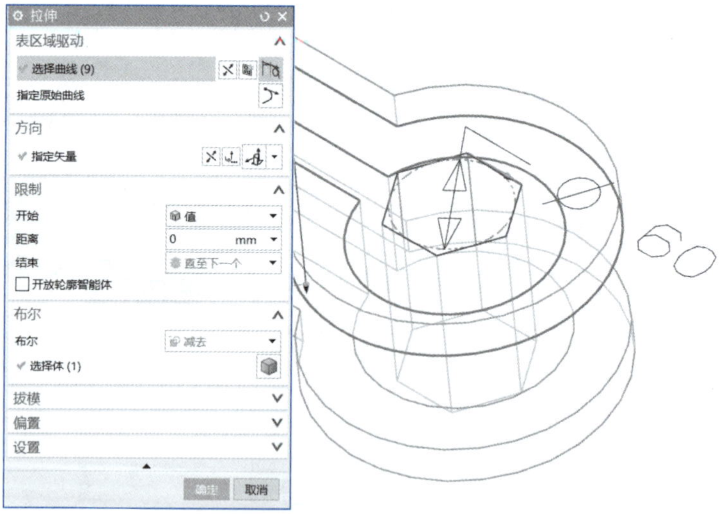

图 4-39　创建拉伸特征

思考与练习

一、填空题

1. 常用的建模方法包括__________、__________和__________。

2. 在三维 CAD 软件中，零件模型通常由许多单独的具有一定参数的几何元素组合而成，就像装配体是由许多单独的零件组成一样，这些独立的几何元素称为__________。

3. 零件三维模型由一系列按照先后顺序构造的特征组成，如果先后创建的特征之间具有参照关系，则在它们之间建立关联，即建立了__________。

4. 用特征创建零件可以采用__________、__________和__________等方法。

5. 在三维 CAD 软件中，通常可以根据特征在建模过程中的作用分为__________、__________和__________等特征。

6. 布尔运算包括__________、__________和__________。

7. 基准特征包括__________、__________、__________和__________等特征。

8. 在 UG 中，有两种创建螺纹的方式，即__________和__________。

9. 线性阵列方式用于以__________的形式复制所选的实体特征，该阵列方式使阵列后的特征呈矩形（行数×列数）排列。

10. 槽特征的放置面应为__________。

11. 在创建指定长度的槽时，除了需要指定槽的放置平面，还需要指定其__________，用于指定槽长度的方向。

二、选择题

1. （　　）特征是将一个截面绕着一个指定的轴旋转一定角度生成的特征。

   A. 拉伸　　B. 旋转　　C. 沿引导线扫掠　　D. 管道

2. 对于大多数工程特征来说，放置面通常是（　　）的。

   A. 平面　　B. 曲面　　C. 圆柱面　　D. 圆锥面

3. 工程特征的水平参考用于定义特征坐标系的（　　）。

   A. X 轴　　B. Y 轴　　C. Z 轴　　D. 原点

4. 对于矩形工程特征，有（　　）种不同的定位方法。

   A. 6　　B. 7　　C. 8　　D. 9

5. 在 UG 中，“槽”对话框提供了（　　）种类型的槽，所创建的槽既可以是通槽也可以是指定长度的槽。

   A. 3　　B. 4　　C. 5　　D. 6

6. 在创建倒斜角特征时，除了要指定其形状参数，还需要指定其（　　）。

   A. 参考点　　B. 参考边　　C. 参考面　　D. 参考坐标系

7. （　　）特征可用于去除实体内部的材料，并按指定厚度形成薄壁体。

   A. 腔体　　B. 凸台　　C. 抽壳　　D. 拔模

8. 创建面圆角特征时，除了指定圆角半径及生成方法外，还需要指定其边和（　　）作为参考。

   A. 边　　B. 面　　C. 点　　D. 坐标系

三、简答题

1. 旋转特征的操作与拉伸特征的操作有何不同？

2. 沿引导线扫掠中引导线开放、引导线封闭及截面开放、截面封闭的操作结果有何不同？

3. 工程特征为何要指定其放置面？

4. 简述创建镜像特征的过程。

5. 简述创建齿轮轴的方法及过程。

6. 简述沿曲线阵列创建的一般过程。

四、上机练习

1. 创建支承架模型，如图 4-40 所示。该零件主要用于轴类零件与其他零件之间的垂直定位，主要结构由底板上的沉头孔、支承板、圆柱体以及三角形加强筋等组成。

2. 创建油泵壳体零件模型，如图 4-41 所示。该壳体主要用于保护和固定泵体系统，主要结构由外壳、底座、轴承孔以及加强筋等组成。

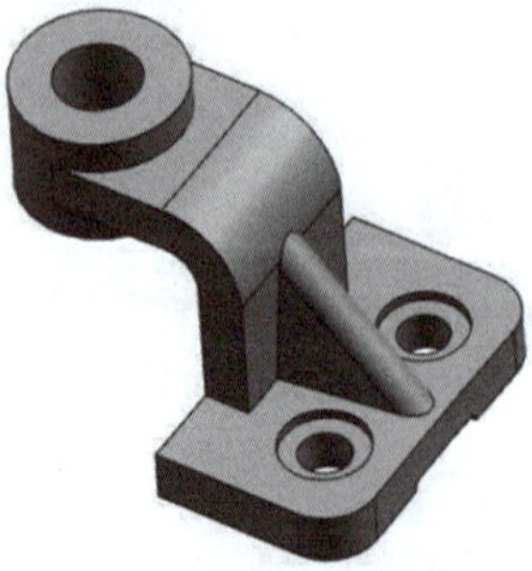

图 4-40　支承架

图 4-41　油泵壳体零件

第 5 章 曲线和曲面

UG NX 曲面建模技术是体现 CAD/CAM 软件建模能力的重要标志。曲面建模与实体建模一样，是模型的主体组成部分。曲面建模既可以生成曲面（在 UG 中称为片体，即厚度和质量为 0），也可以生成实体。一般来说，创建曲面是从曲线开始，曲线是构建曲面模型的基础，只有良好的二维曲线才能保证创建出质量较好的曲面或实体。

5.1 曲线概述

简单的模型，通过一般曲线即可建立，但是在建立高级曲面或不规则形状的平面时，就需要使用 UG NX 提供的高级曲线功能。曲线可以在三维空间中建立空间曲线，和前面章节介绍的草图中的曲线相比，曲线在创建方法和功能上有许多相似的地方。曲线可以通过拉伸、旋转等操作构造特征；曲线也可以创建曲面进行复杂曲面或实体造型；曲线也常用作建模的辅助线；另外，建立的曲线还可以添加到草图中进行参数化设计。

1. 曲线与草图的区别

草图曲线分为两种，一种是草图环境下的草图，另一种是建模环境下的草图，其共同点是草图都是在某一平面内完成的，这个平面可能是坐标平面或实体表面，且草图是有参数的。而本节介绍的曲线是在建模环境中绘制，可建立空间曲线，如螺旋线等，且曲线是无参数的，可通过“添加现有曲线”命令将曲线添加到草图中进行参数化设计。

2. 曲线命令

曲线命令分为三部分：曲线绘制、曲线操作及曲线编辑。

“曲线绘制”用于建立遵循设计要求的点、直线、圆弧、样条曲线、二次曲线、平面等几何要素。一般来说，曲线命令建立的几何要素主要位于工作坐标系 XY 平面上（用捕捉点的方式也可以在空间上画线），当需要在不同平面上建立曲线时，需要用坐标系工具——“WCS 旋转”或“定位”转换 XY 平面。“曲线操作”是对已存在的曲线进行几何运算处理，如曲线桥接、投影、接合等。“曲线编辑”是对几何要素进行编辑修改，如修剪曲线、编辑曲线参数、曲线拉伸等。

在“曲线”工具栏中进入“曲线”“派生曲线”和“编辑曲线”面板选择对应命令，如图 5-1 至图 5-3 所示。

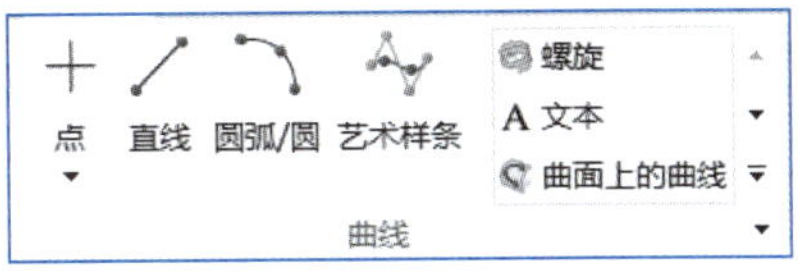

图 5-1 曲线

图 5-2　派生曲线

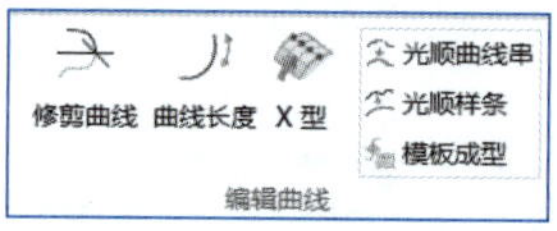

图 5-3　编辑曲线

5.2　高级建模曲线的创建

前面章节中已对基本曲线做出了比较详细的介绍，在一般的建模中，掌握基本曲线的创建已足够，但有时要对一些复杂的曲面或非规则形状的平面进行创建，需要进行比较复杂的设计，会用到高级建模曲线的创建。

一、艺术样条的创建

艺术样条曲线是指创建关联或非关联的样条曲线，在创建过程中可以指定样条定义点的斜率，也可以拖动样条定义点。艺术样条的阶次越高，图形越平滑，如果是通过极点创建艺术样条，点数一定要大于阶次数，否则无法创建艺术样条。

在菜单栏中选择“插入”→“曲线”→“艺术样条”命令，弹出“艺术样条”对话框，如图 5-4 所示。

该对话框包含了两种绘制艺术样条曲线的方式，分别是“通过点”和“根据极点”。

“通过点”创建的样条通过所有点，可以通过鼠标捕捉存在点，也可以通过单击直接定义点。

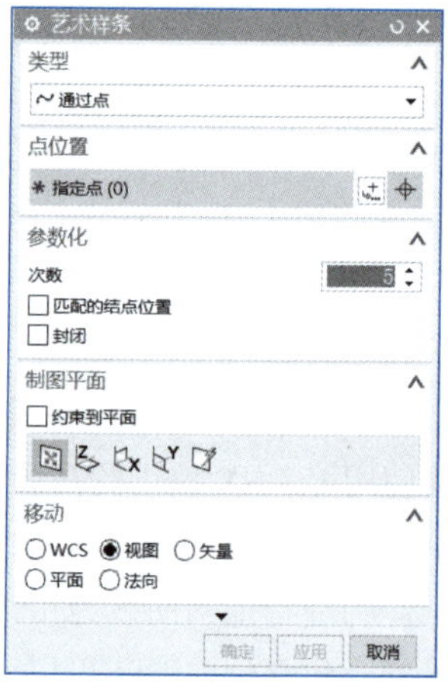

图 5-4　“艺术样条”对话框

“根据极点”是用极点控制样条的创建，极点数至少需要比设置的阶次大 1，如图 5-5 所示。

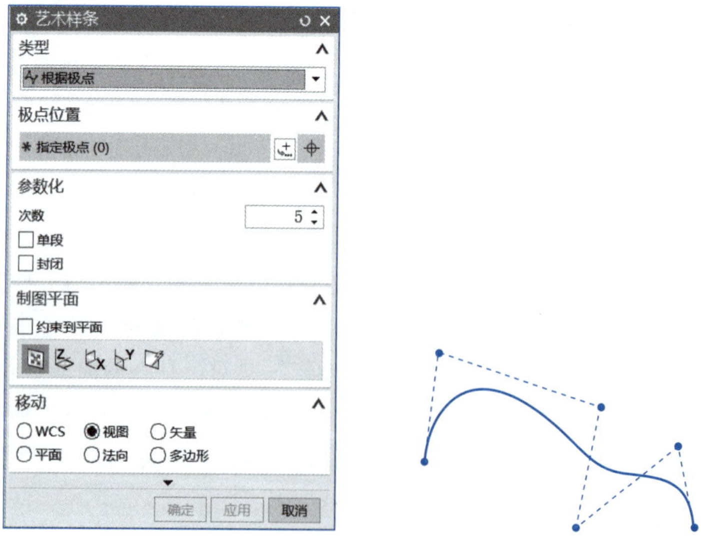

图 5-5　通过极点创建艺术样条

二、螺旋线的创建

螺旋是指一点沿圆柱或圆锥表面作螺旋运动的轨迹，螺旋线在机械产品造型上的应用比较常见。在菜单栏中选择“插入”→“曲线”→“螺旋”命令，或单击“曲线”工具栏中的“螺旋线”按钮，弹出“螺旋”对话框，如图 5-6 所示。通过设置圈数、螺距、半径方式（规律或恒定）、旋转方向和适当方向，可以生成不同类型的螺旋线，如图 5-7 所示。

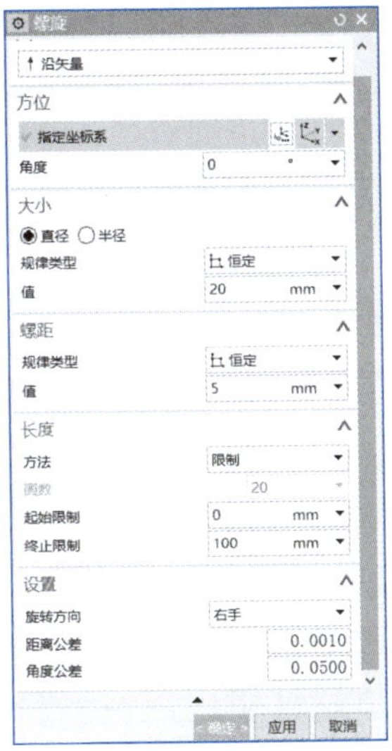

图 5-6　“螺旋”对话框

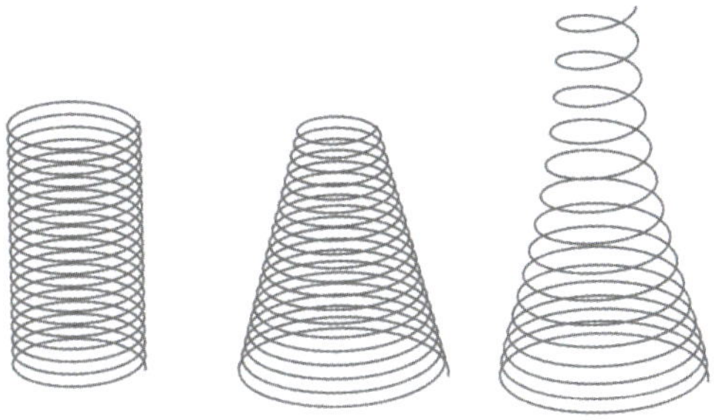

图 5-7　螺旋线

“螺旋”对话框中各选项的功能说明如下：

（1）类型：螺旋线类型分为“沿矢量”定义和“沿脊线”定义。“沿矢量”需要指定螺旋线的方位、大小、螺距、长度和旋转方向等参数，如图 5-8 所示。“沿脊线”需要选择一条曲线定义脊线，并分别指定方位（可自行指定，也可自动判断）、大小、螺距和长度等，如图 5-9 所示。

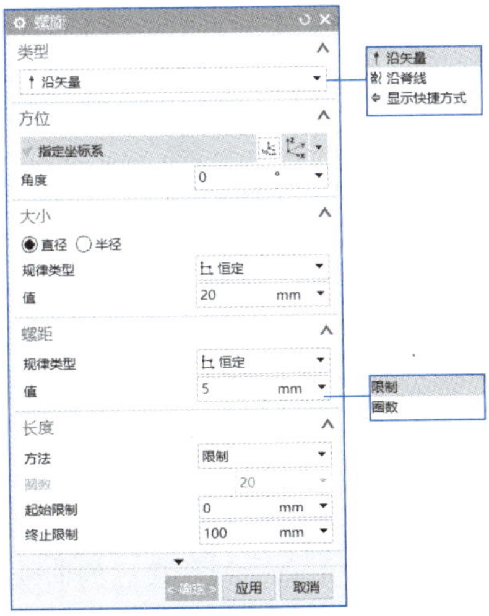

图 5-8　“沿矢量”类型

图 5-9　“沿脊线”类型

（2）大小：指定螺旋的定义方式，可通过选择“规律类型”或输入半径/直径的值定义螺旋的半径或直径。

（3）规律类型：能够使用规律函数控制螺旋线的半径/直径变化。

（4）值：该选项为默认值，输入螺旋线的半径/直径值，该值在整个螺旋线上都为常数。

（5）螺距：相邻的圈之间沿螺旋轴方向的距离，必须大于或等于0。

（6）方法：指定长度方法为限制或圈数。

（7）圈数：用于指定螺旋线绕螺旋轴旋转的圈数。必须大于0，可以接受小于1的值（如0.5可生成半圈螺旋线）。

（8）旋转方向：用于控制旋转的方向。“右手”指螺旋线起始于基点向右卷曲（逆时针方向）；“左手”指螺旋线起始于基点向左卷曲（顺时针方向）。沿矢量类型的螺旋方向可选左手（见图5-10）或右手（见图5-11）。

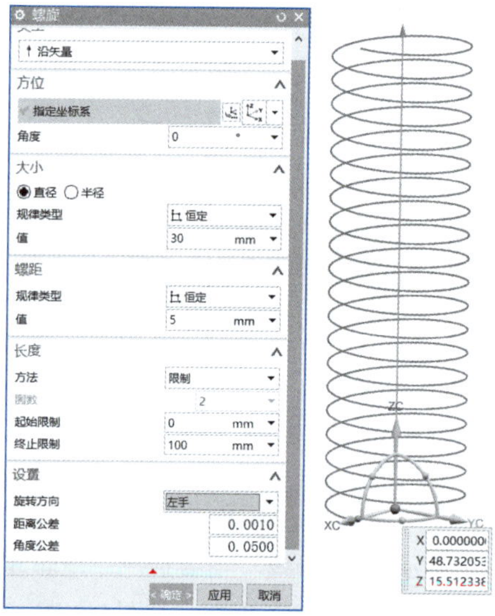

图5-10　螺旋线左手旋转

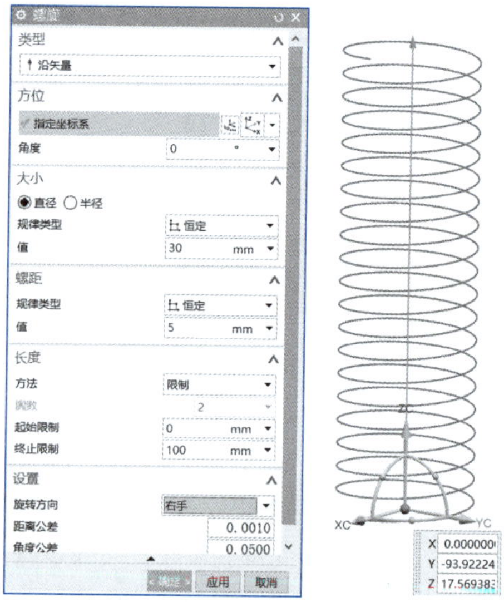

图5-11　螺旋线右手旋转

5.3　曲线操作

曲线操作是指对已存在的曲线进行几何运算处理，如曲线桥接、投影、合并等。在曲线的创建过程中，由于多数曲线属于非参数型曲线类型，一般在空间中具有很大的随意性和不确定性，因此创建完曲线后，并不能满足要求，往往需要借助各种曲线操作命令不断调整，对曲线做进一步的处理。

一、桥接曲线

桥接曲线是指创建两条曲线之间相切的圆角曲线，可用于连接两条分离的曲线（包括实体、曲面的边缘线）。在桥接过程中，系统实时反馈桥接的信息，如桥接后的曲线形状、曲率梳等，有助于分析桥接效果。单击“曲线”工具栏中的“桥接曲线”按钮，或在菜单栏中选择“插入”→“派生曲线”→“桥接”命令，弹出“桥接曲线”对话框，如图5-12所示。

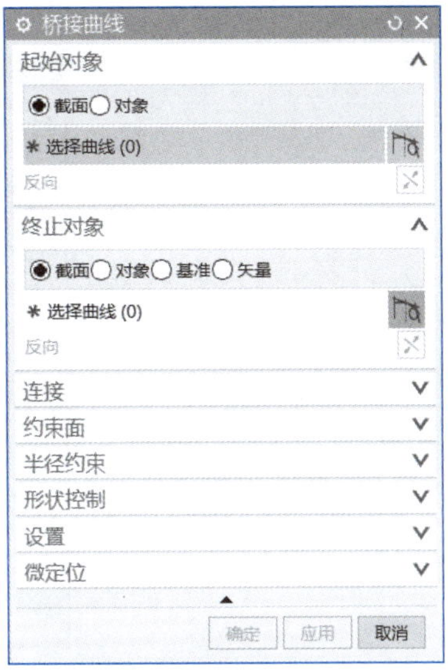

图 5-12　“桥接曲线”对话框

“桥接曲线”对话框中各选项的功能如下：

（1）起始对象：对起点对象进行选取，即选取需要进行桥接变换的第一条曲线。

（2）终止对象：对端点的对象进行选取，即选取需要进行桥接变换的第二条曲线。

（3）连接：对桥接曲线的属性进行设置，如图 5-13 所示。

①开始/结束：用于指定编辑对象，针对“起始对象”和“终止对象”选择的第一条曲线和第二条曲线，编辑桥接曲线的开始与结束位置。

②连续性：对起点/终点指定的点处的连续性进行编辑，在其下拉列表中包含四个选项：G0（位置）、G1（相切）、G2（曲率）和 G3（流），分别表示在指定点处的零阶、一阶、二阶和三阶连续，可以根据需要选择连续方式。

③位置：用于设置桥接点的位置，拖动“U 向百分比”或“V 向百分比”滑块即可动态设置桥接点。

④方向：用于设置桥接点的方向。

（4）形状控制：用于控制桥接曲线的形状，如图 5-14 所示。形状控制方式包括相切幅值以及深度和歪斜度，选择不同的形状控制方式，可拖动滚动条或在文本框中输入数值进行设置。例如，图 5-15 所示为相切幅值桥接曲线。

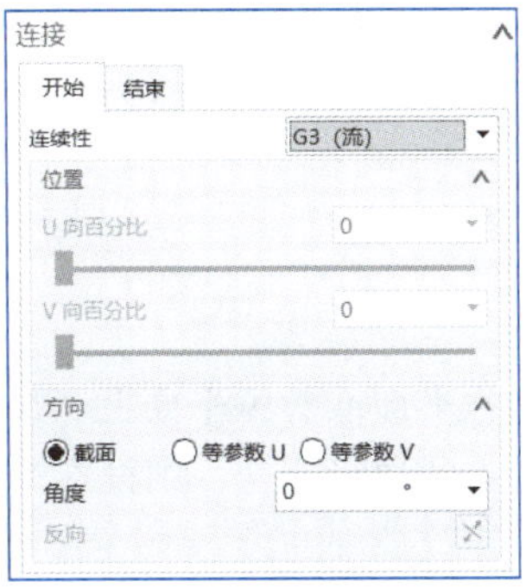

图 5-13　“连接”选项组

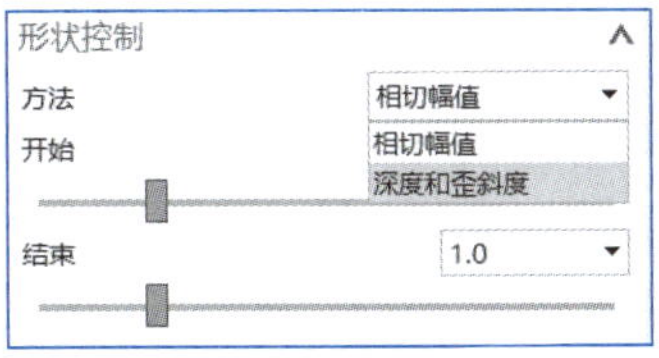

图 5-14　形状控制选项

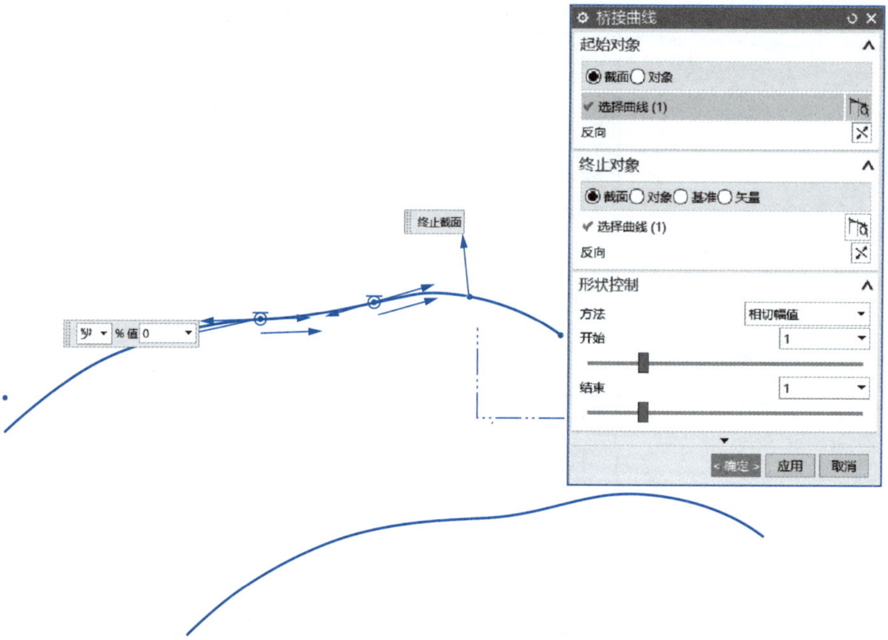

图 5-15　相切幅值桥接曲线

（5）设置：设置曲线关联性的启用或关闭。

（6）微定位：设置微定位功能的启用或关闭。

二、简化曲线

使用“简化曲线”命令，可以由曲线串（最多可选择 512 条曲线）创建一个由最佳拟合直线和圆弧组成的线串。在菜单栏中选择“插入”→“派生曲线”→“简化”命令，或在“曲线”工具栏中单击“简化曲线”按钮，弹出“简化曲线”对话框，如图 5-16 所示。

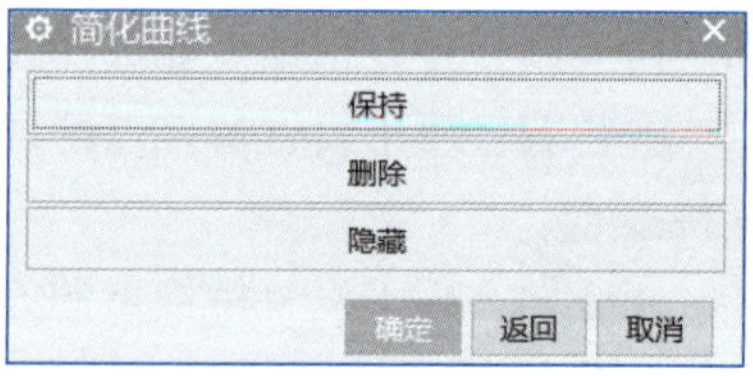

图 5-16　“简化曲线”对话框

在该对话框中单击“保持”按钮，将在创建简化曲线后保留原始曲线。单击“删除”按钮，将在简化曲线后移除选定曲线。单击“隐藏”按钮，将在简化曲线后将选中的原始曲线隐藏（即将选中的原始曲线从屏幕上移除，但并未删除）。上述三个按钮用于指定原始曲线在转换后的状态，然后选择要逼近的曲线即可完成简化曲线操作。简化曲线后，使用距离公差将其近似为圆弧及直线。

三、投影曲线

投影是指将曲线或点沿某个方向投影到已有的曲面、平面或参考平面上。投影后，系统可以自动连接输出的曲线，但若投影曲线与面上的孔或面上的边缘相交，则投影曲线会被面上的孔和边缘所修剪。

在菜单栏中选择“曲线”→“投影曲线”命令，弹出“投影曲线”对话框，如图 5-17 所示，主要包括“要投影的曲线或点”“要投影的对象”“投影方向”“设置”等选项组。

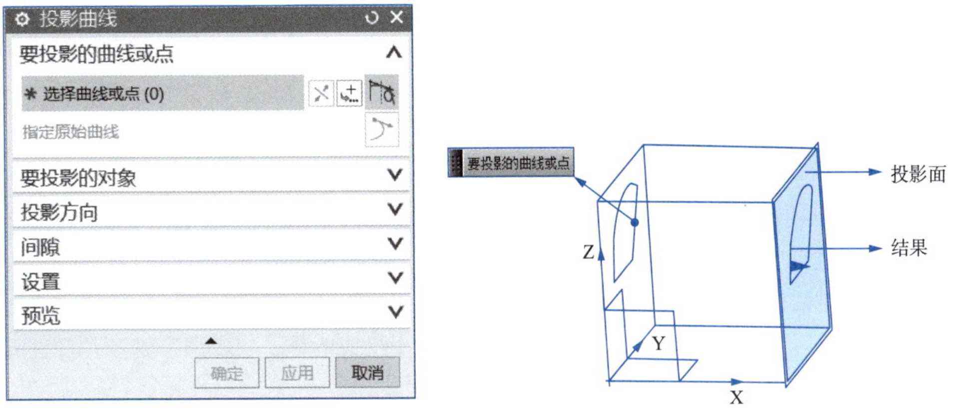

图 5-17　“投影曲线”对话框

首先选择要投影的曲线或点，然后在“要投影的对象”选项组中通过“选择对象”或“指定平面”选项选择投影面，最后单击“确定”按钮完成并退出命令。对话框中的“投影方向”“间隙”“设置”“预览”选项组通常保持系统默认设置。

5.4　曲面概述

曲面是一种统称，片体和实体的自由表面都可以称为曲面。片体是由一个或多个表面组成、厚度为 0、质量为 0 的几何体。曲面是一条曲线在给定的条件下，在空间作连续运动的轨迹。对于形状复杂的零件，只利用实体特征的造型方法难以完成，需要结合曲面造型完成零件的模型制作。通常，定义曲面特征可以采用点、线、片体或实体的边界和表面。按照曲面的构造原理可以将曲面分为以下三类：

(1) 根据点创建曲面：通过现有的点或点集创建曲面，如“通过点”“从点云”“从极点”等命令。根据点设计的曲面光顺性较差但是精密度高。

(2) 通过曲线创建曲面：通过现有的曲线或曲线串创建曲面，如“直纹面”“通过曲线组”“通过曲线网格”“扫掠”等命令。

(3) 通过曲面创建新曲面：通过现有的曲面创建新的曲面，如“桥接”“偏置曲面”“修剪的片体”等命令。

曲面设计的相关命令基本集中在工具栏的“曲面”选项卡中，包括“曲面”“曲面操作”“编辑曲面”面板，如图 5-18 所示。

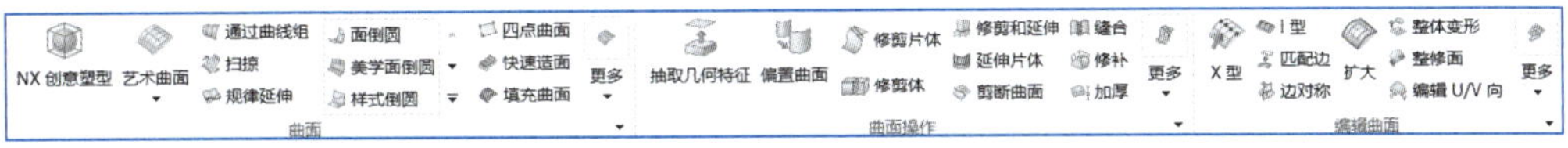

图 5-18　“曲面”选项卡

5.5 曲面的创建

在 UG 中很多实际产品都需要采用曲面造型完成复杂形状的构建，因此掌握 UG 曲面的创建是非常重要的。

一、通过点创建曲面

使用“通过点创建曲面”功能，可以通过矩形阵列点创建曲面。在菜单栏中选择“插入”→“曲面”→“通过点”命令，弹出“通过点”对话框，如图 5-19 所示。

“通过点”对话框中各选项的功能如下：

（1）补片类型：“单个”选项用于生成仅由一面片组成的体，“多个”选项用于生成由单面片矩形阵列组成的体。

（2）沿以下方向封闭：用于为“多个”补片类型的片体指定封闭方式，即设置沿哪个方向封闭。“两者皆否”表示生成的片体在行和列两个方向上都不封闭；“行”表示仅在行方向上封闭；“列”表示仅在列方向上封闭；“两者皆是”表示在行和列两个方向上都是封闭的。当“补片类型”为“多个”时，还可以更改默认的行阶次和列阶次。“文件中的点”按钮用于在指定路径调入包含点的文件以定义点和极点。

在“通过点”对话框中设置好参数后，单击“确定”按钮，弹出“过点”对话框，如图 5-20 所示。

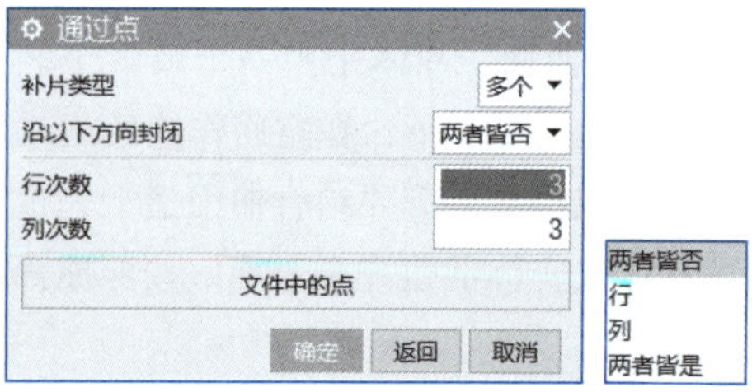

图 5-19 “通过点”对话框

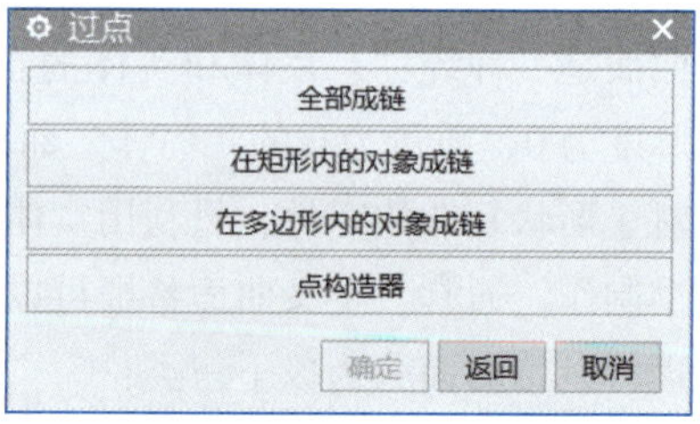

图 5-20 “过点”对话框

单击“全部成链”“在矩形内的对象成链”“在多边形内的对象成链”“点构造器”按钮，可根据系统提示进行相关操作创建曲面即可。

下面以“行次数”“列次数”为例，介绍使用“通过点”命令创建曲面。

（1）单击文件夹 ch5\example，打开点云文件。

（2）单击“曲面”工具栏中的“通过点”按钮，设置参数（这里选择默认参数）后单击“确定”按钮，弹出“过点”对话框，单击“在矩形内的对象成链”按钮。

（3）在生成的点云文件中框选第一行的点并指定起点和终点，如图 5-21 所示。

（4）按照步骤（3）的方法，依次选择第二至第九行的点，单击“所有指定的点”→“确定”按钮，完成曲面模型的创建，如图 5-22 所示。

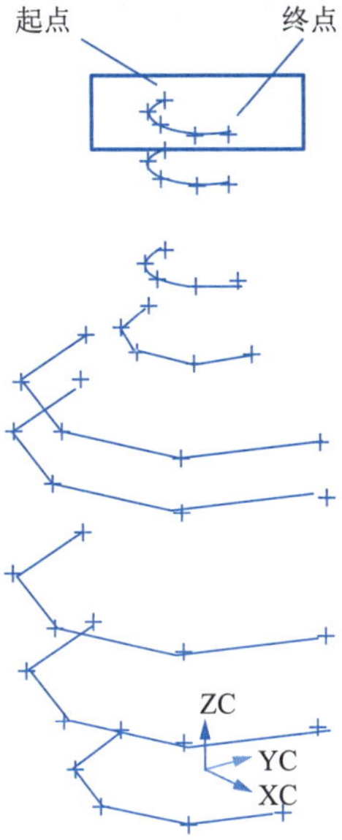

图 5-21 指定起点和终点

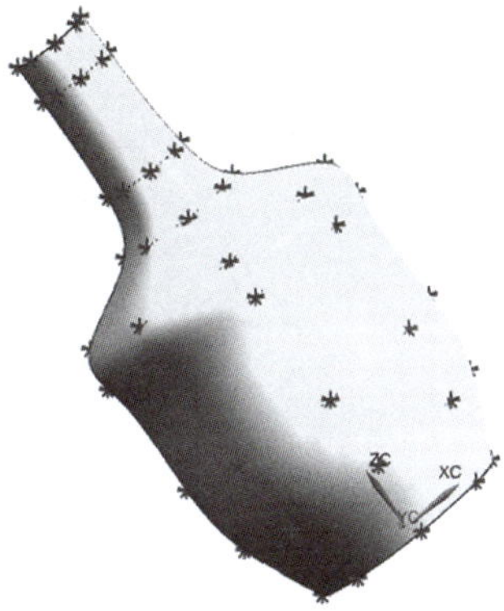

图 5-22 曲面模型

二、从极点创建曲面

从极点创建曲面指利用定义曲面极点的矩形阵列点创建曲面。在菜单栏中选择“插入”→“曲面”→“从极点”命令，弹出“从极点”对话框，如图 5-23 所示。在该对话框中设置“补片类型”等参数，单击“确定”按钮，弹出“过点”对话框，如图 5-24 所示，然后通过指定所需的点完成从极点创建曲面。

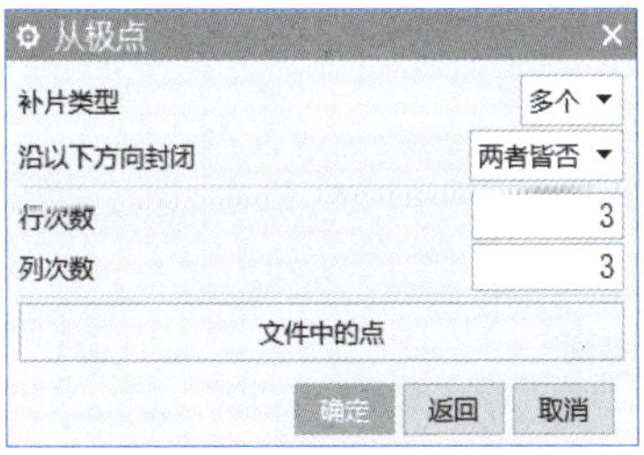

图 5-23 “从极点”对话框

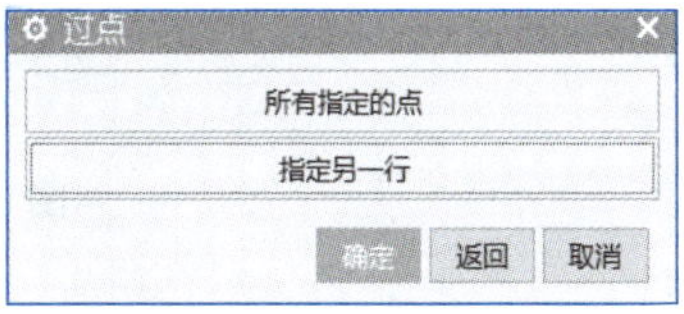

图 5-24 “过点”对话框

三、通过曲线组创建曲面

“通过曲线组”命令可以通过多条轮廓曲线或截面线串创建曲面。此时曲线将贯穿所有截面，并且生成的曲面与截面线串相关联，即当截面线串编辑修改后曲面也随之相应更新。如果该组截面线串都是封闭曲线，则生成实体。通过曲线组可以选择多个截面多个点，但是选择的时候应注意顺序，在菜单栏中选择“插入”→“网格曲面”→“通过曲线组”命令，弹出“通过曲线组”对话框，如图 5-25 所示。可以通过选择一系列截面曲线生成曲面，选择的曲线可以是多条连续的曲线或实体边线，得到曲面如图 5-26 所示。

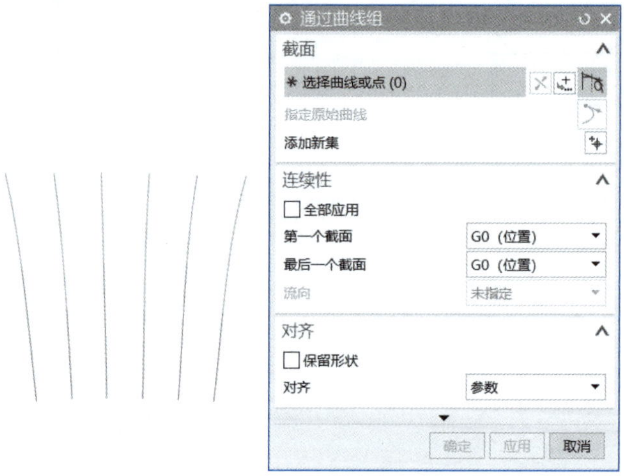

图 5-25 “通过曲线组”对话框

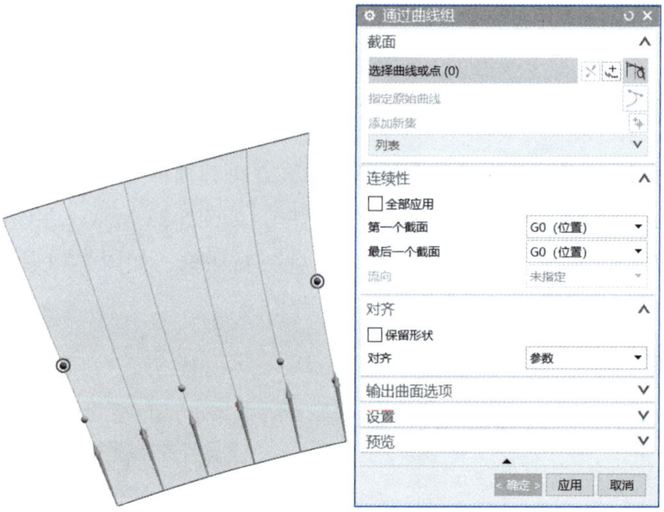

图 5-26 由曲线得到曲面

四、由曲面创建曲面

由曲面构建曲面方法又称派生曲面构建方法，是指在其他曲面的基础上进行曲面构建，利用已有的曲面构建新的曲面。

1. 延伸曲面

在曲面设计中经常需要将曲面向某个方向延伸，以扩大曲面片体。这是在已经存在的曲面的基础上，通过曲面的边界或曲面上的曲线进行延伸，扩大曲面。单击“曲面”工具栏中的“修剪和延伸”按钮，弹出“延伸曲面”对话框，如图 5-27 所示。该对话框中延伸曲面的方式主要有相切延伸、圆弧延伸以及规律延伸。延伸的曲面是独立曲面，如果与原有曲面一起使用，必须通过缝合特征构成一个曲面。

2. 规律延伸

在菜单栏中选择“插入”→“弯边曲面”→“规律延伸”命令，或单击按钮，弹出“规律延伸”对话框，如图 5-28 所示。该对话框用于基于已有的片体或表面上曲线或原始曲面的边，产生的角度和长度都可按指定函数变化的规律延伸片体特征。

图 5-27　“延伸曲面”对话框

图 5-28　“规律延伸”对话框

3. 桥接曲面

桥接曲面在两个主曲面之间构造一个光滑的过渡曲面，过渡曲面与两个曲面的连续条件可以采用“相切连续”或“曲率连续”两种方法。同时，为了进一步精确控制桥接片体的形状，可选择另外两组曲面或两组曲线作为曲面的侧面边界条件。桥接曲面与边界曲面相关联，当边界曲面编辑修改后，桥接曲面会自动更新。桥接曲面使用方便，曲面连接过渡光滑，边界条件灵活自由，形状编辑易于控制，是曲面间过渡的常用方法。

在“曲面”工具栏中单击“桥接”按钮，弹出“桥接曲面”对话框，如图 5-29 所示。该对话框用于基于已有的基础片体或表面上的曲线或基础片体的边，产生桥接片体特征。

图 5-29　“桥接曲面”对话框

“桥接曲面”对话框中各选项的功能如下：

（1）选择边 1：模型中有两个需要连接的片体，选择其中一个片体的边缘。

（2）选择边 2：选择另外一个片体的边缘。

（3）相切：沿原来表面的切线方向与另一个表面连接。

（4）曲率：沿原来表面圆弧曲率半径与另一个表面连接，同时保证相切的特性。

4. 偏置曲面

在菜单栏中选择“插入”→“偏置/缩放”→“偏置曲面”命令，或单击“曲面”工具栏“曲面工序”面板中的“偏置曲面”按钮，弹出“偏置曲面”对话框，如图 5-30 所示。

该对话框用于将一些已存在的曲面沿法线方向偏移生成新的曲面，并且原曲面位置不变，即实现了曲面的偏移和复制。在“偏置1”选项中输入基础曲面上的点沿法线方向偏移的距离，生成偏置曲面；若要反向偏移，则输入负值。例如，“偏置曲面”实例示意图如图5-31所示。

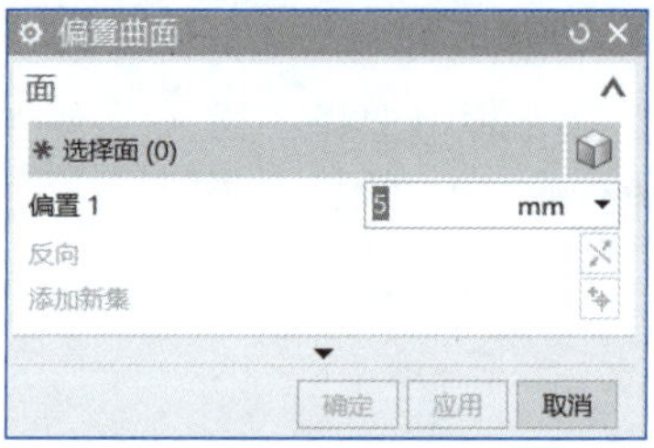

图5-30 “偏置曲面”对话框

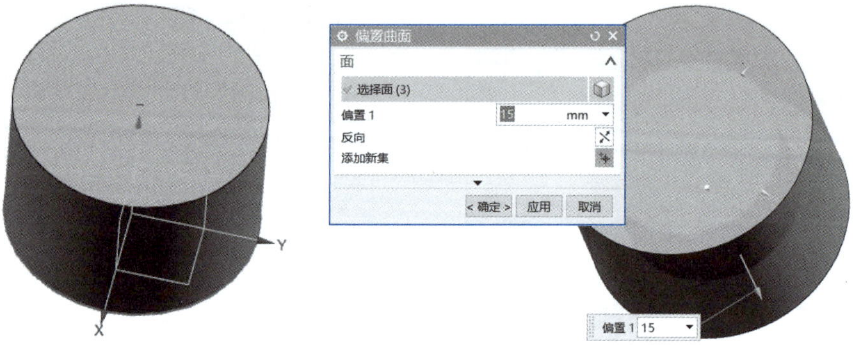

（a）偏置前　　（b）偏置后

图5-31 “偏置曲面”实例示意图

5. 缝合

在菜单栏中选择“插入”→“组合”→“缝合”命令，或单击按钮，弹出“缝合”对话框，如图5-32所示。该对话框用于将多个片体缝合成一个复合片体，在缝合片体上，原来片体所对应的区域成为缝合后形成的复合片体的一个表面；曲面缝合功能也可以将实体缝合在一起。

6. 曲面的实体化

在菜单栏中选择“插入”→“偏置/缩放”→“加厚”命令，或单击按钮，弹出“加厚”对话框，如图5-33所示。

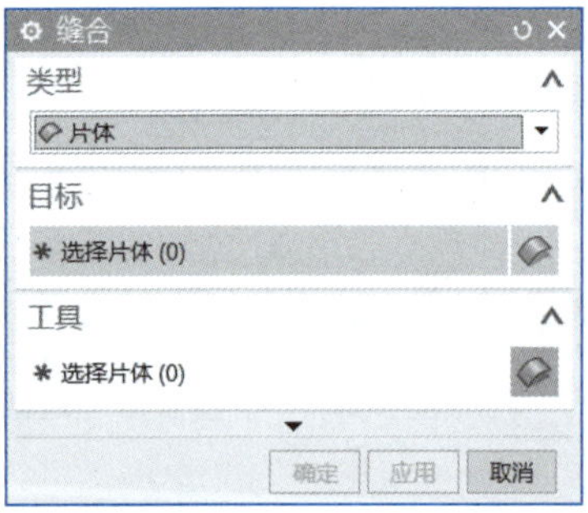

图5-32 “缝合”对话框

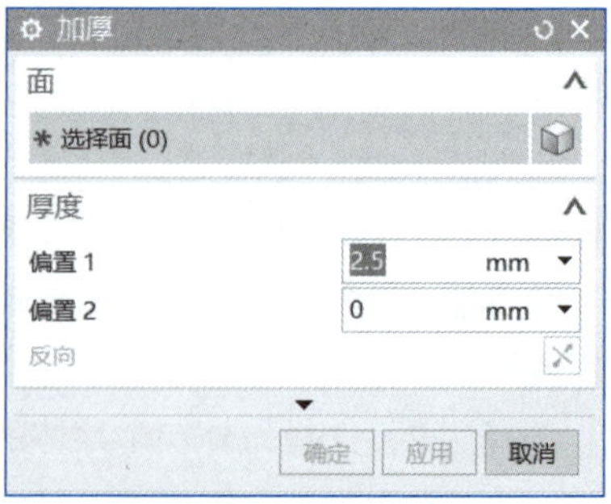

图5-33 “加厚”对话框

“加厚”对话框中各选项的功能如下：

（1）选择面：用于选择要加厚的片体或曲面。

（2）厚度：偏置1用于设置片体的结束位置；偏置2用于设置片体的开始位置。

参数设置完毕后，单击“确定”按钮，在第一偏置和第二偏置中间增厚片体。例如，“加厚”实例示意图如图5-34所示。

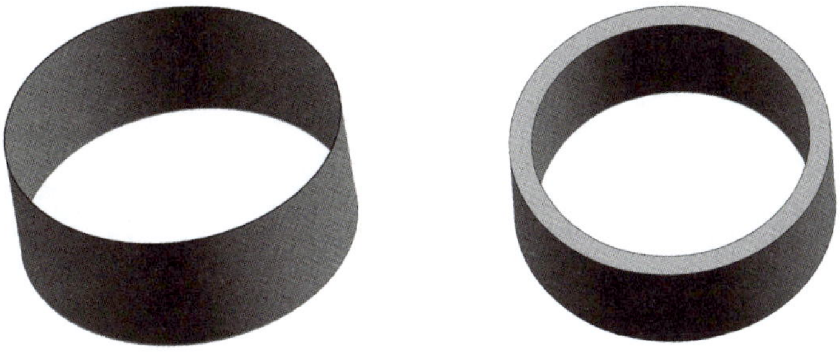

（a）加厚前　　（b）加厚后

图5-34　“加厚”实例示意图

7. 片体到实体助理

在菜单栏中选择“插入”→“偏置/缩放”→“片体到实体助理”命令，或单击按钮，弹出“片体到实体助理”对话框。该对话框用于对片体进行加厚操作，再对加厚生成的实体进行缝合操作。

当操作不成功时，还可进行“重新修剪边界”“光顺退化”“整修曲面”“允许拉伸边界”四种补救措施。

5.6　课堂练习——五瓣碗

本练习通过曲线的投影、分割、阵列，曲面的缝合、加厚、拉伸等特征，绘制北宋时期高4.5 cm，口径12.4 cm青白釉五瓣碗，如图5-35所示。

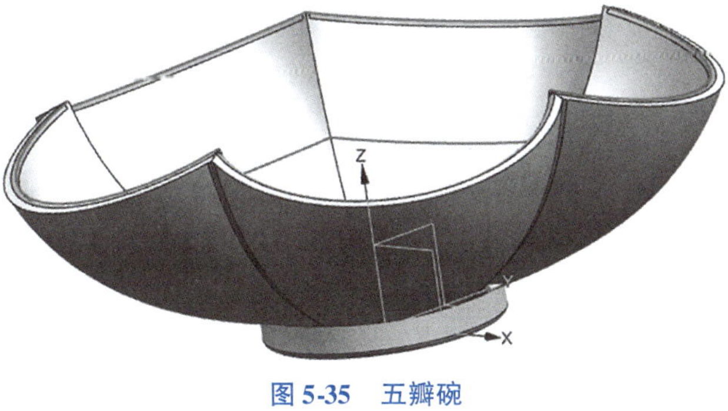

图5-35　五瓣碗

操作步骤：

1. 创建五瓣碗曲线模型

（1）新建文件。启动UG NX 12.0，新建模型文件，命名为“五瓣碗”，进入建模环境。

（2）绘制同心圆。以XOY面为草图面，分别绘制直径为40、80和110的三个圆，如图5-36所示。

（3）创建基准平面。单击“特征”工具栏中的“基准平面”按钮，弹出“基准平面”对话框，以默认的“自动判断”方式创建三个基准平面。“要定义平面的对象”选择XOY面，偏置距离分别为 8、25、45，结果如图 5-37 所示。

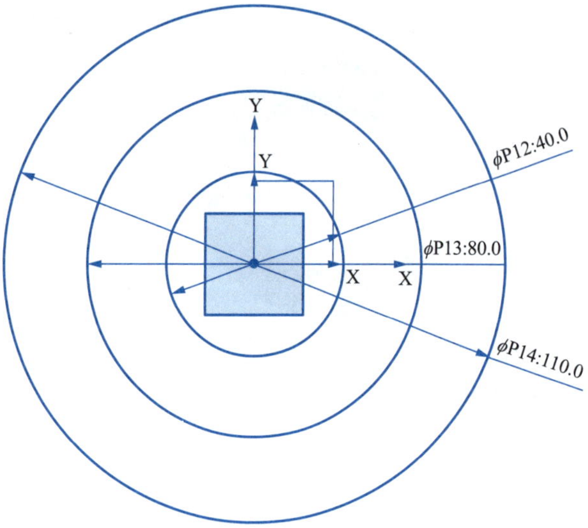

图 5-36　绘制三个圆

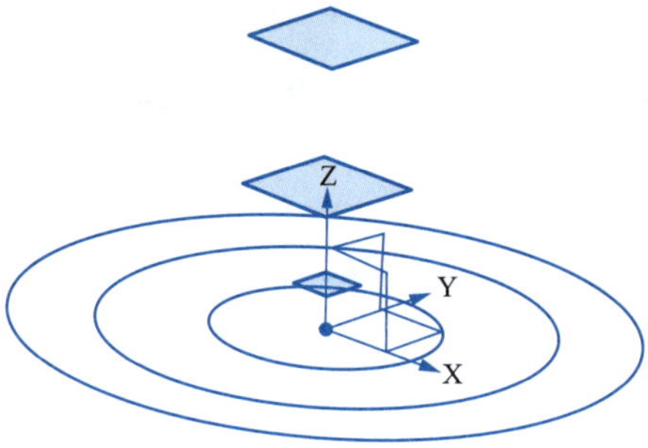

图 5-37　创建三个基准面

（4）创建投影曲线。单击“曲线”工具栏“派生”面板中的“投影曲线”按钮，要投影的曲线分别选择步骤（2）绘制的三个圆，投影平面选择步骤（3）创建的三个基准平面，如图 5-38 所示。

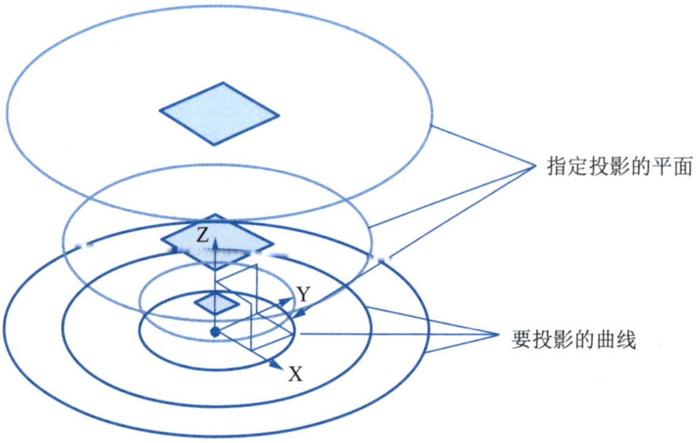

图 5-38　创建投影曲线

（5）分割曲线。在菜单栏中选择“编辑”→“曲线”→“分割曲线”命令，弹出“分割曲线”对话框（见图 5-39），分割方法选择“等分段”，“段长度”选择“等参数”，“段数”设置为 5，分别选择步骤（4）创建的三条投影曲线，每条曲线被分割为五个等分段。

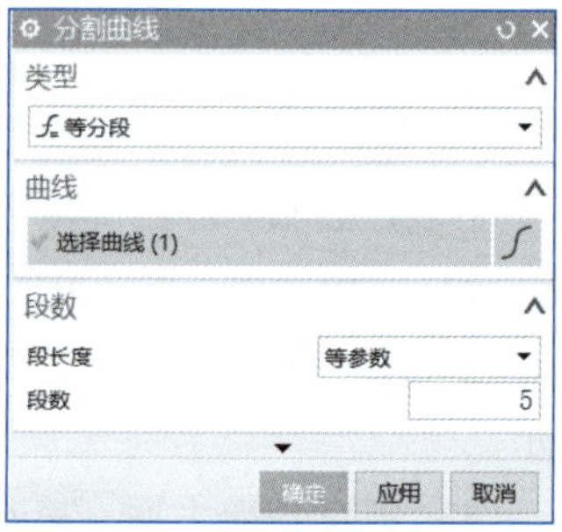

图 5-39　“分割曲线”对话框

（6）创建基准轴。单击“构造”工具栏中的“基准轴”按钮，弹出“基准轴”对话框，选择曲线被分割后的两个相邻断点，创建基准轴，以相同的方法继续创建另外一个基准轴，如图 5-40 所示。

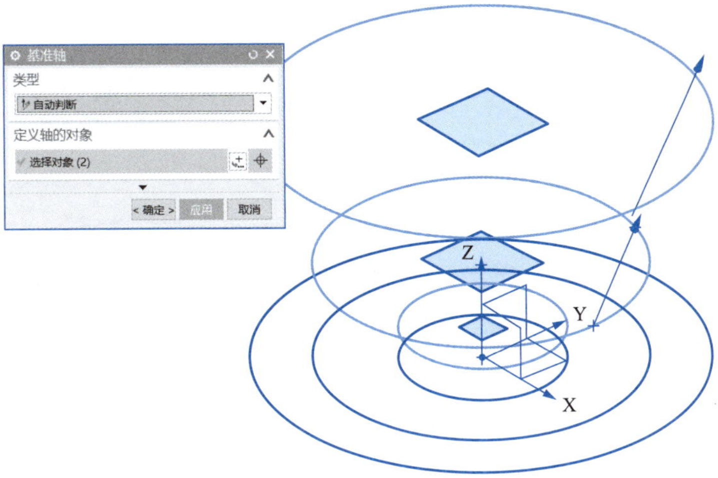

图 5-40　创建基准轴

（7）在直径为 110 的圆所在的基准面用三点定圆弧法，分别选择两个分割点，创建半径为 30 的圆弧，如图 5-41 所示。在直径为 80 的圆所在的基准面用三点定圆弧法，分别选择两个分割点，创建半径为 25 的圆弧，如图 5-42 所示。

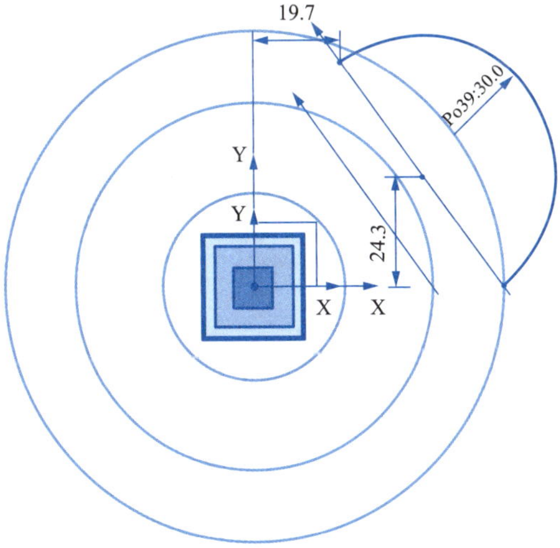

图 5-41　创建圆弧①

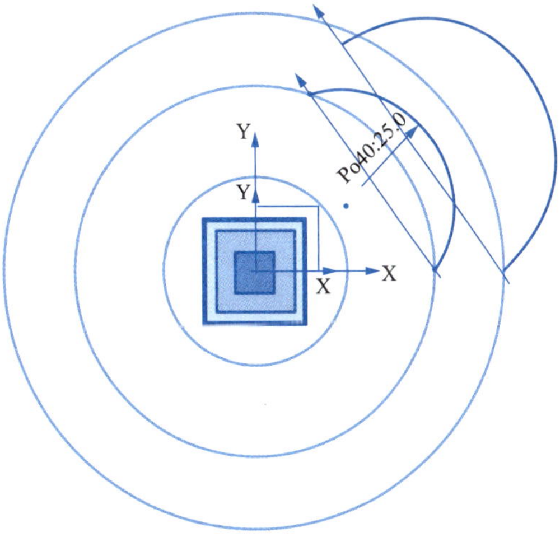

图 5-42　创建圆弧②

（8）旋转曲线段。在菜单栏中选择“编辑”→“移动对象”命令，弹出“移动对象”对话框，如图 5-43 所示。选择圆弧为移动对象，绕步骤(6)创建的基准轴旋转 20°。

（9）重复步骤(8)，旋转直径为 25 的圆的曲线段，旋转角度为 20°，如图 5-44 所示。

（10）阵列曲线段。在菜单栏中选择“曲线”→“基本”→“阵列几何特征”命令，弹出“阵列几何特征”对话框，如图 5-45 所示。选择旋转后的曲线段，阵列布局设置为“圆形”，“指定矢量”为 ZC，“数量”和“节距角”分别为 5 和 72。

（11）图层设置。将草图移至 21 层，基准平面移至 62 层，基准轴移至 63 层，分割曲线段移至 41 层，结果如图 5-46 所示。

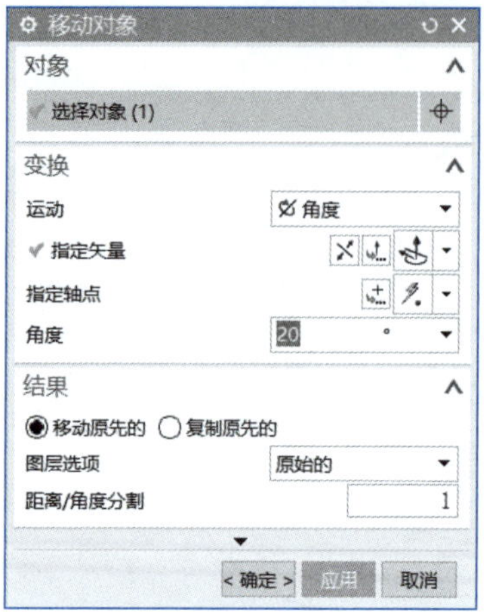

图 5-43 “移动对象”对话框

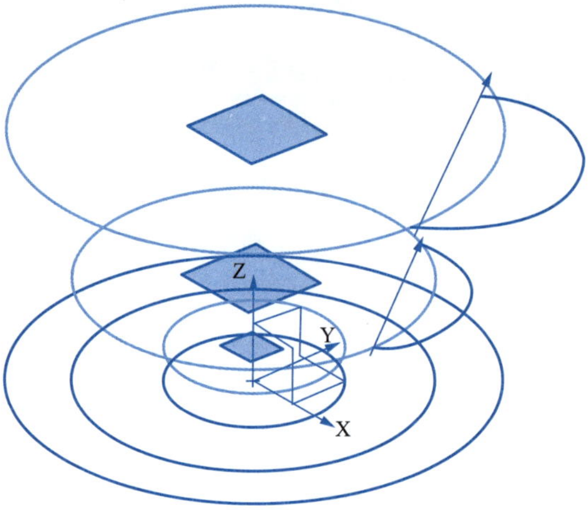

图 5-44 旋转曲线段

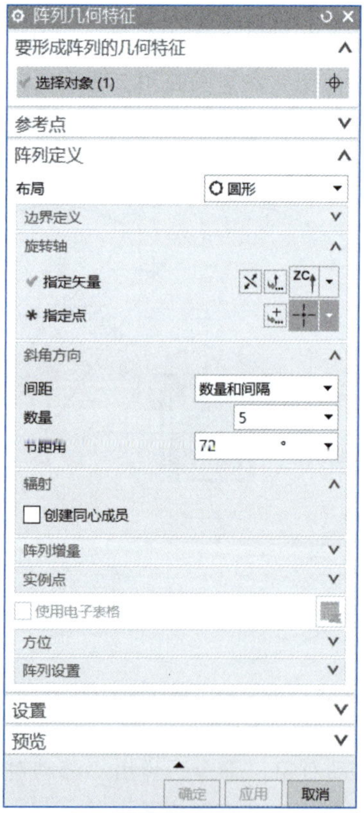

图 5-45 “阵列几何特征”对话框

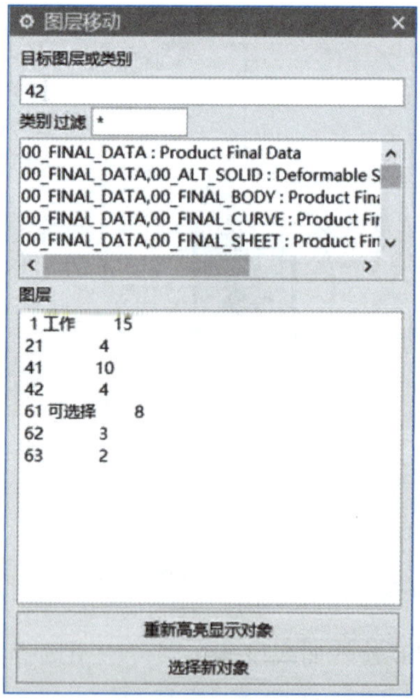

图 5-46 图层设置

2. 创建五瓣曲面模型

（1）建立曲面。在菜单栏中选择“曲面”→“基本”→“通过曲线组”命令，弹出“通过曲线组”对话框。选择同一个“瓣”的三组曲线，注意曲线方向一致，形成一个曲面，如图 5-47 所示。

（2）重复步骤（1），建立五个曲面，如图 5-48 所示。

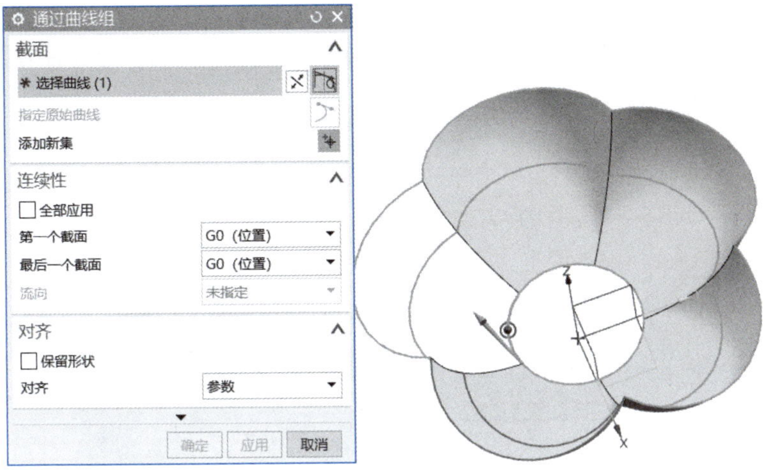

图 5-47　建立曲面

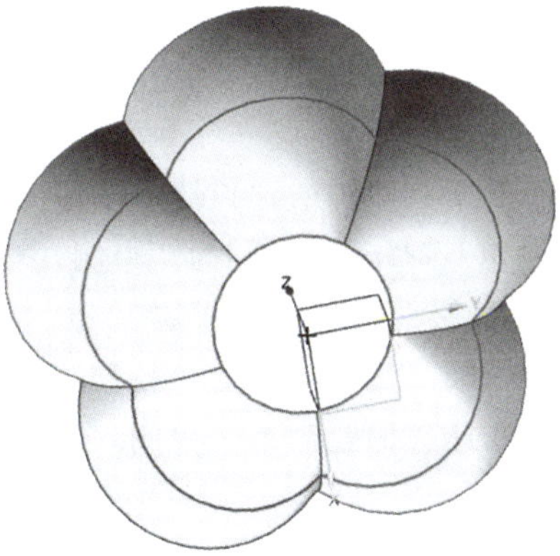

图 5-48　建立五个曲面

（3）缝合曲面。在菜单栏中选择“曲面”→“组合”→“缝合”命令，弹出“缝合”对话框。选择一个面为目标曲面，其余四个为工具曲面，进行缝合，如图 5-49 所示。

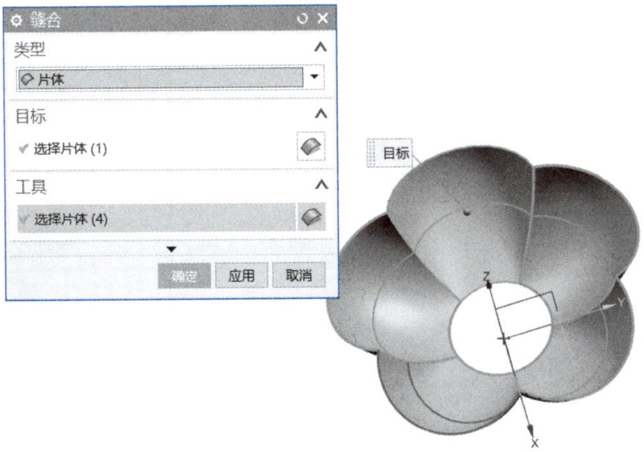

图 5-49　缝合曲面

3. 五瓣碗实体模型

（1）加厚曲面。单击“曲面”工具栏中的“加厚”按钮，选择缝合后的曲面，厚度设置为 2.5，如图 5-50 所示。

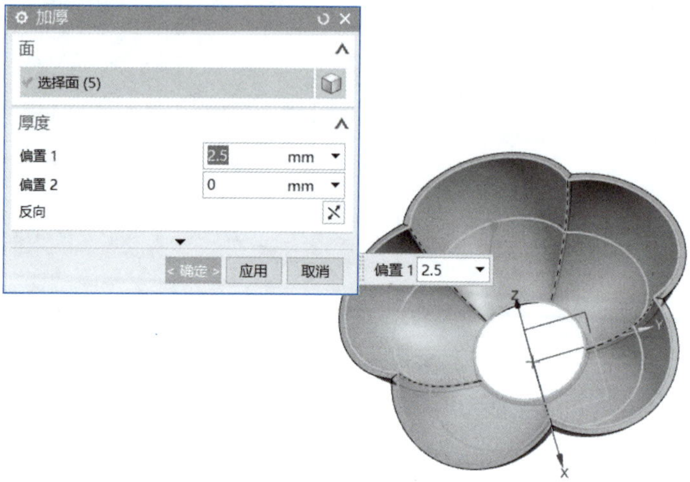

图 5-50　加厚曲面

（2）拉伸碗托。单击“特征”工具栏中的“拉伸”按钮，选择直径为 40 的五段曲线为截面线，方向为 –ZC，结束距离为 8，选择“偏置”为“单侧”，偏置值为 1.5。

（3）图层操作，将曲线移至 42 层，曲面移至 81 层。

（4）拉伸碗托凹槽。单击“特征”工具栏中的“拉伸”按钮，选择碗托底部外缘为截面线，方向为 ZC，结束距离为 5，选择“偏置”为“单侧”，偏置值为 –3，如图 5-51 所示，拉伸结果如图 5-52 所示。

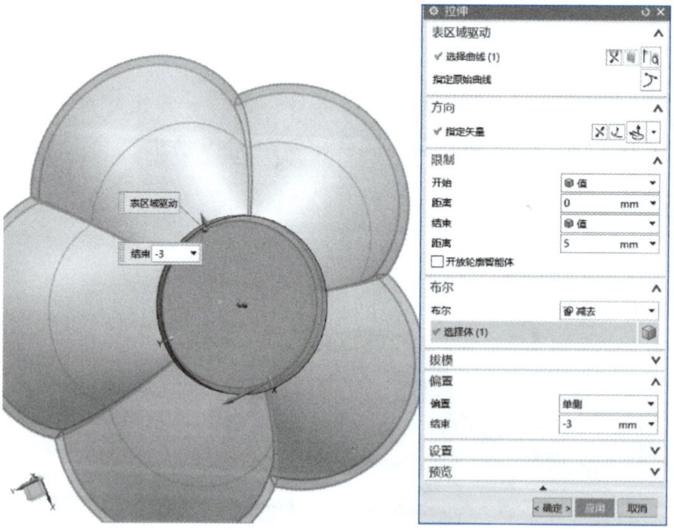

图 5-51　拉伸碗托凹槽

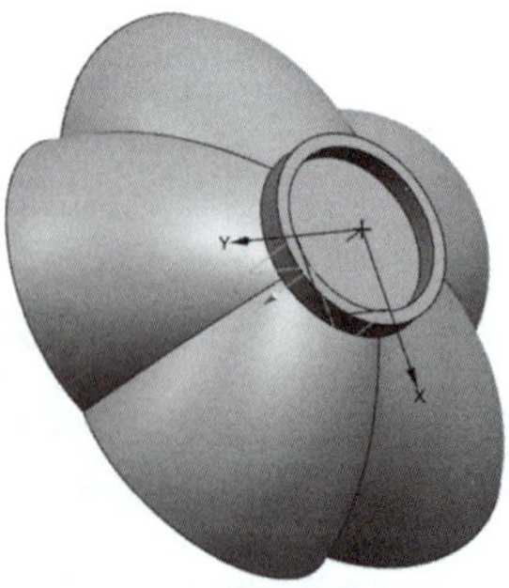

图 5-52　拉伸碗托凹槽结果

（5）倒圆角。将碗托根部及底部倒圆，五瓣碗内部及外部棱线倒圆，五瓣碗上部线倒圆，如图 5-53 所示。

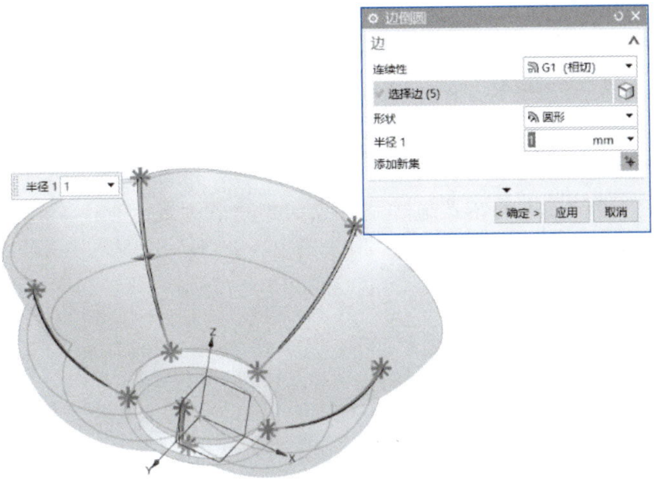

图 5-53　倒圆角

（6）调整五瓣碗的颜色，结果如图 5-54 所示。

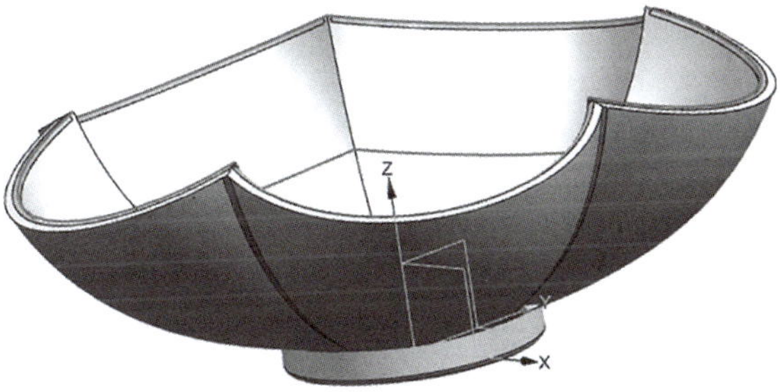

图 5-54　调整碗的颜色

思考与练习

一、填空题

1. 多边形命令可以创建边数为 3 ~ N 的多边形，边长相等，共有三种方式创建，分别为__________、__________、和__________。

2. 桥接曲线功能通过指定点将两条不同位置的曲线（也可以是实体边和曲面的边缘线）进行__________或__________操作。__________功能是指将被分割的曲线分割为多个节段，每个节段成为独立的实体，与原先曲线的线型相同。

3. 曲线长度功能可以通过指定弧长的增量或总弧长的方式编辑曲线的长度，可__________或__________曲线。

二、选择题

1. “镜像曲线”的对象不能是（　　）。

A. 曲线　　　　B. 实体边缘

C. 实体　　　　D. 草图

2. 单击下列（　　）图标可以实现抽取曲线。

A. 　　B. 　　C. 　　D. 

3. “分割曲线”功能不包括（　　）。

A. 等分段　　B. 根据边界对象分段

C. 在节点上　　D. 修剪边界

4. 下列（　　）图标代表的不是通过捕捉点的创建点方式。

A. 　　B. 　　C. 　　D. 

三、简答题

简述创建截面曲线的方法。

四、上机练习

绘制图 5-55 所示的扳手零件图。

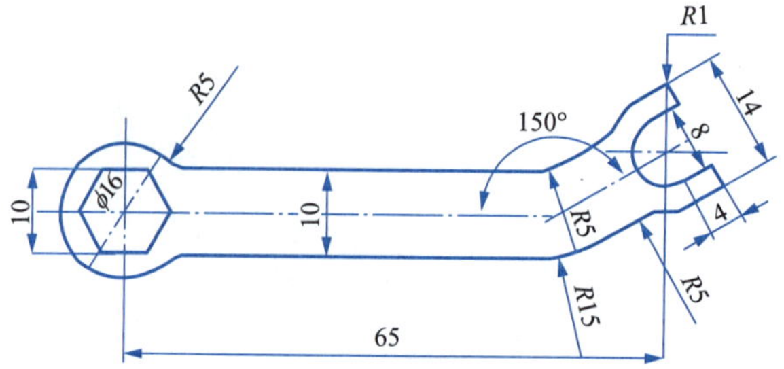

图 5-55　扳手零件图

第6章 三维装配

UG 的装配过程是在装配中建立部件之间的链接关系，通过关联条件在部件间建立约束关系，进而确定部件在产品中的位置，形成产品的整体机构。在装配过程中，部件的几何体被装配引用，是对部件文件的映射，而不是复制到装配中。因此无论在何处编辑部件和如何编辑部件，其装配部件均保持关联性。如果某部件被修改，则引用它的装配部件将自动更新。本章将在前面章节的基础上，介绍如何利用 UG 的装配功能将多个部件或零件装配成一个完整的组件。

6.1 UG 装配的基本过程

现实世界的装配就是把加工好的零件按一定顺序和技术要求连接到一起，组成一部完整的机器（或产品），且必须可靠地实现机器（或产品）设计的功能。机器的装配工作一般包括：装配、调整、检验、试车等，装配不仅是制造机器所必需的最后阶段，也是对机器的设计思想、零件的加工质量和机器装配质量的总检验。

通过 UG 装配模块生成装配文件，装配文件用于记录组件对象的空间位置关系。在装配建模前，需认真分析构思装配草图，明确保证设计意图的关键特征和功能指标，为装配模型的绘制提供具体参考参数。一般先装配主要零件，再装配辅助零件，最后是次要零件。

UG 装配模块提供了两个基本的装配方法，一是自底向上的装配设计方法，把建模模块设计好的零件按一定的顺序和配合技术要求连接到一起，成为一部完整的机器（或产品）；二是自顶向下的装配设计方法，参照其他部件进行部件关联设计，用于产品的概念设计阶段，构造拓扑模型，从顶向下地设计出单个零件。这两种设计思路，都要经过对装配模型进行间隙分析、质量管理等操作，不断地调整和检验装配模型，实现对机器的设计思想、零件的加工质量和机器装配质量的检验。

通常在使用 UG 进行产品的装配时，是将自顶向下装配和自底向上装配结合在一起进行的，即采用混合装配的方法。例如，先创建几个主要部件模型，再将其装配在一起，然后在装配中设计其他部件。

6.2 装配方法

一、自底向上的装配

在自底向上装配时，产品的整个装配模型由预先设计好的单个部件或子装配进行装配得到，将这些对象添加到装配模型中形成装配组件。这种装配方式是装配建模中常用的装配方法，适用于装配关系比较清晰且装配中的各个部件都已经设计完成的情况。

在进行自底向上的装配时，通常是将已经设计好的零部件调入装配环境中，然后通过设置其约束条件对其进行定位，并通过设置其引用集，对组件数据进行有效的管理。

单击“装配”工具栏中的“添加组件”按钮，或在菜单栏中选择“装配”→“组件”→“添加组件”命令，弹出“添加组件”对话框，如图 6-1 所示。在该对话框中，用户可以打开或指定要添加到装配中的部件，并设置相应的定位方式和引用集等选项，同时可以对指定的部件进行预览，如图 6-2 所示。

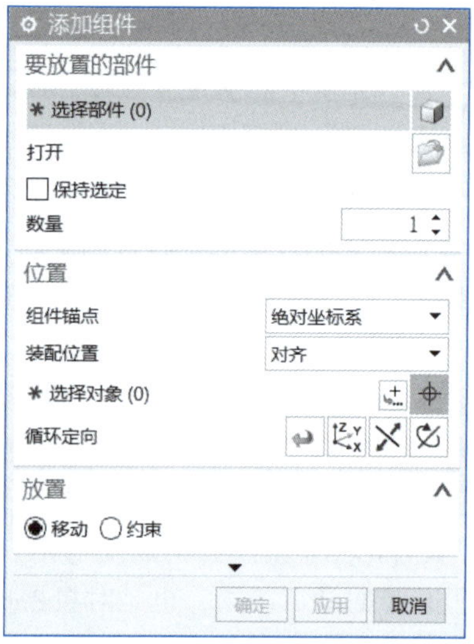

图 6-1 “添加组件”对话框

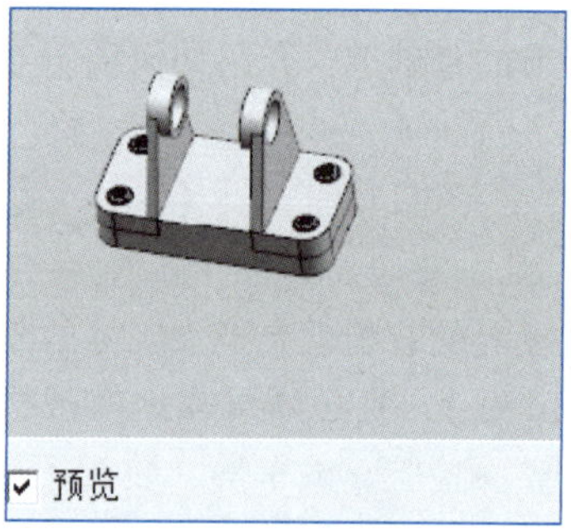

图 6-2 预览部件

1. 指定部件

在“添加组件”对话框中，提供以下两种方式用于指定现有部件：

（1）选择部件：单击“选择部件”按钮，然后在图形工作区中选择相应的部件作为指定部件。

（2）打开部件：单击“打开”按钮，弹出“部件名”对话框，用户可以指定部件路径，然后选择相应的部件作为指定部件。

2. 位置方式

在 UG 中，系统提供以下三种部件的放置定位方式：

（1）绝对原点：定位绝对原点，将要定位的组件的工作坐标系与装配环境中的工作坐标系重合，在装配模型中仅有一个零件可以用这种方式定位。通常，第一个添加的组件都是通过该定位方式进行定位的。

（2）选择原点：系统通过指定原点的方式确定组件的位置，要定位的组件的坐标系原点与选择的原点重合。选择该选项后，单击鼠标中键，弹出“点”对话框，用户可在该对话框中指定点的位置，完成组件的定位。

（3）通过约束：通过选取组件参照并设置相应的约束类型完成组件的定位。

二、自顶向下的装配

在自顶向下装配时，通常是用一些基准将装配结构表示出来，组件间的装配关系由这些基准进行控制，或是组件的形状或位置由先前已经装配好的组件确定。首先在当前装配中新建一个组件，然后将该组件作为工作部件，再进行该组件的结构设计。在进行组件结构设计时，通常要使其与现在装配的组件之间建立关联，即采用 WAVE 几何链接器将对象链接到当前的装配环境中。

1. 新建组件

图 6-3 “新建组件”对话框

要在现有装配中新建组件，可以单击“装配”工具栏中的“新建组件”按钮，或在菜单栏中选择“装配”→“组件”→“新建组件”命令，弹出“新建组件”对话框，如图 6-3 所示。在该对话框中选择组件类型，输入组件文件名称，设置该组件文件的保存路径，单击“确定”按钮完成新组件的创建。

新组件产生后，因不含几何对象，需要建立其几何对象，因此将新组件设置为工作部件，然后完成其模型的创建工作，通常有以下两种建立新组件几何对象的方法：

（1）建立非关联的几何对象。通过直接在新组件中用建模的方法建立其几何对象，建模完成后再将其定位到指定位置。

（2）建立关联的几何对象。与上一种建模方法不同，本方法要求新组件与装配中的其他组件存在几何尺寸的关联关系，即在组件间建立几何链接关系，采用 WAVE 几何链接器技术实现这种关联性。

2. WAVE 几何链接器

UG 采用的 WAVE 技术是一种基于装配建模的相关性参数化设计技术，允许在不同部件之间建立参数之间的相关关系，即部件间关联关系，实现部件之间几何对象的相关复制。

在组件间建立链接关系的方法主要是采用 WAVE 几何链接器，首先将新组件设置为工作部件，再单击“装配”工具栏中的“WAVE 几何链接器”按钮，弹出“WAVE 几何链接器”对话框，如图 6-4 所示。

该对话框用于将其他组件的曲线、面、体等对象链接到当前工件组件中。链接几何对象“类型”下拉列表中各选项的具体含义如下：

（1）复合曲线：该选项用于从其他组件上选择指定的曲线或边，从而建立链接曲线，并将所选的曲线链接到指定工作部件中，即该曲线可以作为工作部件的一部分进行操作。

（2）点：该选项用于从其他组件上选取一个点，从而建立链接点，并将该点作为工作部件的一部分进行操作。

（3）基准：该选项用于从其他组件上选取相应的基准面或基准轴，从而建立链接基准，并将该基准作为工作部件的一部分进行操作。

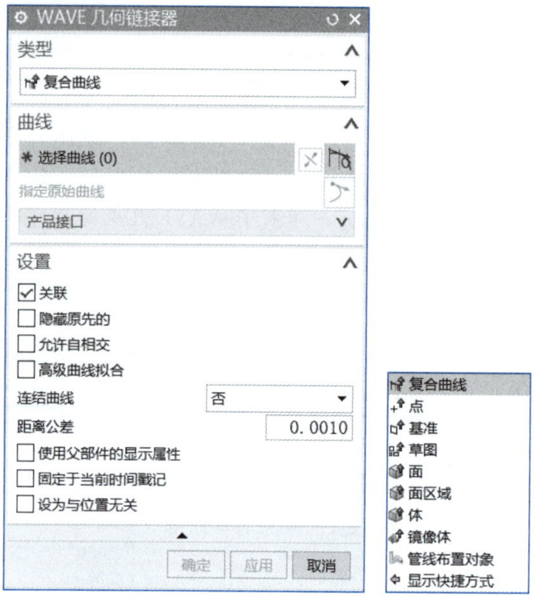

图 6-4 “WAVE 几何链接器”对话框及“类型”选项

（4）草图：该选项用于从其他组件上选取相应的草图，从而建立链接草图，并将该草图作为工作部件的一部分进行操作。

（5）面：该选项用于从其他组件上选取一个或多个指定的实体表面，从而建立链接面，并将该面作为工作部件的一部分进行操作。图 6-5 所示为用户以该链接面的边缘作为草图截面曲线建立的拉伸特征。将链接面的参考面修改后，由于链接面与其具有几何关联关系，所以该链接面也会随之发生变化，以此链接面为参照的拉伸特征也会自动更新，效果如图 6-6 所示。

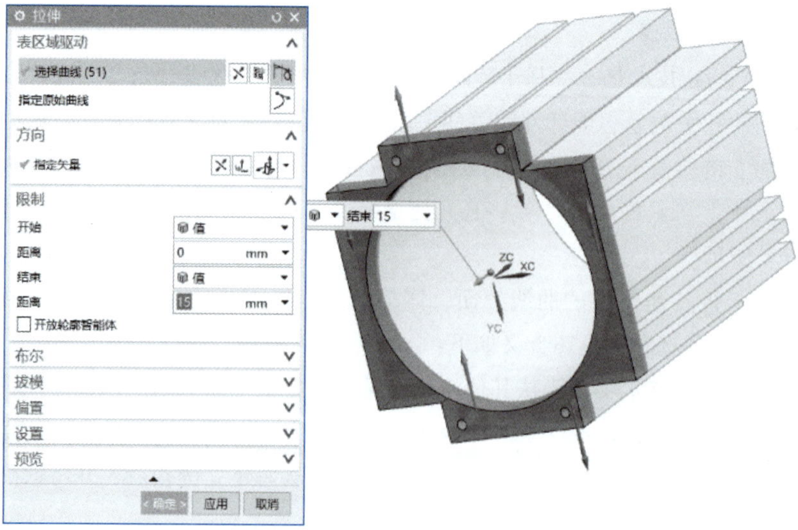

图 6-5 链接面的应用

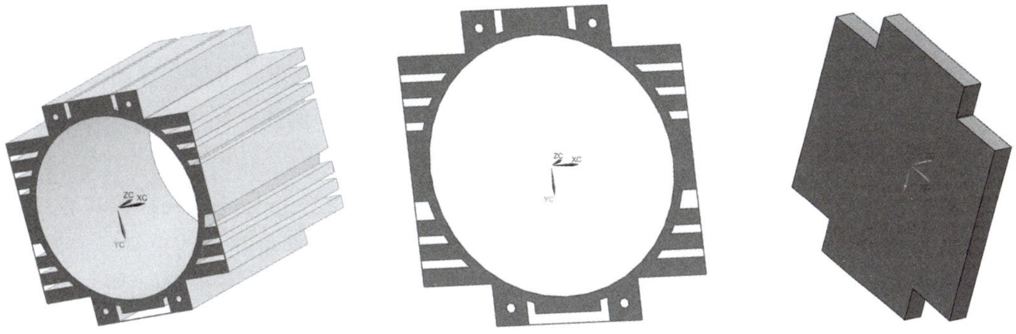

（a）修改后的参考面 （b）更新后的链接面 （c）更新后的拉伸特征

图6-6 链接面的关联性

（6）面区域：该选项用于从其他组件上选取指定的种子面和边界面，从而建立由指定边界包围的链接区域，并将该区域作为工作部件的一部分进行操作。

（7）体：该选项用于从其他组件上选取指定的实体，从而建立链接体，并将该体作为工作部件的一部分进行操作。

（8）镜像体：该选项用于从其他组件上选取指定的实体，然后指定镜像平面，从而建立指定实体的链接体，并将指定的实体连同其镜像实体一起作为工作部件的一部分进行操作。

（9）管线布置对象：该选项用于从其他组件上选取相应的对象，从而建立链接的管线布置对象，并将该对象作为工作部件的一部分进行操作。

6.3 装配约束

装配约束用于在装配位置中定位组件，可以指定一个部件相对于装配体中另一个部件（或特征）的放置方向和位置。装配建模即为确定零件空间位置的过程，通过施加约束限制其自由度。

在装配环境中单击“装配”工具栏中的“装配约束”按钮，或在菜单栏中选择“装配”→“组件位置”→“装配约束”命令，弹出“装配约束”对话框，如图6-7所示，即可对零件施加装配约束。在施加装配约束的过程中，通常包括约束组件和基础组件两部分，约束组件是指需要添加约束进行定位的组件，基础组件是指位置已经确定的组件。

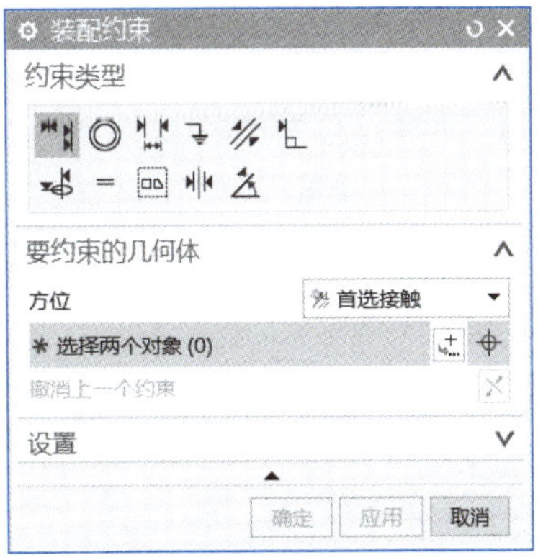

图6-7 “装配约束”对话框

一、装配约束状态

约束关系在组件装配中起连接作用，根据施加给被装配零件的约束数量，可以分为以下四种约束状态：

（1）完全约束●：组件的6个自由度均被限制，部件已经完全约束，不能随便移动；达到完全约束状态的组件，在进行运动分析时可看成刚体。

（2）不完全约束◐：被限制的自由度小于6，表示部件部分约束，仍存在一部分自由度。

（3）无约束○：应被限制的自由度没有被约束，表示部件未约束，可任意移动。

（4）约束不一致⊗：表示约束存在，但存在矛盾或不一致。例如，同一个自由度被多次限制的过约束。通常在施加约束时，应避免约束不一致和无约束。

定义约束后，可以单击“装配”工具栏中的“显示自由度”按钮，或在菜单栏中选择“装配”→“组件位置”→“显示自由度”命令，在图形窗口中即可显示约束符号，如图6-8所示，其中移动自由度表示允许部件上下和左右平移，转动自由度表示允许部件绕轴线旋转。

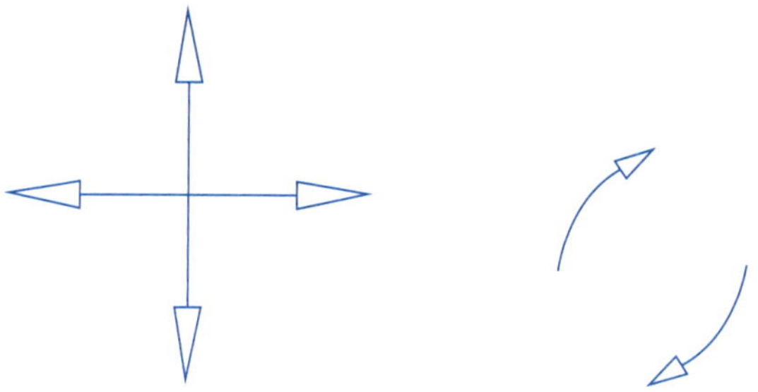

（a）移动自由度　　（b）转动自由度

图6-8　约束符号

二、约束类型

1. 固定约束

固定约束用于将组件固定在当前位置，通常第一个添加到装配中的组件要进行固定约束。

2. 接触对齐约束

在UG中，将接触约束和对齐约束合为一个约束类型，即接触对齐约束，该约束类型包括以下四种定位方式：

1）首选接触

首选接触约束与对齐约束属于相同的约束类型，在指定对象间的约束时，优先考虑设定接触约束类型。

2）接触

接触约束用于使定位的两个同类对象法线方向相反，如两个平面对象的法线方向相反或孔轴对象的轴线重合等。

当设置接触约束，指定两个平面对象作为约束参照时，这两个平面共面且法线方向相反，如图6-9所示，图中蓝色部分的平面为指定的平面，与平面垂直的箭头表示平面的法线方向，其他箭头表示所选部件的自由度，组件沿两个平面法线方向的平移运动被约束，而其他方向均有自由度。对于锥体对象，系统首先检查其角度是否相等，如果相等，则对齐其轴线，如图6-10所示。对于曲面对象，系统首先检验两个面的内外直径是否相等，如果相等则对齐两个面的轴线和位置。对于圆柱面对象，要求相互配合的两个圆柱面直径相等才能对齐轴线。

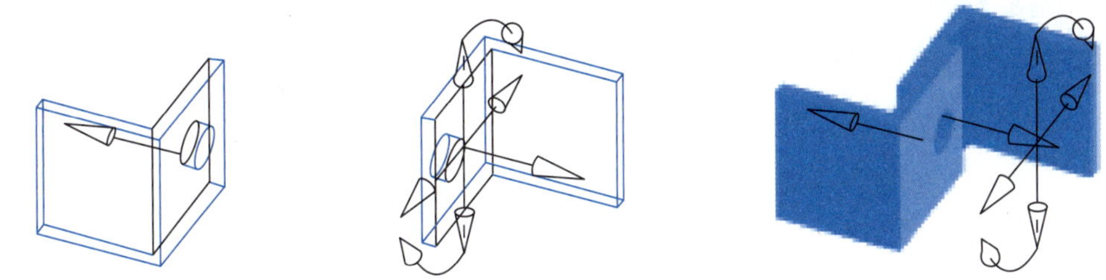

（a）基础组件的指定平面　　（b）约束组件的指定平面　　（c）约束后的效果

图 6-9　平面接触约束

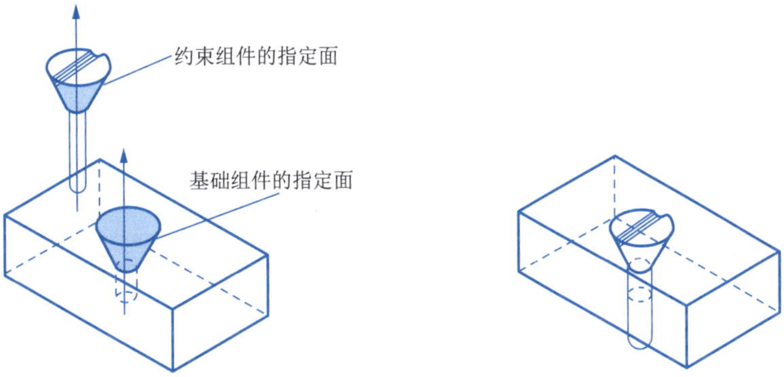

（a）约束参照　　（b）约束后的效果

图 6-10　圆锥面接触约束

3）对齐

对齐约束用于使定位的两个同类对象法线方向相同。当设置对齐约束，指定两个平面对象作为约束参照时，这两个平面共面且法线方向相同，如图 6-11 所示，图中蓝色部分的平面为指定的平面，与平面垂直的箭头表示平面的法线方向，其他箭头表示所选部件的自由度。当指定的圆柱、圆锥或圆环面为约束参照时，将使其轴线保持一致；当对齐边缘和线时，则使两者共线。

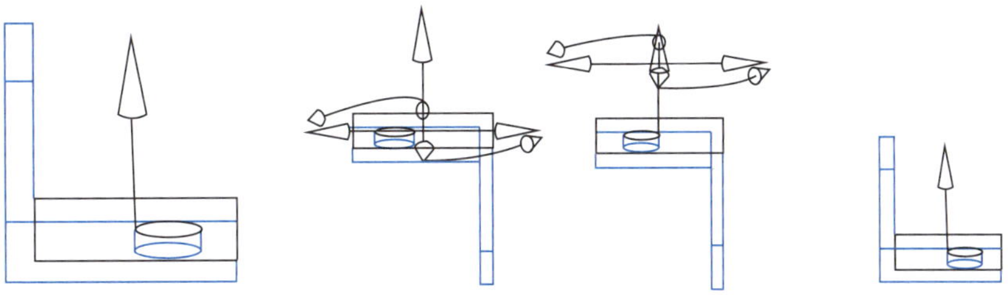

（a）基础组件的指定平面　　（b）约束组件的指定平面　　（c）约束后的效果

图 6-11　平面对齐约束

4）自动判断中心/轴

自动判断中心/轴约束以指定的圆柱面或圆锥面作为参照，系统将自动使用面的中心或轴作为约束。如图 6-12 所示，图中蓝色部分的圆柱面为指定的参照，黑色箭头表示圆柱面的轴线，其他箭头表示所选部件的自由度，组件垂直轴线方向的平移运动被约束，而其他方向均有自由度。

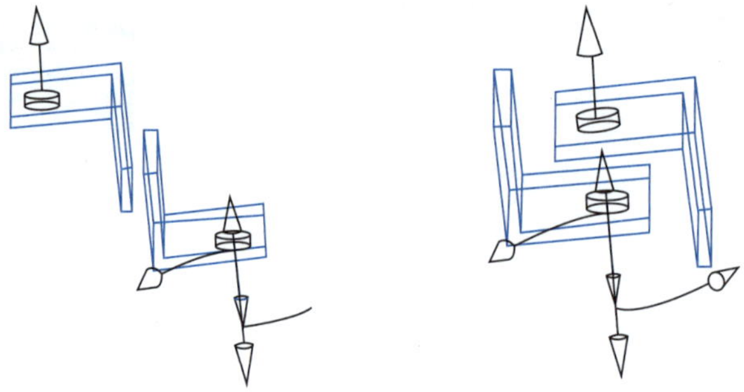

（a）约束参照　　（b）约束后的效果

图 6-12　圆柱面自动判断中心/轴约束

3. 距离约束

距离约束用于指定两个组件选定参照之间的最小距离，距离可以是正值也可以是负值，正负号用于确定约束组件是在基础组件的哪一侧。

4. 角度约束

角度约束是在两个对象间定义角度尺寸，用于约束选定的组件到正确的方位上。角度约束可以在两个具有方向矢量的对象间产生，角度是两个方向矢量的夹角，且逆时针方向为正。角度约束允许选择不同类型的对象，如可以在面和边缘之间指定一个角度约束。

5. 其他约束

1）中心约束

中心约束使基础组件与约束组件选定对象的中心对齐。在进行中心约束设置时，应根据系统提示，依次选择约束组件和基础组件上的参照对象。

中心约束包括以下子类型：

（1）1 对 2：将约束组件中的一个对象定位到基础组件中两个对象的对称中心上。如图 6-13 所示，选择圆柱面作为约束组件参照，矩形槽的两个侧面作为基础组件参照，将圆柱面中心与槽中心对齐。

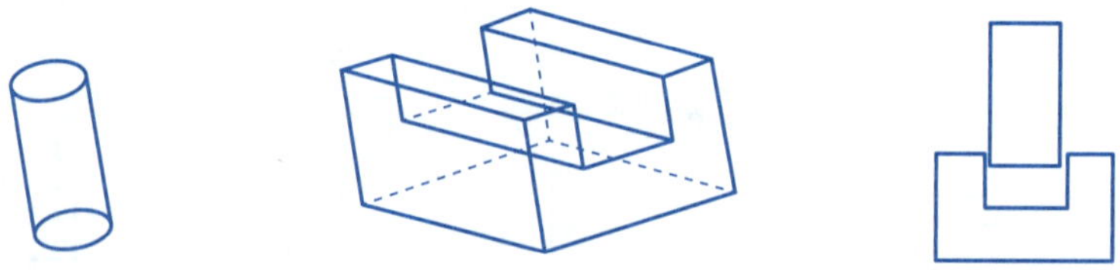

（a）约束组件的指定参照　　（b）基础组件的两个指定参照　　（c）约束后的效果

图 6-13　1 对 2 约束

（2）2 对 1：将约束组件中的两个对象的对称中心定位到基础组件中一个对象的中心位置上。

（3）2 对 2：使约束组件中的两个对象与基础组件中的两个对象成对称布置。

2）平行和垂直约束

平行约束和垂直约束属于定向约束，即只限定指定参照对象的几何关系，并不限定组件之间的位置。平行约束使两个对象的方向矢量彼此平行，垂直约束使两个对象的方向矢量彼此垂直。

3）拟合和胶合约束

拟合约束用于将半径相等的两个圆柱面结合在一起。此约束对确定孔中销或螺栓的位置很有用，若后续半径变为不等，则该约束无效。

胶合约束用于将组件“焊接”在一起，使它们可以像刚体一样移动。胶合约束只能应用于组件或组件和装配体的几何体。

4）对齐/锁定约束

对齐/锁定约束用于对齐不同对象中的两个轴，同时防止组件绕公共轴旋转。

6.4 引　用　集

在装配中，由于各组件含有草图、基准平面及其他辅助图形数据，因此可以通过引用集控制，从每个组件的加载及装配关联中查看到数据量，避免混淆图形和占用大量的内存。

引用集可以在零部件中提取定义的部分几何对象，通过定义的引用集可以将相应的零部件装入装配件中，包含零部件的名称、原点、方向、几何体、坐标系、基准轴、基准平面、图样对象、属性及部件的直系组件等。引用集一旦产生，即可单独装配到部件中。一个零部件可以有多个引用集。

1. 默认引用集

每个零部件有整个部件引用集和空引用集两个默认的引用集。

（1）整个部件引用集：整个部件引用集表示整个部件，即引用部件的模型、构造几何体、参考几何体和其他适当对象的全部几何数据。在添加部件到装配中时，如果不选择其他引用集，则默认使用此引用集。

（2）空引用集：该引用集为空的引用集，不包含对象。当部件以空的引用集形式添加到装配中时，在装配中该部件不可见。

2. 打开“引用集”对话框

在菜单栏中选择“格式”→“引用集”命令，弹出“引用集”对话框，如图 6-14 所示。在该对话框中可进行引用集的建立、删除、重命名、查看、指定引用集属性及修改引用集的内容等操作。

“引用集”对话框中各选项的功能说明如下：

（1）添加新的引用集：用于建立引用集。部件和子装配都可以建立引用集，部件的引用集既可在部件中建立，也可在装配中建立，如果要在装配中为某部件建立引用集，则应先使其成为工作部件。

图 6-14 “引用集”对话框

（2）删除：用于删除部件或子装配中已建立的引用集，选中引用集并单击“删除”按钮即可将其删除。

（3）设为当前的：用于将高亮显示的引用集设置为当前引用集。

（4）属性：在引用集列表中选中某一引用集，单击“属性”按钮，弹出“引用集属性”对话框，在对话框中输入属性的名称和属性值，按【Enter】键即可完成该引用集属性的编辑。

（5）信息：用于查看当前零部件中已建引用集的相关信息。

6.5 装配编辑

在装配过程中，需要对组件进行阵列、镜像、替换等编辑操作。装配中组件阵列、镜像等功能与建模模块的功能有相似之处，不同的是建模模块中操作的对象是特征，而装配模块中操作的对象是零件或子装配。

一、组件移动

移动装配中的组件，在“装配”工具栏中单击“移动组件”按钮，弹出“移动组件”对话框，如图 6-15 所示。

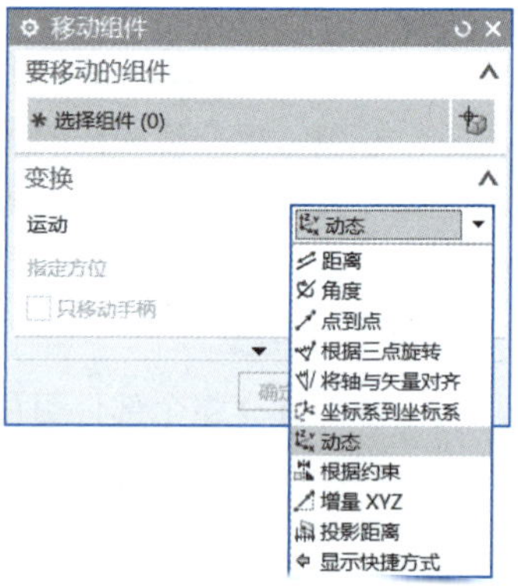

图 6-15 “移动组件”对话框

“移动组件”对话框的“运动”下拉列表提供下列十种移动方法：

（1）距离：选择平移或沿路径移动，使组件沿着基准轴的方向移动输入的距离。

（2）角度：通过绕指定的轴旋转移动组件。

（3）点到点：选择一个点为位置起点，另一个点为位置终点，将组件平移。

（4）根据三点旋转：指定旋转轴，以两个点作为旋转起点和终点旋转组件。

（5）将轴与矢量对齐：以两个矢量方向对齐方式完成面移动，两个矢量在同一个平面内。

（6）坐标系到坐标系：从自身基准坐标系到新指定的基准坐标系，将组件进行重定位。

（7）动态：动态地平移或旋转组件的基准参照坐标系，使组件随着基准坐标系的位置变换而移动。

（8）根据约束：通过装配约束的方法移动组件。

（9）增量 XYZ：采用输入增量值的方法移动组件。

（10）投影距离：以矢量作为移动方向，并在矢量方向上规定一定的距离，使组件移动。

二、组件镜像

组件镜像功能用于处理具有组件对称结构的装配。组件镜像可以在装配中按照镜像的关系装配指定零件的另一实例（复制），也可以产生关于指定零件在某一平面位置的镜像零件，镜像装配能减少烦琐的装配操作，快速得到左右对称的镜像装配组件。利用镜像功能进行零部件的装配，可以保证源零件与镜像零件的镜像对称关系。

单击“装配”工具栏中的“镜像装配”按钮，或在菜单栏中选择“装配”→“组件”→“镜像装配”命令，弹出“镜像装配向导”对话框的欢迎界面，如图 6-16 所示。单击“下一步”按钮，在打开的界面中选择要进行镜像的组件，可选择多个零件或子装配创建镜像，需要注意的是只能选择工作部件下的组件创建镜像，如图 6-17 所示。

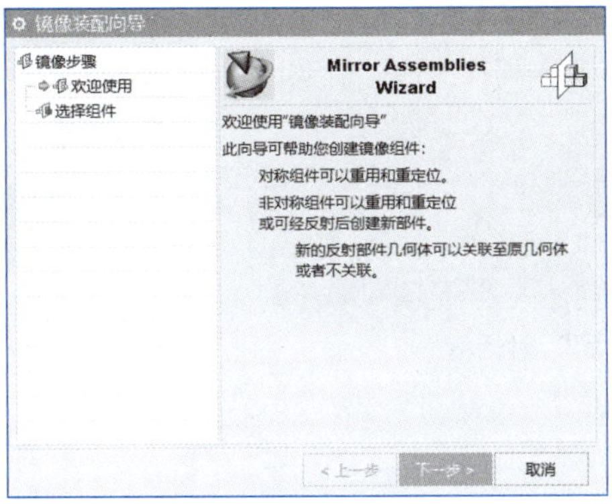

图 6-16 “镜像装配向导”对话框的欢迎界面

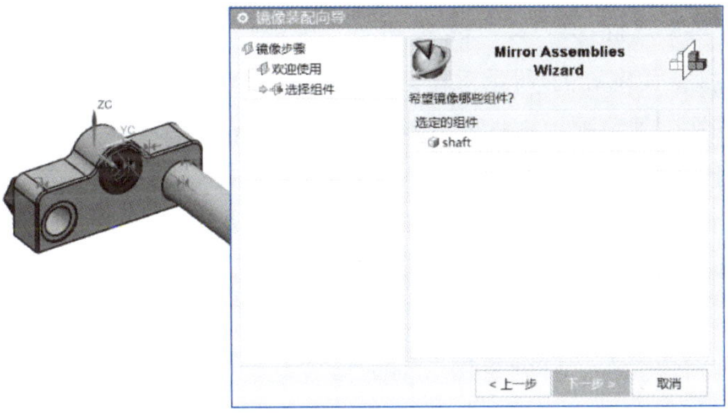

图 6-17 选择组件

单击“下一步”按钮，在打开的界面中选择相应的基准平面作为镜像平面，如图 6-18 所示。如果没有合适的基准平面，可以单击“创建基准平面”按钮，弹出“基准平面”对话框（见图 6-19），在该对话框中创建一个新的基准平面作为镜像平面。

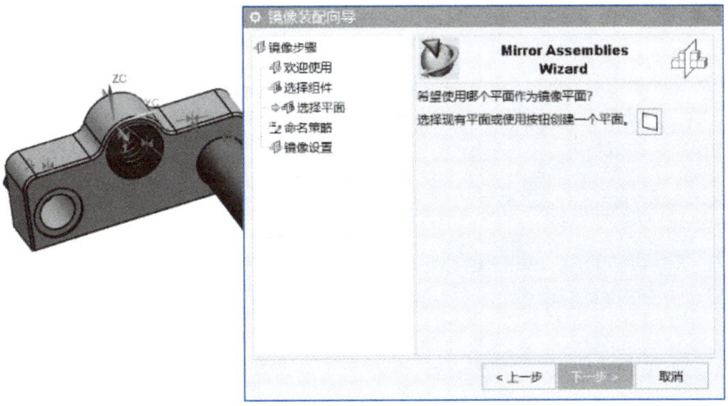

图 6-18 选择镜像平面

完成镜像平面的选取后，单击“下一步”按钮，在打开的界面中设置镜像的类型，在确定镜像结果后，单击“完成”按钮即可完成镜像组件的创建，如图6-20所示。

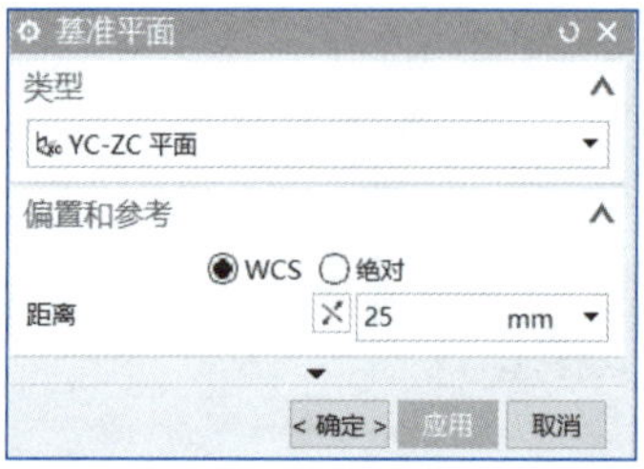

图6-19 “基准平面”对话框

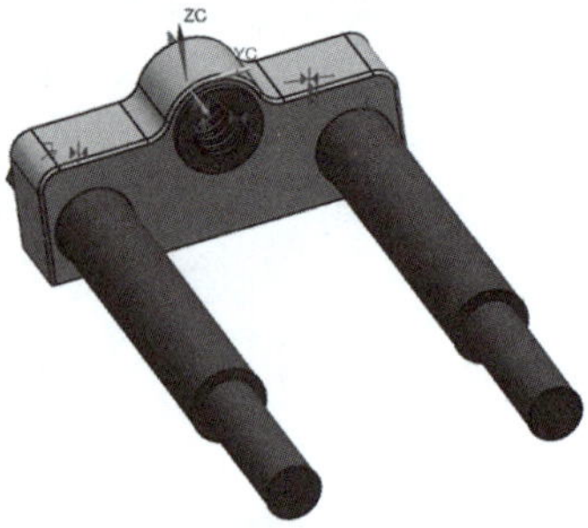

图6-20 镜像结果

三、组件阵列

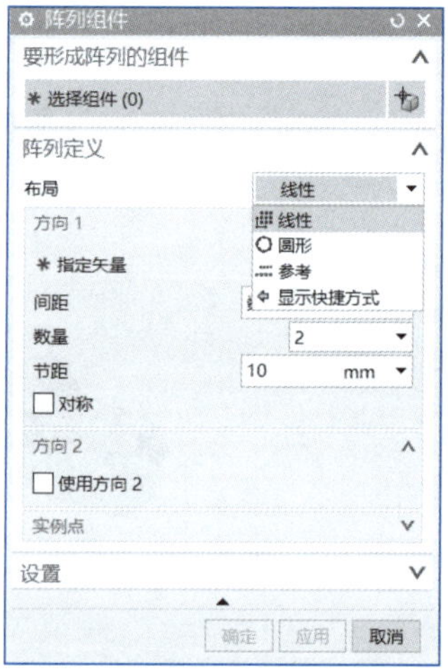

图6-21 “阵列组件”对话框

组件阵列用于快速地将组件按一定规律定位到装配模型之中。单击“装配”工具栏中的“阵列组件”按钮，或在菜单栏中选择“装配”→“组件”→“阵列组件”命令，弹出“阵列组件”对话框，如图6-21所示。在该对话框中，可以选择活动装配中的零件、子装配、零件阵列等作为要进行阵列的组件。指定阵列组件后，在对话框的“布局”下拉列表中可选择阵列的类型。组件阵列有从实例特征和主组件阵列两种方式，其中主组件阵列又可分为线性阵列和圆形阵列。

1. 线性阵列

(1) 选取阵列对象。在“阵列组件”对话框“阵列定义”选项组的“布局”下拉列表中选择“线性”选项，如图6-22所示。此时“方向”区域中的“指定矢量”按钮处于激活状态，单击该按钮，弹出“矢量”对话框，如图6-23所示。

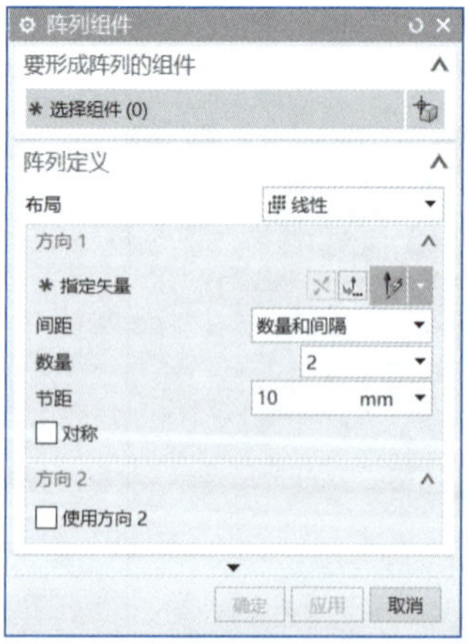

图6-22 “线性”选项

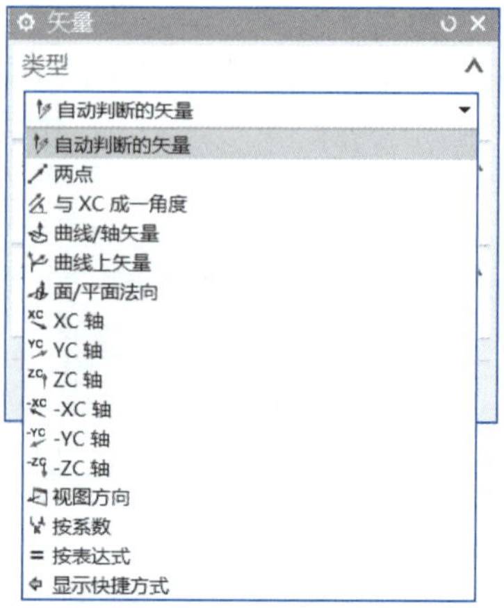

图6-23 “矢量”对话框

（2）设置阵列参数。在“阵列组件”对话框“方向1”选项组的“间距”下拉列表中选择“数量和间隔”选项，分别输入对应的数值。

2. 圆形阵列

圆形阵列通过指定阵列轴的方向并设置圆周方向上的阵列个数和组件间的间隔角度等参数完成组件的阵列。

首先选择要阵列的组件，然后在“阵列组件”对话框的“布局”下拉列表中选择“圆形”选项，单击鼠标中键，弹出“圆形阵列”对话框。根据提示，在图形工作区中设置指定矢量以及指定点，然后选择数量和间隔项，设置好参数后，单击“确定”按钮，完成组件（见图6-24）的圆形阵列，阵列结果如图6-25所示。

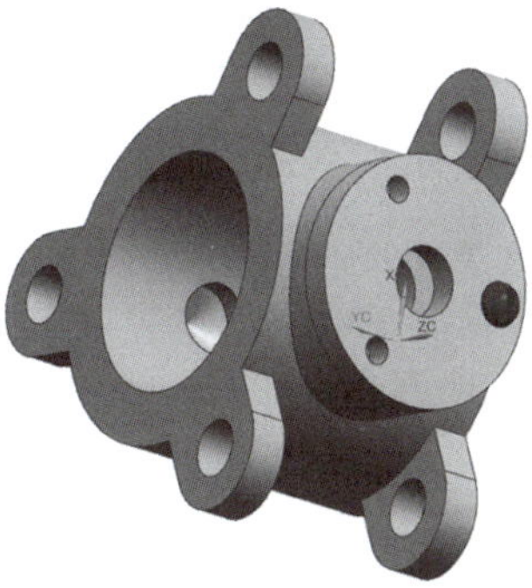

图6-24　阵列前效果

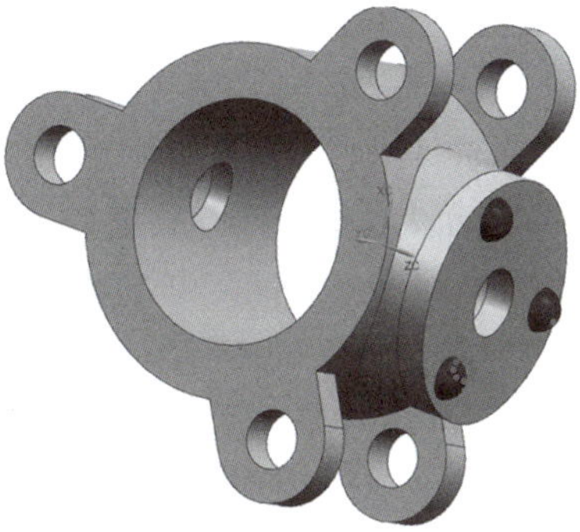

图6-25　圆形阵列效果

6.6　爆　炸　图

用户可通过爆炸图查看装配模型中的所有组件，以及这些组件在总装配中的装配关系。装配图通过调整零件间的分隔距离生成多幅爆炸视图，爆炸视图可在装配模型的任何装配层次上生成。爆炸视图与显示部件相关联，并存储在显示部件中，用户可以在任何视图中显示爆炸图形，并且能够对该图形进行编辑工作。

单击“装配”工具栏中的“爆炸图”按钮，显示“爆炸图”面板，如图6-26所示。

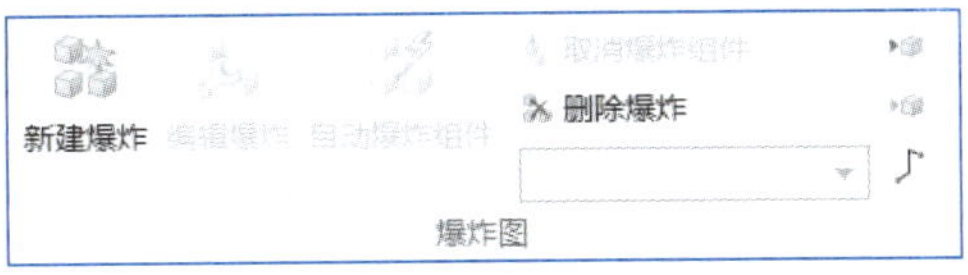

图6-26　“爆炸图”面板

一、创建爆炸视图

1. 新建爆炸视图

单击“爆炸图”面板中的“新建爆炸”按钮，弹出“新建爆炸”对话框，如图6-27所示，在该对话框中输入爆炸图名称，单击“确定”按钮完成爆炸图的创建。

图 6-27 “新建爆炸”对话框

2. 自动爆炸组件

自动爆炸组件是指系统基于组件关联条件，沿表面的正交方向自动爆炸组件。单击“爆炸图”面板中的“自动爆炸组件”按钮，弹出“类选择”对话框。然后选择要进行爆炸的组件，指定组件后，单击“确定”按钮，弹出用于指定自动爆炸参数的“自动爆炸组件”对话框，如图 6-28 所示，在该对话框中设置自动爆炸组件之间的距离，自动爆炸的方向由输入数值的正负进行控制。

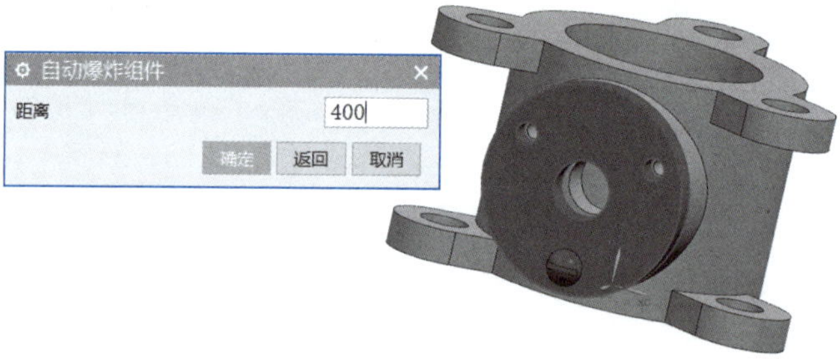

图 6-28 “自动爆炸组件”对话框

3. 编辑爆炸视图

采用自动爆炸组件功能生成的爆炸视图一般不能得到理想的爆炸效果，通常还需要对爆炸图进行调整。单击“爆炸图”面板中的“编辑爆炸”按钮，弹出“编辑爆炸”对话框，如图 6-29 所示。

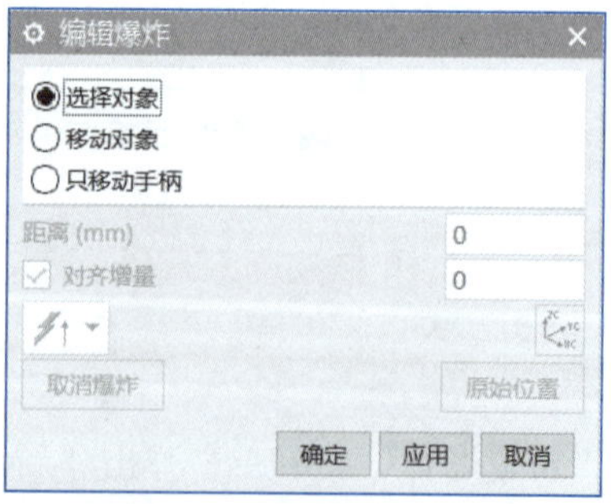

图 6-29 “编辑爆炸”对话框

选中“选择对象”单选按钮，然后在图形工作区中选取要移动的组件，指定组件后，选中“移动对象”单选按钮，即可通过坐标系将该组件移动或旋转到适当的位置。如图 6-30 所示，零件 1 沿 Z 轴移动至当前位置。

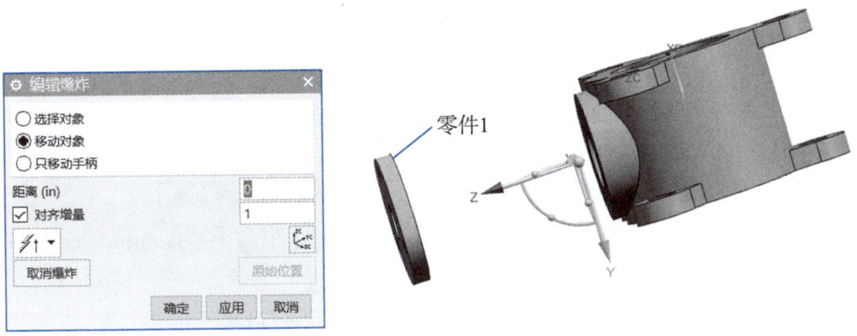

图 6-30　爆炸效果

二、取消和删除爆炸视图

1. 取消爆炸组件

单击“爆炸图”面板中的“取消爆炸组件”按钮，弹出“类选择”对话框，选择要取消爆炸的组件，指定组件后，单击“确定”按钮，组件将恢复到爆炸前的装配位置。

2. 删除爆炸视图

单击“爆炸图”面板中的“删除爆炸图”按钮，弹出“爆炸图”对话框，如图 6-31 所示。在该对话框的列表框中收集了当前的所有爆炸视图，选择要删除的视图，单击“确定”按钮，删除指定名称的视图。

图 6-31　“爆炸图”对话框

6.7　课堂练习——行星减速器输出轴装配

行星减速器输出轴为一个齿轮轴，左端为花键，与行星架的花键槽配合连接；右端为输出端，有平键槽和皮带轮与执行机构相连；中部为相距一定距离的轴承，轴承之间用套筒内圈定位，如图 6-32 所示。

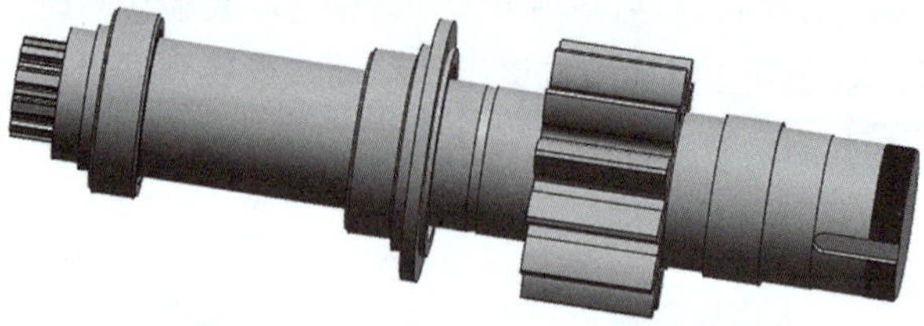

图 6-32　行星减速器输出轴装配模型

行星减速器输出轴装配采用自底向上的装配方法，其装配过程如下：

（1）新建文件。打开 UG 软件，新建装配文件，将文件命名为 outputshaft，单击“确定”按钮进入装配环境。

（2）装入输出轴零件。单击“装配”工具栏中的“添加组件”按钮，或在菜单栏中选择“装配”→“组件”→“添加组件”命令，弹出“添加组件”对话框，如图 6-33 所示，在对话框中单击按钮，选择文件 shuchuzhou，在“位置”选项组中单击按钮，弹出“点”对话框（见图 6-34），将输出轴零件放置到装配环境中。

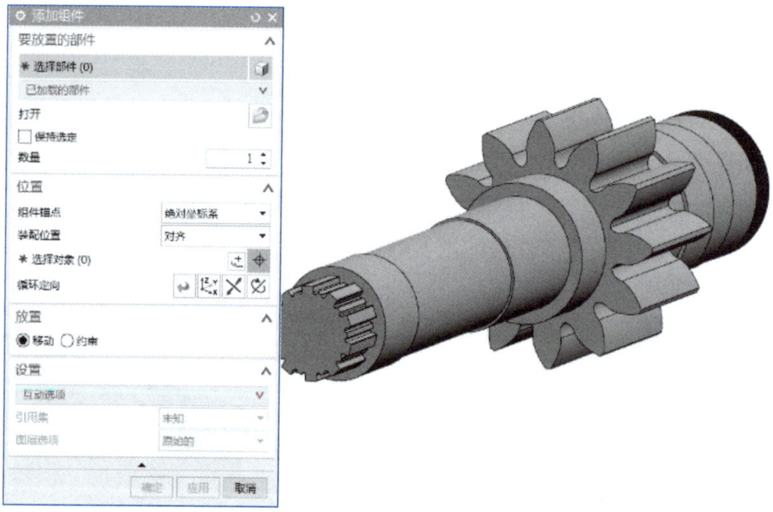

图 6-33　“添加组件”对话框

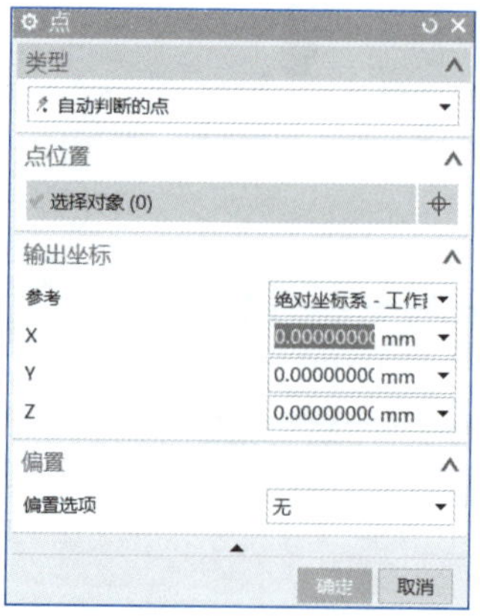

图 6-34　“点”对话框

（3）输出轴定位，单击“确定”按钮，选择输出轴要约束的几何体，将输出轴固定在当前位置上。

（4）装入轴套。在“添加组件”对话框中打开文件 youzhoutao_9，“放置”设置为“约束”，“约束类型”选择“接触对齐”，“方位方式”选择“首选接触”，然后依次选择轴套端面和输出轴上的端面作为参照平面，系统将执行接触约束操作，如图 6-35 所示。重复上述操作，“约束类型”选择“接触对齐”，“方位方式”选择“自动判断中心/轴”，依次选择轴套的外圆柱面和输出轴上的圆柱面作为参照平面，系统将执行轴线接触约束操作，如图 6-36 所示。轴套装配完成的效果如图 6-37 所示。

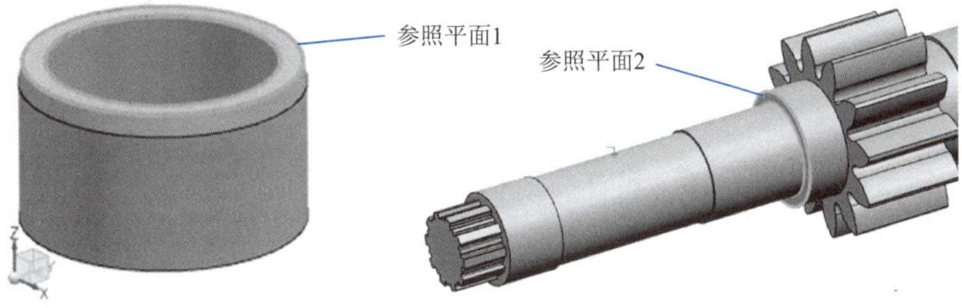

（a）约束组件参照　　（b）基础组件参照

图 6-35　轴套接触约束设置

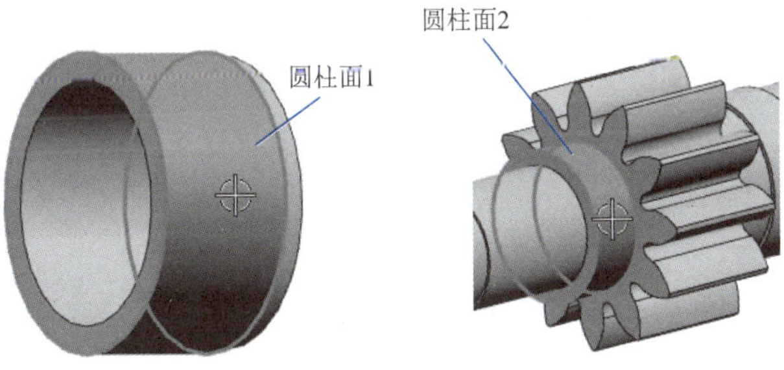

（a）约束组件　　（b）基础组件

图 6-36　轴套轴线约束设置

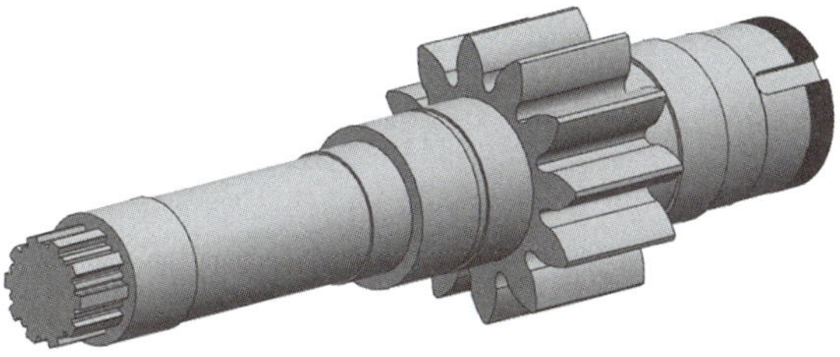

图 6-37　轴套装配效果

（5）装配透盖总成。在“添加组件”对话框中选择文件 outputsub2ass，“放置”设置为“约束”，“约束类型”选择“接触对齐”，“方位方式”选择“对齐”，依次选择透盖总成端面和轴套的端面作为参照平面，系统将执行对齐约束操作，如图 6-38 所示。重复上述操作，“约束类型”选择“接触对齐”，“方位方式”选择“自动判断中心/轴”，依次选择透盖总成的外圆柱面和轴套上的圆柱面作为参照平面，系统将执行轴线接触约束操作。透盖总成装配完成的效果如图 6-39 所示。

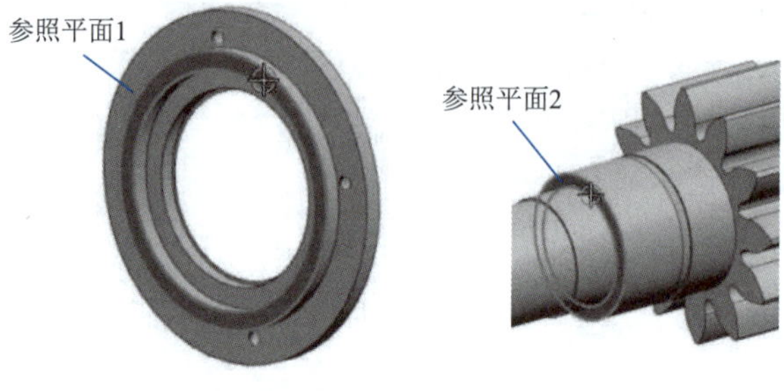

（a）约束组件　　（b）基础组件

图 6-38　透盖对齐约束设置

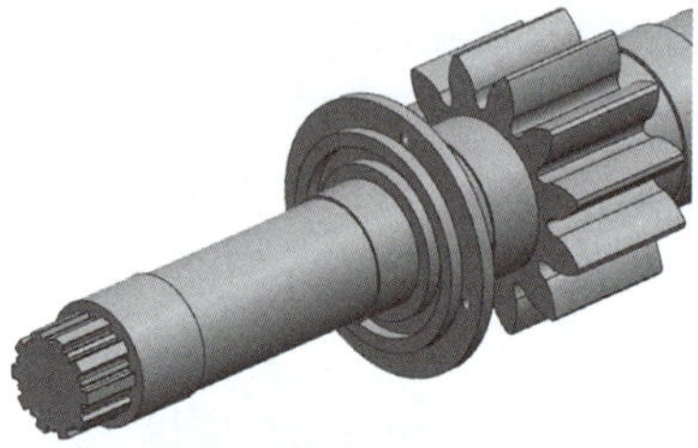

图 6-39　透盖总成装配效果

（6）装配轴承总成。在“添加组件”对话框中打开文件 zhoucheng_11，“放置”设置为“约束”，“约束类型”选择“接触对齐”，“方位方式”选择“首选接触”，依次选择轴承端面和透盖总成端面作为参照平面，系统将执行接触约束操作，如图 6-40 所示。重复上述操作，“约束类型”选择“接触对齐”，“方位方式”选择“自动判断中心/轴”，依次选择轴承的外圆柱面和透盖总成的圆柱面作为参照平面，系统将执行轴线接触约束操作。轴承装配完成的效果如图 6-41 所示。

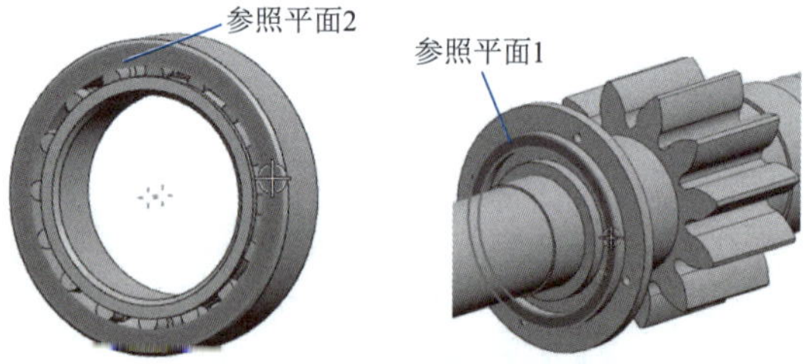

（a）约束组件　　（b）基础组件

图 6-40　轴承接触约束设置

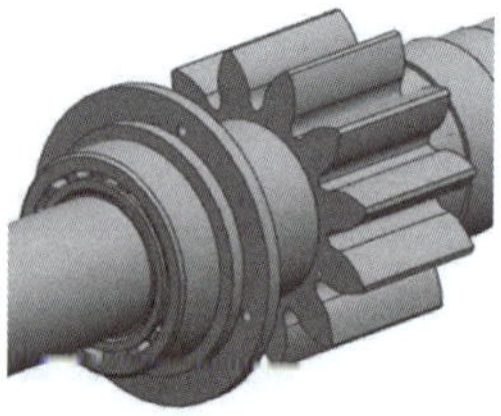

图 6-41　轴承装配效果

（7）装配轴套。在“添加组件”对话框中打开文件 youbanbu_zhouchengtao，“放置”设置为“约束”，“约束类型”选择“接触对齐”，“方位方式”选择“首选接触”，依次选择轴套端面和轴承内圈端面作为参照平面，系统将执行接触约束操作，如图 6-42 所示。重复上述操作，“约束类型”选择“接触对齐”，“方位方式”选择“自动判断中心/轴”，依次选择轴套的圆柱面和轴承的外圆柱面作为参照平面，系统将执行轴线接触约束操作。轴承装配完成的效果如图 6-43 所示。

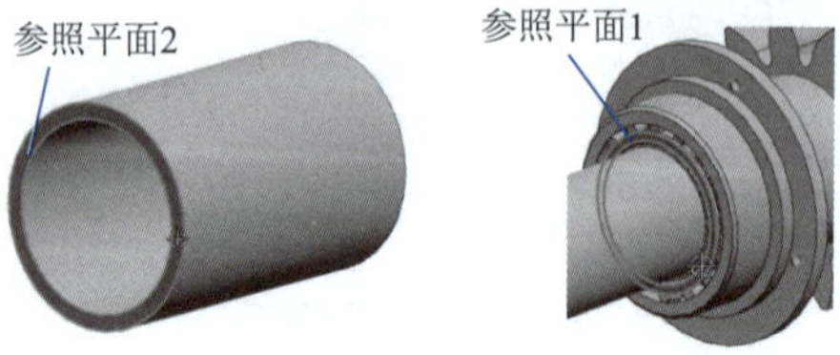

（a）约束组件　　（b）基础组件

图 6-42　轴套接触约束设置

图 6-43　轴套装配效果

（8）移动轴承。单击“移动组件”按钮，弹出“移动组件”对话框，选择轴承作为“选定组件”，“运动”选择“距离”，“复制模式”选择“复制”，选择轴承作为“要复制的组件”，选择输出轴端面作为指定矢量的参照平面，“距离”输入 245，如图 6-44 所示，完成轴承的复制移动，如图 6-45 所示。

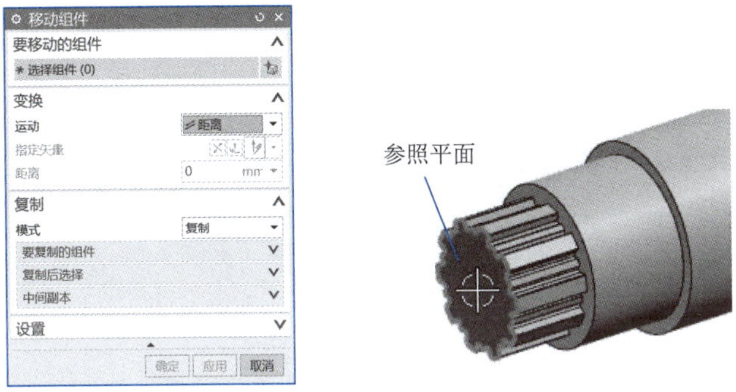

（a）移动组件参数设置　（b）指定矢量参照平面

图 6-44　轴承移动设置

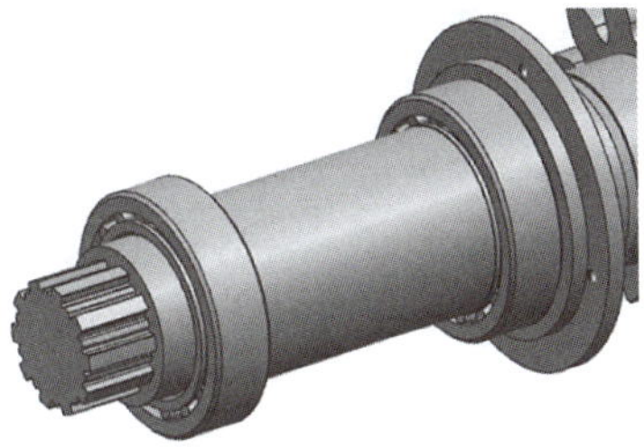

图 6-45　轴承复制移动

（9）装配轴套 2。在“添加组件”对话框中打开文件 xingxing_youzhoutao，“放置”设置为“约束”，“约束类型”选择“接触对齐”，“方位方式”选择“首选接触”，依次选择轴套端面和轴承内圈端面作为参照平面，系统将执行接触约束操作，如图 6-46 所示。重复上述操作，“约束类型”选择“接触对齐”，“方位方式”选择“自动判断中心/轴”，依次选择轴套的圆柱面和轴承的外圆柱面作为参照平面，系统将执行轴线接触约束操作，完成输出轴的装配。

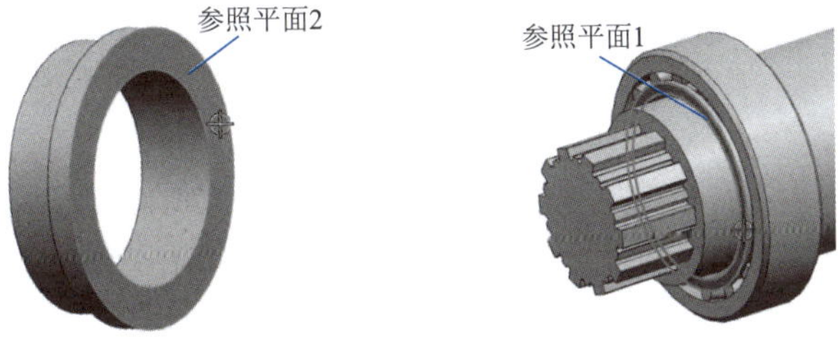

（a）约束组件参照　（b）基础组件参照

图 6-46　轴套 2 接触约束设置

最后可以通过装配导航器查看装配情况，如图 6-47 所示，从图中可以看出整个装配中没有出现无效约束和约束冲突，各部件的约束符合要求。

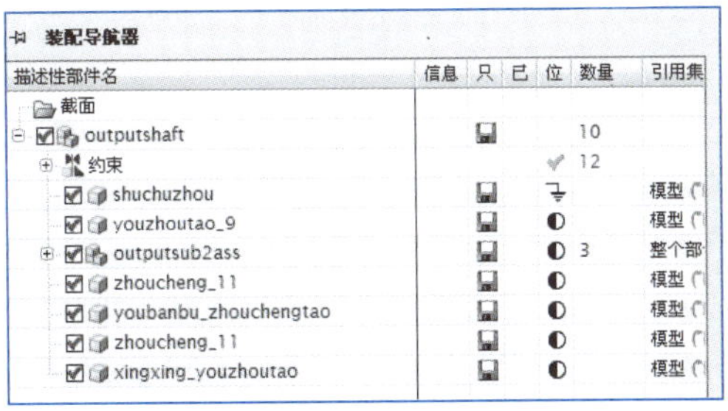

图 6-47　输出轴装配导航器

思考与练习

一、填空题

1. UG装配模块提供了两个基本的装配方法，分别为____________和____________。

2. 在部件装配中，UG提供了四种部件的放置定位方式，分别为____________、____________、____________和____________。

3. 根据施加给被装配零件的约束数量，可以分为四种约束状态，分别为____________、____________、____________和____________。

4. 四种阵列方向的定义方式，即____________、____________、____________和____________，它们的共同点是要确定阵列的X方向和Y方向。

二、选择题

1. 在装配环境中（　　）组件，在组件的自由度内对其进行移动或旋转操作，以方便建立组件之间的约束关系。

A. 移动　　B. 编辑　　C. 约束　　D. 抑制

2. 自动判断中心/轴约束需要指定（　　）参照。

A. 平面　　B. 基准轴　　C. 圆柱面　　D. 基准面

3. UG装配中的工作部件可以有（　　）个。

A. 4　　B. 3　　C. 2　　D. 1

4. 组件圆形阵列中，需要指定阵列的（　　）和（　　）参数。

A. 轴、偏置　　B. 方向、偏置　　C. 轴、角度　　D. 方向、角度

三、简答题

1. 什么是组件？

2. 自底向上装配与自顶向下装配各用于何种场合？简要说明两种装配的步骤。

3. 什么是引用集？引用集有哪些作用？

4. 列举出四种装配约束的类型。

5. WAVE 几何链接技术有哪些特点?

6. 如何创建爆炸视图?

四、上机练习

创建行星架装配模型，如图 6-48 所示。该行星架模型由行星架、行星轴、行星齿轮、内齿圈、轴承等组成。行星架上均布有三个行星轴孔，行星轴与孔配合；行星轴上装有轴承，轴承内圈与行星轴配合；行星齿轮通过轴承与行星架配合。

创建该装配模型，采用自底向上的装配方法。在装配模型时，主要用到接触、对齐、自动判断中心/轴等约束方式。在装配行星轴和行星轮时可以利用圆形阵列方式安装。

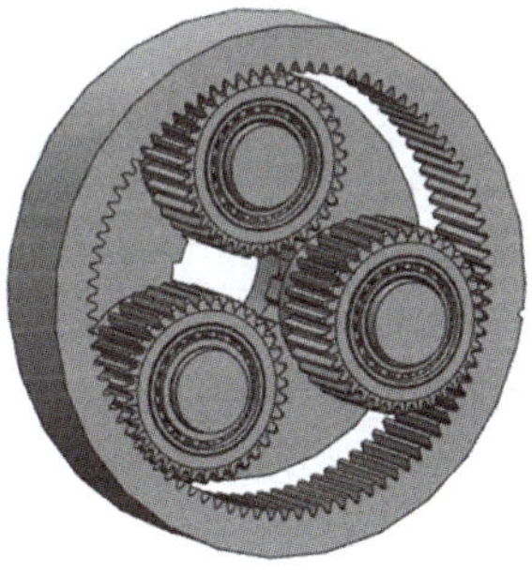

图 6-48　行星架装配模型

第 7 章

工程图的绘制

本章主要介绍 UG NX 工程图模块的主要功能，以及通过工程图模块在已经建立的三维实体模型的基础上创建二维工程图的常用操作。

7.1 设置工程图环境

一、概述

工程图是在二维平面或图纸上按照一定规则绘制的，用于表达设计意图的图形符号系统。工程图是工程人员进行交流的图形语言，通过工程图可以准确、完整地表达出机械零部件的结构、加工及装配信息。工程图利用投影的概念解决了三维形体的二维表达问题，通过投影可以将零部件的三维结构特征转换为二维的线条，使得人们得以在一张类似平面的纸上表达客观的机械实体。常见的工程图分为两类：零件图和装配图。

零件图除了表达零件的理想结构外，还利用公差项目对零件结构的尺寸、形状、位置、表面粗糙度等给出加工和检测的技术要求，实际工程中这些项目主要用于指导工艺编排和加工参考。

装配图则是表明零件在装配形成具有功能的部件或机构时，各零件之间的装配关系（如配合、元件几何要素间的关联尺寸、相互位置要求等）以及完成装配必需的所有元件的列表，实际工程中用于指导实现装配和验收。

二、工程图与三维实体模型的关系

UG NX 工程图模块的主要作用是满足零件加工和制造出图的需要，它是一个独立的模块。工程图投影视图的生成依赖于实体模型，利用建模模块创建的三维实体模型，都可以通过工程图模块投影生成二维工程图，并且生成的工程图与该实体模型是完全关联的。

在实体模型存在的前提下，单击工具条上的“开始”→“制图”按钮即可进入工程图模块。

三、预设工程图参数值

在创建工程图图纸前，应先设置新图纸的制图标准、制图习惯、制图视图首选项和注释首选项。设置后，所有新创建的视图和注释都将保持一致。定制制图标准的步骤如下：

(1) 在菜单栏中选择“文件”→“实用工具”→“用户默认设置”→“制图”→“常规”→“标准”命令。

(2) 从“制图标准”列表中选择一个标准。可选的标准有美国 ASME 标准、德国 DIN 标准、俄罗斯 ESKD 标准、中国 GB 标准、国际 ISO 标准、日本 JIS 标准。

(3) 如果需要定制自己的标准则单击“定制标准”按钮。

(4) 在弹出的“定制制图标准”对话框的“制图标准”列表中选择任意类别，并对各选项参数进行修改。

(5) 单击“另存为”按钮。

(6) 在标准名称框中输入一个新名称。

(7) 单击“确定”按钮以保存定制标准。

操作结束后即使重新启动计算机，UG 依然保证定制制图标准的一致性。如果只是在当次绘图中使用特定的视图或注释设置，则可以通过以下步骤实现：

(1) 在菜单栏中选择“首选项”→“制图”或“注释”命令。

(2) 通过弹出的“制图首选项”和“注释首选项”对话框，用户可以控制本次制图应用特定参数的默认行为。通过使用“制图首选项”对话框中的可用选项可以设置工作流、图纸和视图选项，以定制用户与制图环境的交互；通过“注释首选项”对话框可以控制尺寸标注类型、剖切线以及注释、标签、符号、中心线和剖面线等制图辅助。

7.2 建立工程视图

生成各种投影视图是创建工程图最核心的问题。在 UG NX 中，可以用不同的投影方法、不同的图样尺寸和不同的比例建立多张二维工程图。UG 的工程图模块提供了各种视图的管理功能，如添加视图、删除视图、对齐视图和编辑视图等。利用这些功能可以方便地管理工程图中所包含的各类视图，并可修改各视图之间的缩放比例、角度等参数。

一、创建图纸页

创建图纸页是进入工程图环境的第一步。在工程图环境中建立的任何图形都将在创建的图纸页上完成。在进入工程图环境时，系统会自动创建一张图纸页，此时用户应对模型的实际几何尺寸有大致了解，这直接决定了接下来的图纸大小和比例设置。使用下列方法之一打开“图纸页”对话框：

(1) 在“图纸”工具栏中单击“新建图纸页”按钮。

(2) 在菜单栏中选择“插入”→“图纸页”命令。

(3) 在部件导航器中，右击图纸节点并选择“插入图纸页”命令。

“图纸页”对话框中各选项的功能如下：

(1) 大小：该列表用于指定图样的尺寸规范，可以直接在其下拉列表中选择与工程图相适应的图纸规格。图纸的规格随选择的工程单位不同而不同。

(2) 比例：该选项用于设置工程图中各类视图的比例大小。一般情况下，系统默认的图样比例为 1:1。

(3) 图纸页名称：该文本框用于输入新建工程图的名称，最多 30 个字符；若不修改，系统会自动按顺序新增。

（4）单位：指定图纸页的度量单位。如果将度量单位从英寸改为毫米或从毫米改为英寸，则“大小”选项也将做出相应更改，以匹配选定的度量单位。

“大小”选项组中包括了以下三种类型的图纸建立方式：

①使用模板：选中该单选按钮，弹出图 7-1 所示的“片体”对话框。此时，可以直接选用系统默认的图纸选项，单击“确定”按钮即可直接应用于当前的工程图中。

②标准尺寸：选中该单选按钮，弹出“片体”对话框。在该对话框的“大小”下拉列表中选择国标图纸 A0～A4 中的任意一个作为当前工程图的图纸；还可以在“比例”下拉列表中直接选取工程图的比例；“图纸中的图纸页”列表显示工程图中所包含的所有图纸的名称和数量，如图 7-2 所示。

③定制尺寸：选中该单选按钮，弹出“片体”对话框。在该对话框的“高度”和“长度”文本框中自定义新建图纸的高度和长度；在“比例”下拉列表中选择当前工程图的比例，这适用于使用非标准图幅的情况，如图 7-3 所示。

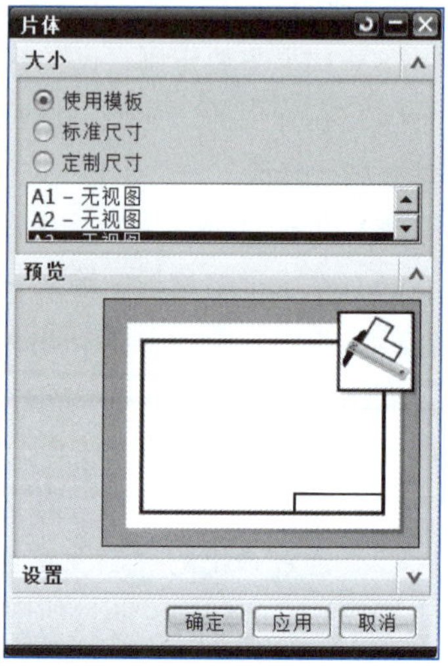

图 7-1　使用模板新建图纸页

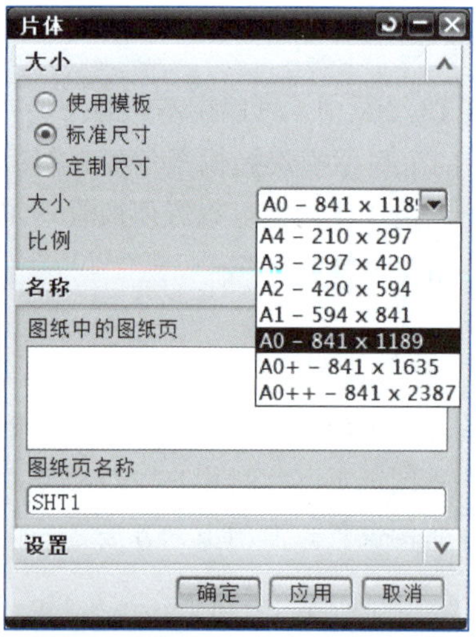

图 7-2　使用标准尺寸新建图纸页

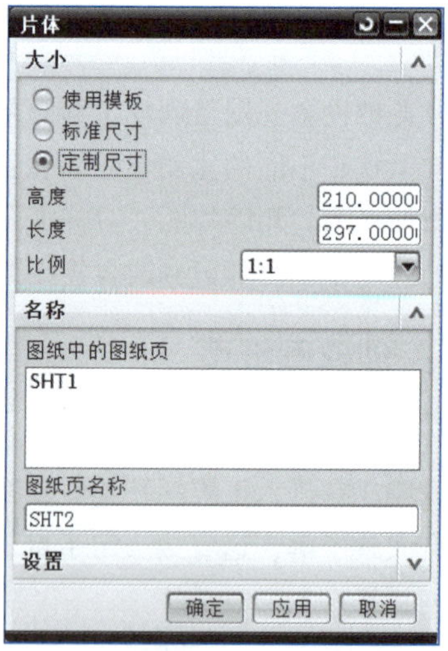

图 7-3　定制自定义尺寸图纸页

在修改图纸大小时，应在菜单栏中选择“首选项”→“制图”→“视图”→“显示边界”命令以打开视图边界，这将使部分位于图纸边界外部的视图均可见。在某些情况下，若选择的图纸较小，则视图有可能完全显示在新的图纸视图边界之外。此时会显示“不能修改图纸，图纸太小”的出错消息。要避免出现该错误，应在缩减图纸大小之前先将制图视图向图纸的左下角移动。

（5）投影：该选项组用于设置视图的投影角度方式，分别为第一象限角投影和第三象限角投影。按照我国的制图标准，应选择第一象限角投影和毫米公制选项。

二、打开图纸页

对于同一个实体模型，UG NX 允许用户采用不同的投影方法、不同的图样幅面尺寸和不同的比例建立多张图纸页，当需要编辑其中一张时，必须先打开其工程图。

在部件导航器中，双击要打开的图纸页或选中后右击，在弹出的快捷菜单中选择“打开”命令，即可打开所需的图纸。

三、删除图纸页

对于不再需要的图纸页可以选择删除，此时在部件导航器中选择要删除的图纸并右击或者在视图边界上右击，在弹出的快捷菜单中选择“删除”命令，即可删除该图纸页。

7.3　视图的建立

视图是组成工程图最基本的元素。图纸空间内的视图都是实体模型的某个整体或部分二维效果截面，添加视图操作即为生成模型各个二维截面或视面的过程。一个工程图中可以包含若干个基本视图，这些视图可以是主视图、投影视图、剖视图等，通过这些视图的组合可进行三维实体模型的描述。

一、添加基本视图

在制图过程中，放置在任意图纸页上的第一个视图称为基本视图。基本视图既可作为独立视图，也可作为其他视图的父视图。

父视图是一个现有的制图视图，是用于确定新添加视图（子视图）的投影、对齐和位置的参考视图。父视图可以是导入的模型视图、正交视图或辅助视图。另外，父视图也指用于创建局部放大图的依据视图。

一个工程图中至少包含一个基本视图，因此在生成工程图时，应尽量生成能反映实体模型的主要形状特征的基本视图。

要建立基本视图，可通过下列方法之一打开“基本视图”对话框（见图 7-4）：

(1) 在“图纸”工具栏中单击“基本视图”按钮。

(2) 在菜单栏中选择“插入”→“视图”→“基本”命令。

(3) 右击图纸页边界或部件导航器的图纸页节点，在弹出的快捷菜单中选择“添加基本视图”命令。

“基本视图”对话框中各选项的功能见表 7-1。

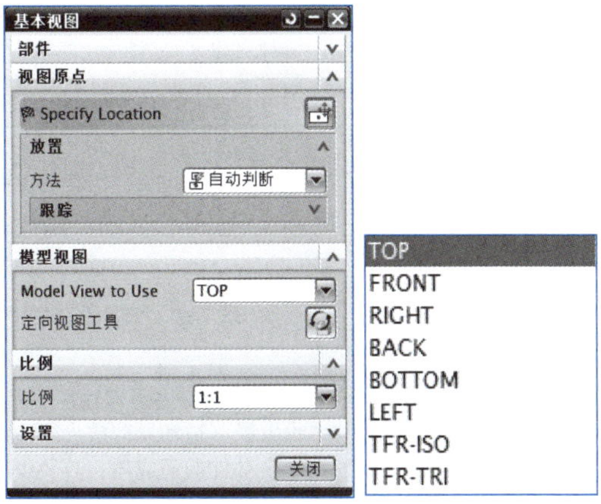

图 7-4　“基本视图”对话框

表 7-1 “基本视图”对话框中各选项的功能

选　　项	功　　能
部件：用于选择需要建立工程图的部件模型	
已加载的部件	显示所有已加载部件的名称，从中选择一个部件，以便从该部件添加视图
最近访问的部件	显示最近加载的部件名称，从中选择一个部件，以便从该部件加载并添加视图
打开	可用于浏览和打开其他部件，并从这些部件添加视图
视图原点：给出视图的位置	
指定位置	可用于使用光标指定一个屏幕位置
放置	建立视图的位置。方法：可用于选择其中一个对齐视图选项；光标跟踪：开启 XC 和 YC 跟踪
移动视图	指定屏幕位置：单击以指定视图的屏幕位置
模型视图：给出视图类与方向	
要使用的模型视图	选择一个要用作基本视图的模型视图，并选择添加基本视图的种类，包括 TOP（俯视图）、BOTTOM（仰视图）、FRONT（主视图）、BACK（后视图）、RIGHT（右视图）、LEFT（左视图）、TFR-ISO（top-front-right isometric，正等轴测视图）、TFR-TRI（top-front-right trimetric，正三轴测视图）
定向视图工具	打开定向视图工具并定制基本视图的方位
比例：用于选择添加基本视图的比例	
比例	在向图纸上添加制图视图之前，为制图视图指定一个特定的比例。默认的视图比例值等于图纸比例；对于局部放大图，默认比例是一个大于其父视图比例的比例值
设置：用于编辑基本视图的样式	
视图样式	打开“视图样式”对话框并设置视图的显示样式
隐藏的组件	仅可用于装配图纸，控制一个或多个组件在基本视图中的显示 选择对象：选择一个或多个组件，使这些组件在装配制图视图中不可见； 移除：取消选择组件，使组件在视图中可见
非剖切	仅可用于装配图纸，能够指定一个或多个组件为未切削组件，即如果从基本视图创建剖视图，则指定的组件将在剖视图中显示为未切削 选择对象：选择一个或多个组件或实体，使这些组件或实体在视图中显示为非剖切； 移除：取消选择对象，使对象在视图中显示为剖切

单击“视图样式”按钮，弹出“视图样式”对话框。在该对话框中可以对基本视图中的隐藏线段、可见线段、追踪线段、螺纹、透视等样式进行详细设置，各选项的功能见表 7-2。

表 7-2 “视图样式”对话框中各选项的功能

选　　项	功　　能
颜色	设置线、边和局部放大图边界的颜色。对于线和边，当颜色按钮变灰时，该颜色派生自部件的面或体；若要将颜色选项改回面或体的原始颜色，可单击“取消选择所有颜色”按钮
线型	用于设置边、线、轮廓线和局部放大图边界的线型

续表

选　项	功　能
宽度	用于设置边、线、轮廓线和局部放大图边界的线宽。要在图形窗口中查看宽度更改，应确保在“可视化”对话框中选中“显示宽度”复选框；同样，如果在“可视化”对话框的“图纸部件设置”选项组中选择了“单色显示”命令，也应确保“显示宽度”复选框被选中，如果未设置“显示宽度”，则所有对象将以正常宽度显示
继承	用于将当前对话框选项卡中的选项设置为现有制图视图的属性。单击此按钮后，选择一个现有制图视图以继承其设置
重置	将当前选项卡上更改过的选项恢复为更改之前的设置
加载默认设置	可以将当前选项卡上的选项重置为“用户默认设置”对话框“制图”选项卡中提供的值

利用“基本视图”对话框，可以在当前图纸中建立基本视图，并设置视图样式、视图比例等参数。在“要使用的模型视图”下拉列表中选择基本视图，在绘图区域适合位置放置基本视图，即可完成基本视图的建立。

二、添加投影视图

一般情况下，单一的基本视图很难完整地将一个实体模型的形状和结构特征表达清楚，在添加基本视图后，还需要添加相应的投影视图。投影视图是从父视图产生的视图。

建立完成一个基本视图后，此时继续拖动鼠标，可添加基本视图的其他投影视图。若已退出添加基本视图操作，单击工具栏中的“制图”→“投影视图”按钮，弹出“投影视图”对话框，如图7-5所示。

在该对话框中可以对投影视图的放置位置、放置方法以及视图方向等进行设置。该对话框中的选项和操作步骤与建立基本视图类似，这里不再叙述。需要说明的是，在手工制图中常用到的向视图，可以利用投影视图功能实现。

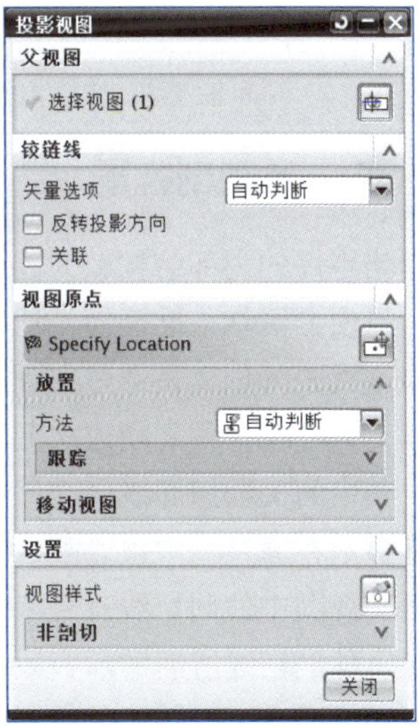

图7-5 “投影视图”对话框

三、添加局部放大图

当机件上某些细小结构在视图中表达不够清楚或不便标注尺寸时，可将该部分结构用大于原图的比例画出，得到的图形称为局部放大图。

局部放大图和父视图边界（视图边界指在图纸上选中某个视图时，UG高亮显示的边界，该边界定义包含该视图的区域，并提供关于所选择视图的可视反馈。在更新视图时，视图边界会自动进行更新）可以附带视图和比例标签，以区别多个放大图和不同的放大比例。

新建局部放大图时，此局部放大图与其父视图关联。当对父视图做出更改时，这些更改会立即反映到局部放大图中，且局部放大图都将共享父视图的曲线和草图曲线。此时不能在局部放大图中直接修改这些曲线。

要独立于父视图修改局部放大图的曲线和草图曲线，则应使局部放大图独立于父视图。在部件导航器中，右击局部放大图节点并选择“转换为独立的局部放大图”命令。

在菜单栏中选择“插入”→“视图”→“局部放大图”命令，弹出“局部放大图”对话框。在该对话框中可以对局部放大图的类型、父视图、边界、比例、注释等进行指定，其中中心点、边界点、父视图必须指定，其他项均有默认选项。创建给定零件的带有圆形边界的局部放大图的具体步骤如下：

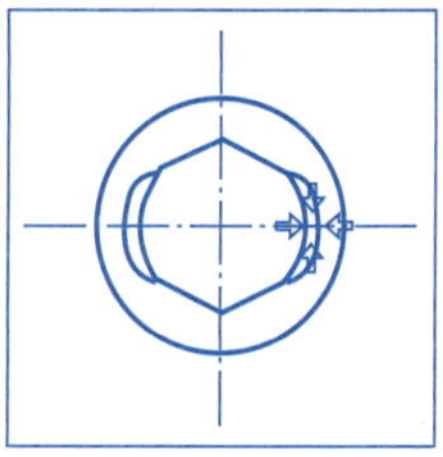

图 7-6 选择中心

(1) 在“局部放大图”对话框的“类型”列表中选择“圆形”命令。

(2) 在父视图上选择一个点作为局部放大图中心，如图 7-6 所示。既可以是部件几何体上的一个点，也可以是一个光标位置。

(3) 将光标移出中心点，然后单击以定义局部放大图的圆形边界的半径，如图 7-7 所示。

(4) 将视图拖动到图纸页上的所需位置，然后单击以放置视图，如图 7-8 所示。

图 7-7 选择半径

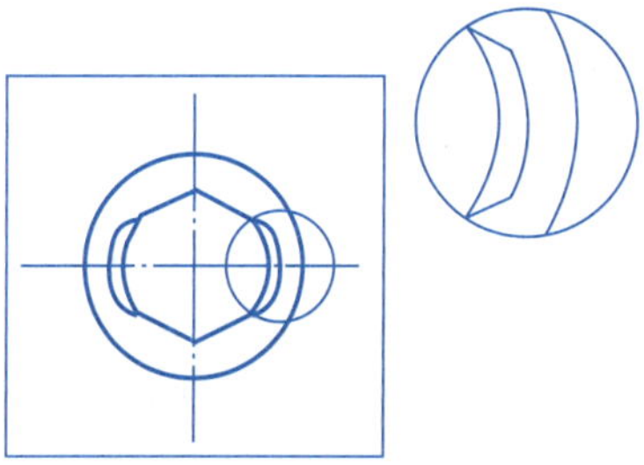

图 7-8 放置视图

四、 添加剖视图

当零件的内部结构较为复杂时，可以利用 UG NX 中提供的剖视图工具创建工程图的剖视图，以便更清晰、准确地表达零件内部的结构特征。

剖视图的创建是通过在现有视图中构建剖切线符号开始的，此时该视图将成为剖视图的父视图，即可在两者之间建立起父/子视图关系。一旦完成构建剖切线符号，剖视图也将生成完毕，其中的关联切面线会与父视图中的切割平面重合，切开后的部分模型几何体移除，以便清楚地显示在原视图中被遮蔽的内部特征。剖视图也可以关联视图标签和比例标签。剖视图的字母与父视图中的剖切线符号字母相对应。

每种剖切线所需的箭头段和折弯段的数量见表 7-3。如果用户未定义所需数量的段，UG 将会自动生成。

表 7-3 剖切线的箭头段和折弯段

剖切线的类型	所需箭头段的数量	所需折弯段的数量
简单剖	2	无折弯
半剖	1	1（折弯必须是用户定义的）
旋转剖	2	每 2 个剖切段之间有 1 个折弯（在旋转点除外）
阶梯剖	2	每 2 个剖切段之间有 1 个折弯

1. 添加简单剖视图

简单剖视图以一个假想平面作为剖切面，对视图进行整体的剖切操作。当零件的内部结构较复杂、外形比较简单或外形已在其他视图中表达清楚时，可以利用简单剖视图工具对零件进行剖切。

创建给定视图的简单剖视图的具体步骤如下：

（1）在“制图”工具栏中单击“剖视图”按钮，弹出“剖视图”对话框。

（2）单击以选择父视图（或右击父视图的边界并选择“添加剖视图”命令）。

（3）将动态剖切线移至所需的剖切位置（孔中心）点（打开或关闭捕捉点方法有助于在视图几何体上拾取一个点），选择一个点以放置剖切线符号，如图 7-9 所示。

（4）将光标移出视图并放在剖视图所需位置，如图 7-10 所示。

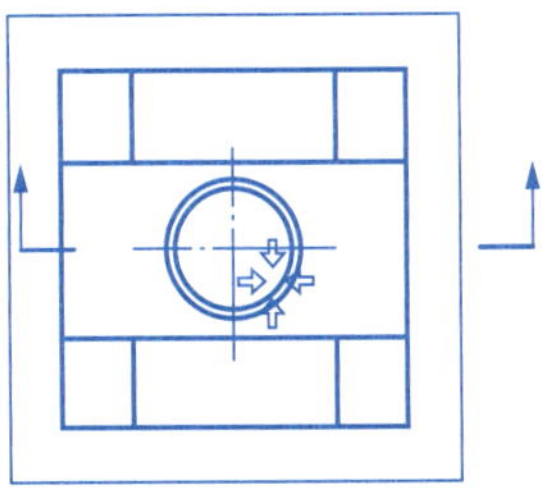

图 7-9　选择一个剖切位置（孔中心）

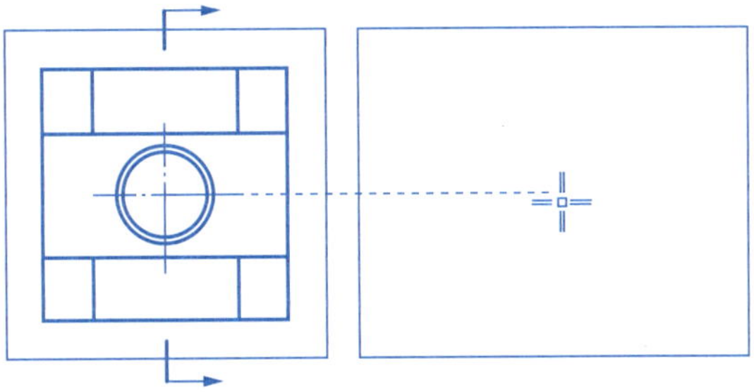

图 7-10　确定剖视图位置

（5）单击以放置简单剖视图，如图 7-11 所示。

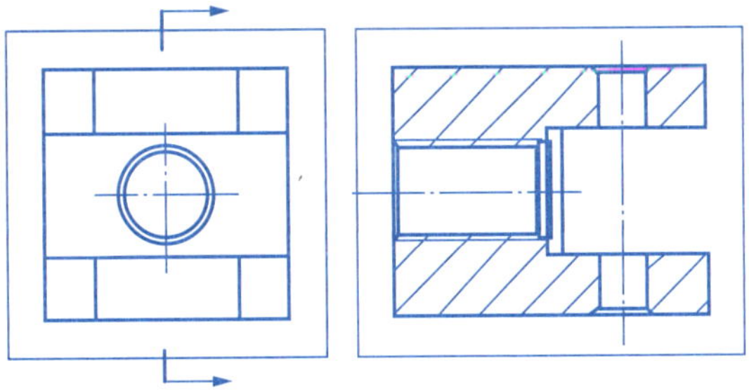

图 7-11　父视图（左）和简单剖视图（右）

“剖视图”对话框中各选项的功能见表 7-4。

表 7-4　“剖视图”对话框中各选项的功能

选　项	功　能
父项	
基本视图	选择一个不同的父视图，仅在图纸页中有一个以上可用作父视图的视图时，才可使用此选项
铰链线	
自动判断铰链线	放置剖切线，系统将假设铰链线与剖切线的方向重合
定义铰链线	基于从“自动判断的矢量”列表中选择的选项定义关联铰链线
自动判断的矢量	单击“定义铰链线”按钮后可用，可以通过选择的几何体自动判断矢量，或从“矢量构造器”列表中选择一个选项定义铰链线矢量
反向	反转剖切线箭头的方向

续表

选　项	功　能
剖切线	
添加段	在将剖切线放置到父视图中后可用，为阶梯剖视图添加剖切段
删除段	删除剖切线上的剖切段
移动段	在父视图中移动剖切线符号的单个段，同时保留与相邻段的角度和连接，可以移动剖切段、折弯段和箭头段
无第二焊脚分段	仅旋转剖视图可用，省略旋转剖切线符号的第二条支脚
移动旋转点	仅旋转剖视图可用，定义新的旋转点
放置视图	
放置视图	放置视图
方位	
剖视图方位	创建具有不同方位的剖视图，可用选项有： 正交的：生成正交的剖视图； 继承方位：生成与所选的另一视图完全相同的方位； 剖切现有视图：在所选的现有视图中生成剖切 注意：折叠剖视图和展开剖视图无法使用“剖视图方位”功能
设置	
隐藏组件	在视图中隐藏装配组件
显示组件	显示隐藏的组件
非剖切组件/实体	将组件或实体定义为非剖切
剖切组件/实体	将非剖切的组件或实体定义为剖切
剖切线样式	打开“剖切线样式”对话框，在其中修改剖切线符号参数
样式	打开“视图样式”对话框
预览	
剖视图工具	打开“剖视图”对话框
移动视图	在“剖视图”对话框打开的情况下移动现有的视图

2. 添加半剖视图

半剖视图是指当零件具有对称平面时，向垂直于对称平面的投影面上投影所得到的图形。由于半剖视图既充分表达了机件的内部形状，又保留了机件的外部形状，所以常用于表达内外部形状都比较复杂的对称机件。当机件的形状接近于对称，且不对称部分已另有图形表达清楚时，也可以利用半剖视图进行表达。需要注意的是，半剖视图的剖切线符号只包含一个箭头、一个折弯和一个剖切段。

创建给定视图的半剖视图的具体步骤如下：

（1）在“图纸”工具栏中单击“半剖视图”按钮，弹出“半剖视图”对话框。

（2）选择要剖切的父视图。

（3）单击“圆弧中心”按钮以选择剖切位置，如图7-12所示。注意：不能通过选择轮廓线指出剖切位置。

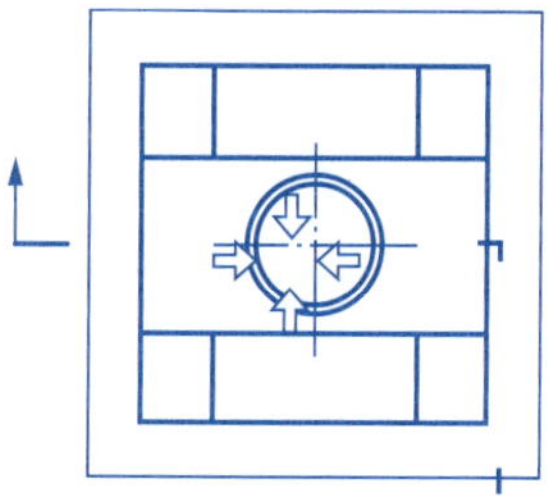

图 7-12　选择剖切位置

（4）选择放置折弯的另一个点。

（5）在父视图中移动光标以确定剖切线符号的方向，如图 7-13 所示。

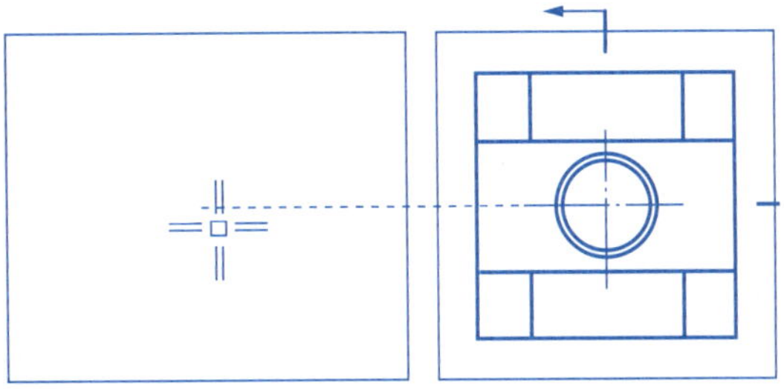

图 7-13　确定剖切线符号的方向

（6）单击以放置半剖视图，如图 7-14 所示。

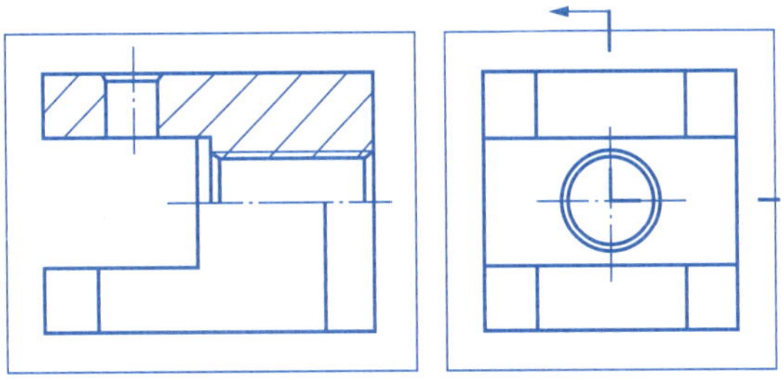

图 7-14　放置半剖视图

3. 添加旋转剖视图

用两个成一定角度的剖切面（两平面的交线垂直于某一基本投影面）剖开部件，常用于表达具有回转特征部件的内部结构的视图，称为旋转剖视图。旋转剖视图可以包含 1～2 个支架，每个支架可由若干个剖切段、折弯段等组成，它们相交于一个旋转中心点，剖切线都围绕同一个旋转中心旋转，而且所有的剖切面将展开在一个公共平面上。

创建给定视图的旋转剖视图的具体步骤如下：

（1）在“图纸”工具栏中单击“旋转剖视图”按钮，或在菜单栏中选择“插入”→“视图”→“旋转剖视图”命令，弹出“旋转剖视图”对话框。

（2）选择要剖切的父视图，如图 7-15 所示。

（3）选择一个旋转点以放置剖切线符号，如图 7-16 所示。

（4）为第一段折弯选择一个点，如图 7-17 所示。

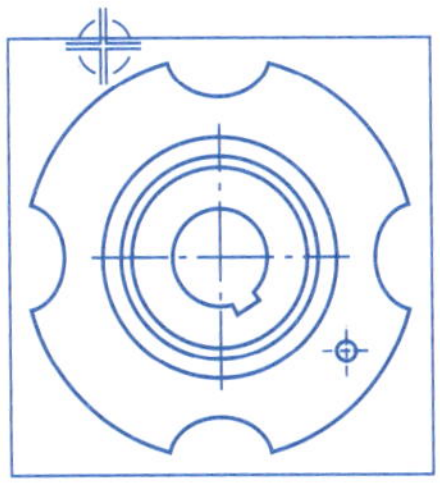

图 7-15　选择父视图

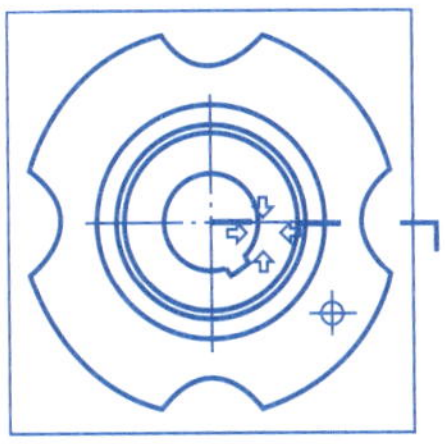

图 7-16　选择旋转点

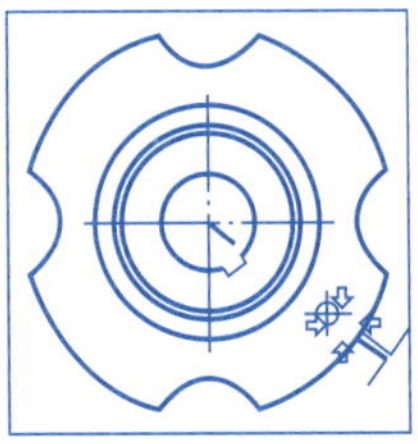

图 7-17　选择第一段折弯点

（5）选择第二段折弯的点，如图 7-18 所示。

（6）放置旋转剖视图，在本例中，添加一个附加段。

（7）在视图中右击，在弹出的快捷菜单中选择“添加段”命令。

（8）选择一条支线，如图 7-19 所示。

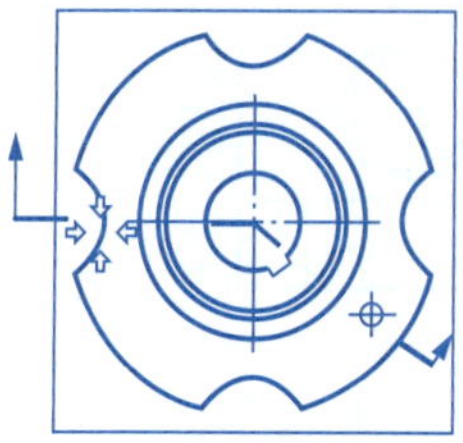

图 7-18 选择第二段折弯点

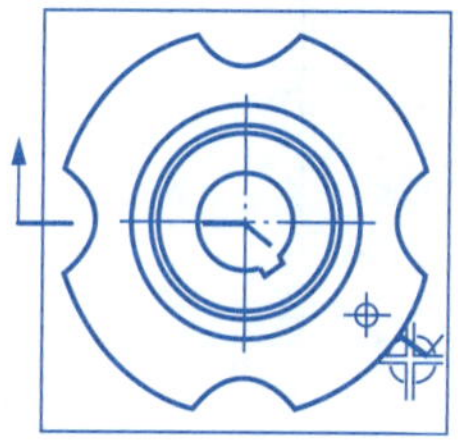

图 7-19 选择一条支线

（9）选择一个点以定义新的段，如图 7-20 所示。

（10）右击，在弹出的快捷菜单中选择“放置视图”命令，将视图拖动至所需位置并单击，以放置旋转剖视图，如图 7-21 所示。

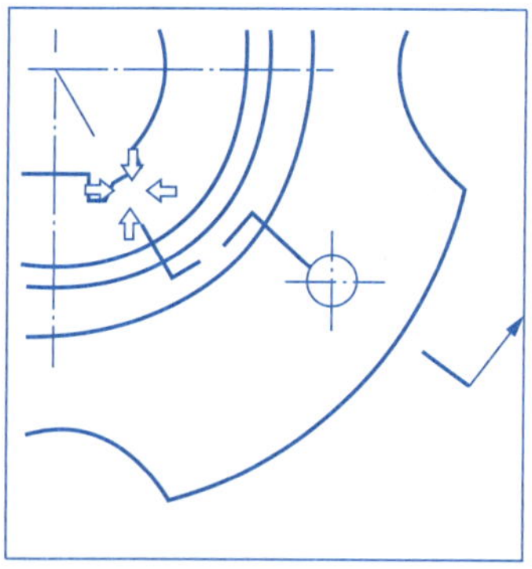

图 7-20 定义一个新段点

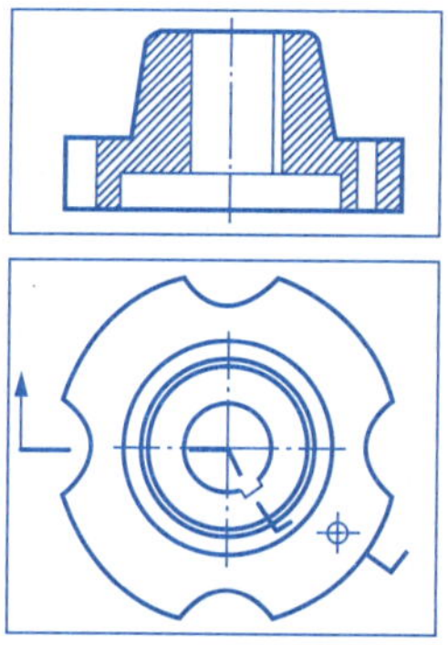

图 7-21 放置旋转剖视图

4. 添加阶梯剖视图

阶梯剖视图由通过部件的多个剖切段组成。所有的剖切段都与铰链线平行，并且通过折弯段相互附着。创建阶梯剖视图与创建简单剖视图类似，唯一的区别是通过右击并在弹出的快捷菜单中选择“添加段”命令定义剖切线要折弯或剖切通过的附加点。

创建给定视图的阶梯剖视图的具体步骤如下：

（1）打开“剖视图”对话框。

（2）选择需要剖切的视图。

（3）将动态剖切线移至需要剖切的位置，如图 7-22 所示。

（4）根据需要确定剖切方向，右击并在弹出的快捷菜单中选择“锁定对齐”命令，如图 7-23所示。

（5）右击并在弹出的快捷菜单中选择“添加段”命令。

（6）选择第二个用于放置剖切段的点，如图 7-24 所示。注意：不需要在每次选择新的剖切位置时都右击并在弹出的快捷菜单中选择“添加段”命令。

（7）添加所需的后续剖切段，如图 7-25 所示。

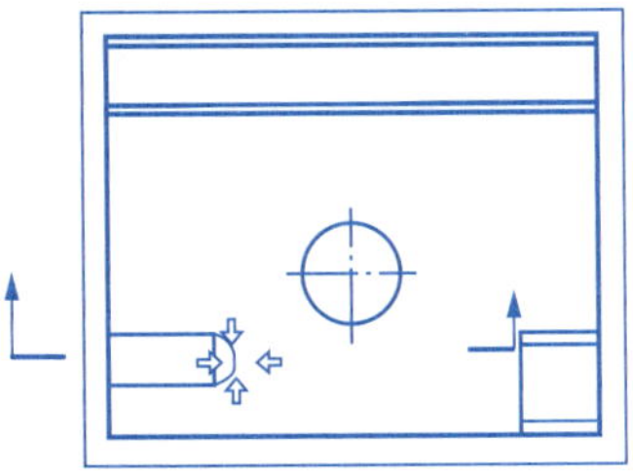

图 7-22　放置动态剖切线

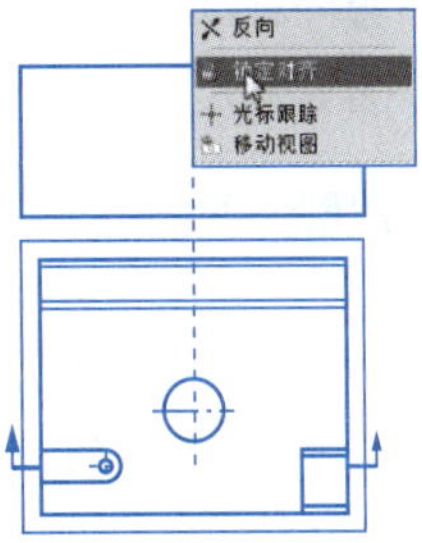

图 7-23　锁定对齐

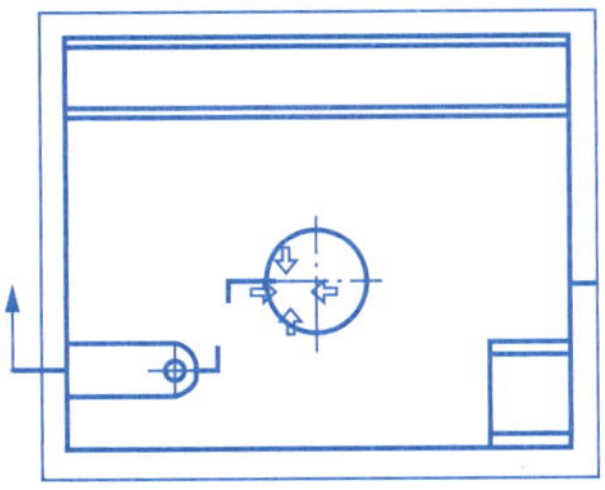

图 7-24　添加第二个剖切段

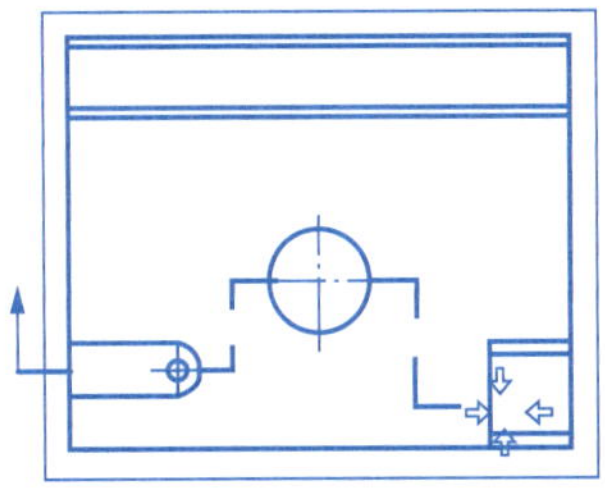

图 7-25　添加后续剖切段

（8）右击并在弹出的快捷菜单中选择“移动段”命令。

（9）在父视图中选择一个折弯段并将其拖动到新的位置，如图 7-26 所示。

（10）右击并在弹出的快捷菜单中选择“放置视图”命令，然后将光标移动到所需位置，如图 7-27 所示。

（11）单击以放置阶梯剖视图，如图 7-28 所示。

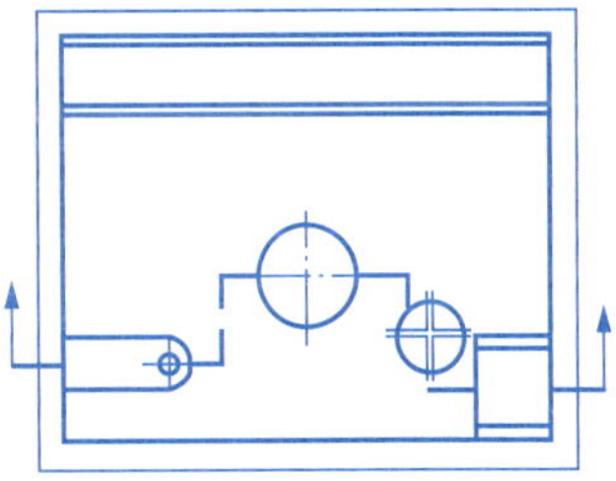

图 7-26　移动折弯段

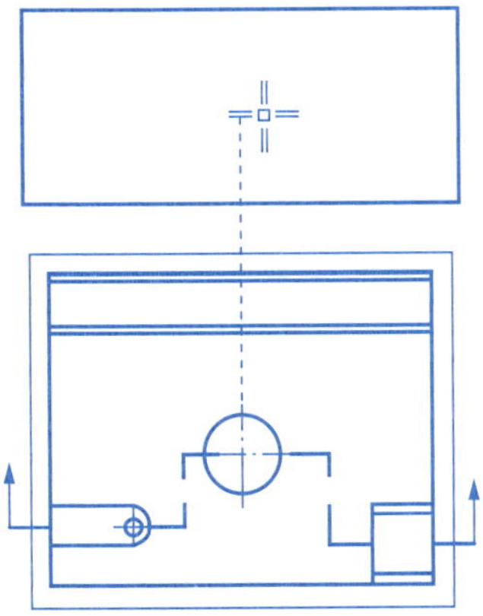

图 7-27　确定视图位置

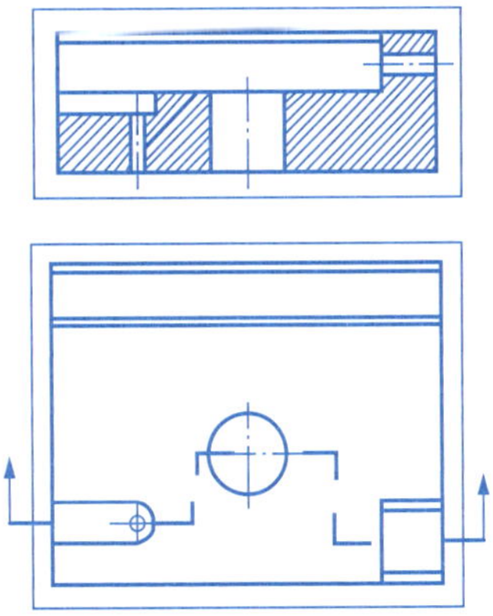

图 7-28　放置阶梯剖视图

五、添加断面图

断面图用于表达剖切面上的部件形状，与剖视图不同的是，剖切之后不需要做整体投影，而只是表达出剖切面上的结构。添加断面图与添加剖视图过程类似，唯一不同的是，在剖视图完成后，应在其“视图样式”对话框的“截面线”选项卡中取消选中“背景”复选框，如图 7-29 所示。

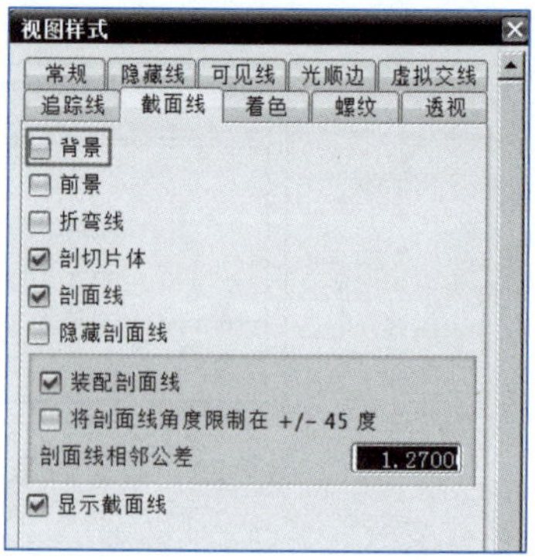

图 7-29　为断面图设置样式

六、添加局部剖视图

局部剖视图允许用户通过移除部件的某部分外部区域查看其部件内部。局部剖切区域定义为一个边界为曲线的闭环。对于局部剖命令，在应用时有一些限制需要注意：

（1）只有局部剖视图的平面剖切面才可以添加剖面线。

（2）可以使用草图曲线或基本曲线创建局部剖边界，但草图曲线通常适用于二维图纸平面，如果需要在其他平面中创建边界曲线，必须展开视图并创建基本曲线。

（3）通过拟合方法创建的样条对局部剖视图边界不可选，如果希望使用样条作为局部剖视图的边界曲线，则这些样条必须是使用“通过点”或“根据极点”命令创建的。

（4）用于定义基本点的曲线不能用作边界曲线。

（5）不能选择旋转视图作为局部剖视图的候选对象。

创建给定视图的局部剖视图的具体步骤如下：

（1）右击视图，在弹出的快捷菜单中选择“扩展成员视图”命令，即可展开制图视图。

（2）在“曲线”工具栏中创建与视图相关的曲线以表示局部剖的边界，如图 7-30 所示。注意：对于仅需要简单正交局部剖的局部剖视图，不需要展开视图即可添加曲线。可以右击并在弹出的快捷菜单中选择“活动草图视图”命令，然后添加草图曲线以定义局部剖边界。也可以创建一组封闭曲线或一条开放曲线，系统在创建过程中自动闭合边界，此时将单条样条放置在视图中，可在部件上标识出局部剖的范围。

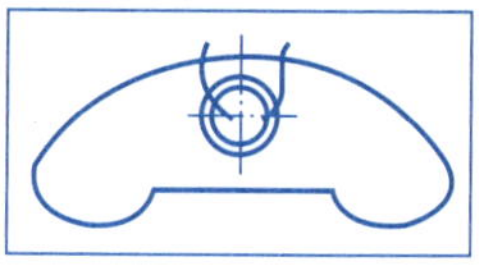

图 7-30　在扩展视图中添加局部剖边界

（3）右击视图背景，在弹出的快捷菜单中选择“展开”命令，即可展开制图视图，如图 7-31 所示。

（4）在“图纸”工具栏中单击“局部剖视图”按钮，或在菜单栏中选择“插入”→“视图”→“局部剖视图”命令，弹出“局部剖”对话框。

（5）选择已经添加了局部剖曲线的视图，如图 7-32 所示。

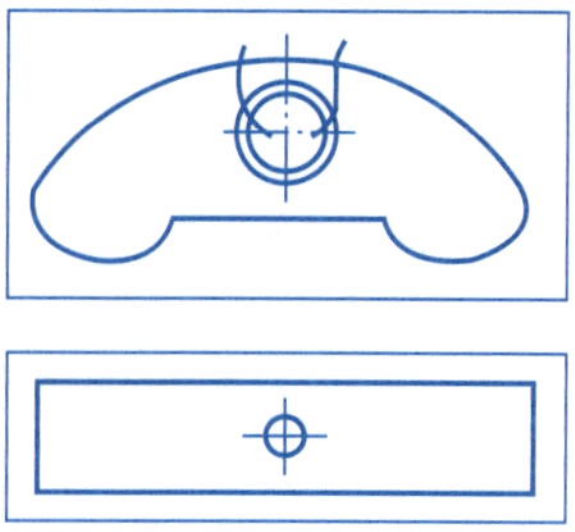

图 7-31　添加边界后展开

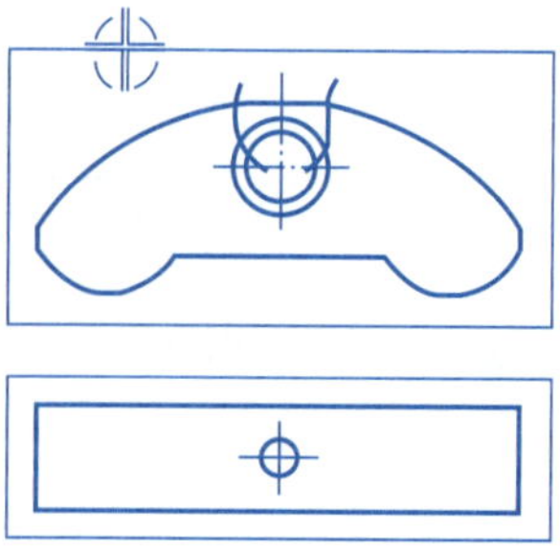

图 7-32　选择视图以创建局部剖视图

(6) 从图纸页上的任意视图中选择一个基点，如图 7-33 所示。视图中显示基点和默认拉伸方向，如图 7-34 所示。

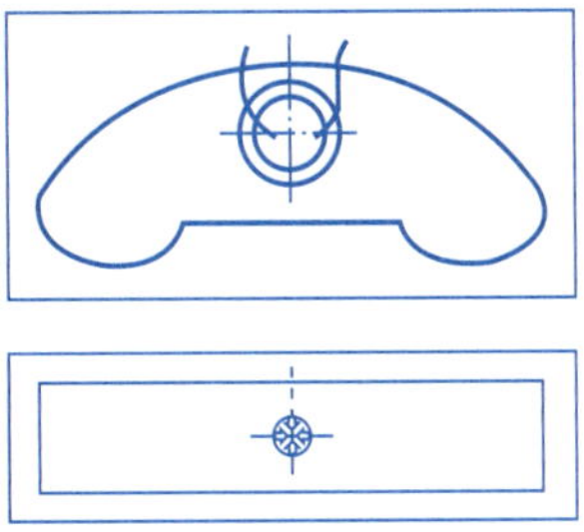

图 7-33　选择局部剖基点

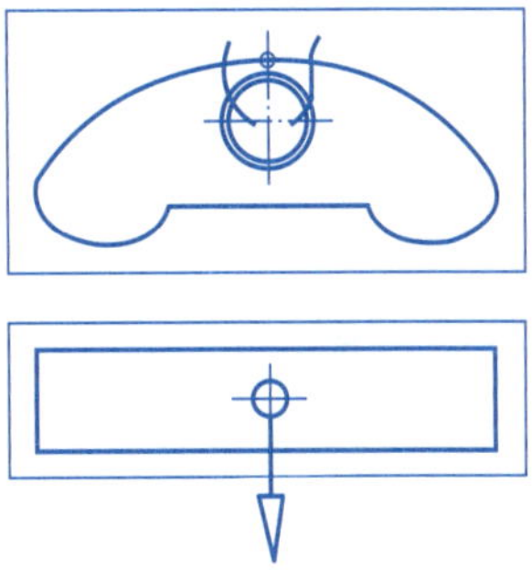

图 7-34　局部剖视图的基点和拉伸方向

(7) 如果默认的视图法向矢量不符合要求，必要时可以使用矢量反向或从“矢量构造器”列表中选择一个选项以指定不同的拉伸矢量。

(8) 单击鼠标中键跳转至“选择曲线”选项。

(9) 选择绘制的局部剖边界曲线，如图 7-35 所示。

(10) 单击鼠标中键使局部剖边界曲线变为可调整状态，如图 7-36 所示。

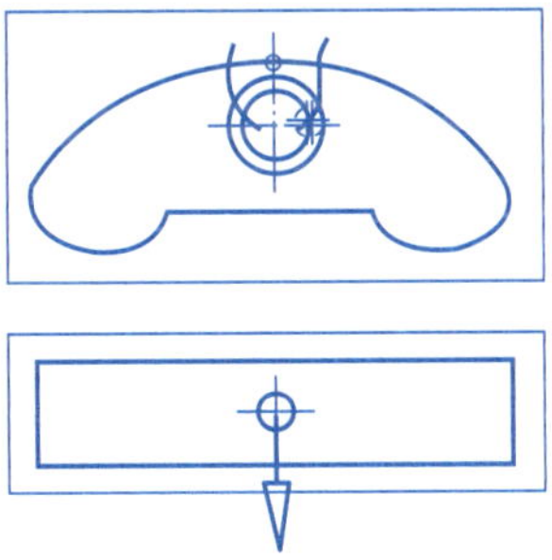

图 7-35　选择局部剖边界曲线

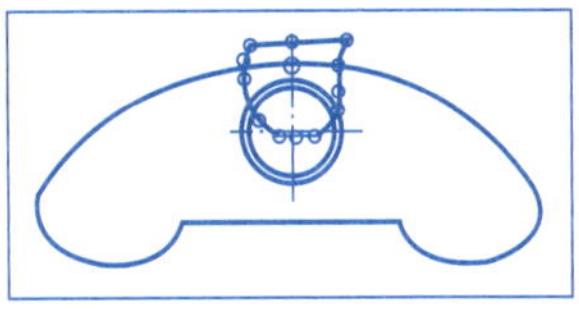

图 7-36　可调整状态的局部剖边界曲线

(11) 选择作图线，对局部剖边界进行调整，如图 7-37 所示，顶点会在选定点处断开作图线。

(12) 将顶点拖出，使得视图内要被局部剖切的区域闭合，作图线与顶点以橡皮筋式捆绑在一起，如图 7-38 所示。

(13) 单击“应用”按钮，创建局部剖视图，如图 7-39 所示。

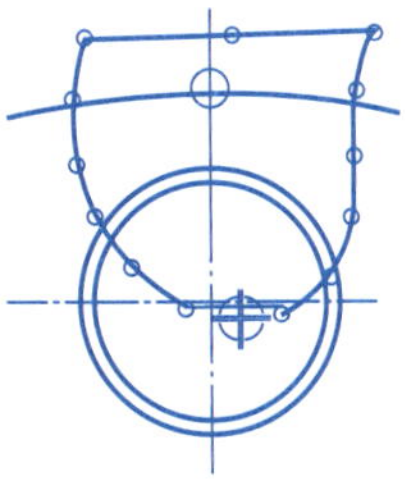

图 7-37　调整局部剖边界

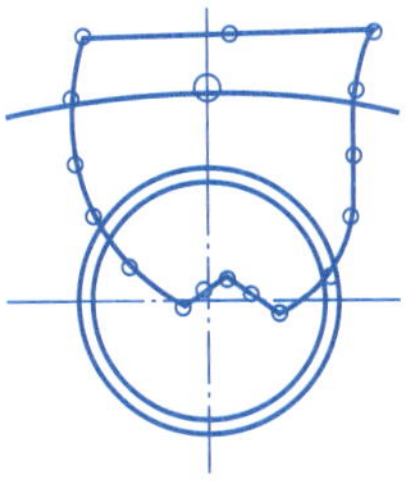

图 7-38　调整的局部剖边界

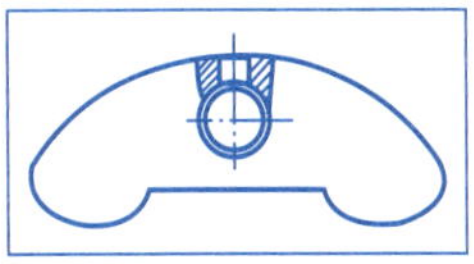

图 7-39　创建局部剖视图

7.4 视图对象的编辑

视图对象的编辑主要包括以单个视图整体为编辑对象和以视图中具体线条为编辑对象两大类，前者包括制图样式编辑、剖切线编辑和视图的删除等功能；后者包括实现具体线条的添加、删除和移动的视图相关编辑功能。

一、编辑制图视图

使用“视图样式”对话框可编辑制图视图的外观和常规属性。使用以下任意一种方法打开“视图样式”对话框：

（1）双击视图边界。

（2）在部件导航器中右击视图节点，在弹出的快捷菜单中选择“样式”命令。

（3）右击一个或多个视图边界，在弹出的快捷菜单中选择“样式”命令。

（4）单击“制图编辑”工具栏中的“编辑样式”按钮，然后从图纸页中选择一个或多个视图。

（5）高亮显示视图边界，按住鼠标右键，然后单击工具栏中的“编辑”按钮，弹出“编辑”对话框，单击“视图样式”按钮。

（6）在菜单栏中选择“编辑”→“样式”命令，然后从图纸页或部件导航器中选择一个或多个视图。

二、编辑剖切线

剖切线符号包含剖切段、箭头段和折弯段，如图 7-40 所示。

剖切段是剖切线上用于定义剖切面的部分，通常由用户手工放在视图上。

箭头段定义查看截面的视觉方向。视图中显示的箭头类型随使用的符号标准改变，箭头段始终垂直于剖切段，如果没有手工放置箭头段，系统将根据“剖切线首选项”对话框中边界到箭头的距离值自动放置箭头段。

折弯段用于相互连接剖切段，多条剖切段通过折弯段彼此相连，折弯段允许通过视图中要剖切的部件的不同特征连接多个剖切段。折弯段垂直于剖切段，如果没有手工放置折弯段，系统会自动将其放在两个剖切位置的中点处。旋转剖视图的折弯段为圆形。

在剖切段不是简单水平或竖直的情况下给出剖切线时往往需要先给出铰链线。铰链线是父视图中用于定位剖视图剖切位置的线性参考，如图 7-41 所示。

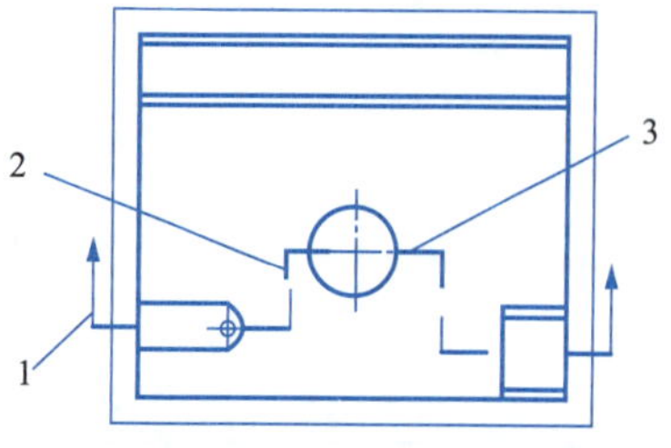

1—箭头段；2—折弯段；3—剖切段。

图 7-40 剖切线符号的分段

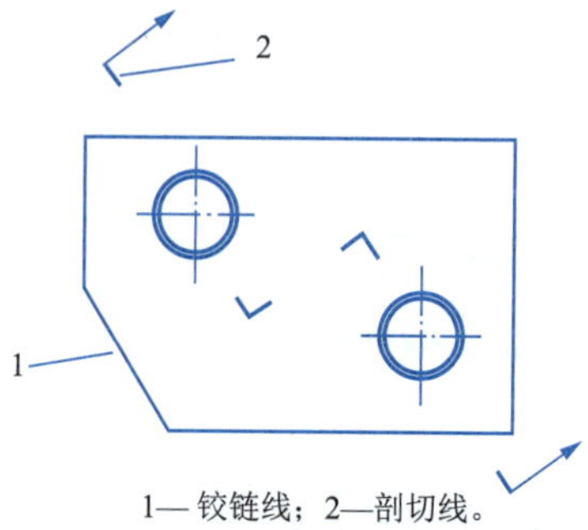

1— 铰链线；2—剖切线。

图 7-41 铰链线与剖切线

铰链线的常用操作有以下三种：

(1)“自动判断铰链线”⊠：可以通过在父视图中定向剖切线的剖切段自动判断铰链线，是 UG 剖视图中的默认操作方式。系统总是假定第一剖切段和铰链线重合，任何后续添加到该剖切线上的剖切段都与第一条剖切段（即铰链线）平行。

(2)“定义铰链线”⊠：可以通过选择父视图中的模型几何体手工定义铰链线。单击“定义铰链线”按钮后，从“自动判断的矢量”列表中选择两个点、一个面、一条边或多个轴向以定向铰链线，铰链线与选择的几何体关联，并将随模型更新而改变方位；同样，剖切段位置也会进行更新，以保持与铰链线平行。

(3)“反向”⊠：对自动判断的铰链线或关联的铰链线镜像箭头方向。

对剖切线的常用编辑主要包括：重新定义现有铰链线、添加、删除或移动剖切线分段、移动旋转剖视图的旋转点等。

1）添加

(1) 右击需要修改的剖切线，在弹出的快捷菜单中选择“编辑”→“添加段”命令。

(2) 使用适当的点构造器选项放置新段。

(3) 单击“应用”按钮更改当前选中的剖切线，然后更新剖视图。

2）删除

(1) 右击需要修改的剖切线，在弹出的快捷菜单中选择“编辑”→“删除段”命令。

(2) 选择要删除的段。对于点对点展开的剖面线，选择靠近要删除的点的段。

(3) 单击“应用”按钮更改当前选中的剖切线，然后更新剖视图。

注意：该功能不能用于删除整条剖切线。要删除剖切线，必须删除与之关联的剖视图。

3）移动

移动剖切段功能允许在保持与相邻分段的角度和连接的同时移动剖切线的单个分段，可移动的分段包括剖切段、折弯段和箭头段：

(1) 右击需要修改的剖切线，在弹出的快捷菜单中选择“编辑”→“移动段”命令。

(2) 选择要移动的段。使用适当的点构造器选项指出段的新位置。

(3) 单击“应用”按钮更改当前选中的剖切线，然后更新剖视图。

移动界面线旋转点用于编辑旋转剖视图的旋转点：

(1) 右击需要修改的旋转剖切线，在弹出的快捷菜单中选择“编辑”→“移动旋转点”命令。

(2) 使用适当的“点构造器”选项在部件上指出旋转点的新位置。

(3) 单击“应用”按钮更改当前选中的剖切线，然后更新剖视图。

三、对不剖切零件的处理

制图标准规定：对于螺栓、销、轴、加强筋等零件或几何体，即使剖切平面通过它们，通常也不做剖切处理，那么在 UG 中如何实现呢？

对于装配图上单独的螺栓、销、轴等按规定不剖的零件，可在菜单栏中选择“编辑”→“视图”→“视图中剖切”命令，弹出“视图中剖切”对话框，如图 7-42 所示。

该对话框要求在“视图”选项组中选择零件不剖的视图，如图 7-43 所示，然后在“体或组件”选项组中选择不希望被剖切的零件（可以多个），如图 7-44 所示，选中“变成非剖切”单选按钮，单击“确定”按钮，在视图边界上右击，在弹出的快捷菜单中选择“更新”命令，如图 7-45 所示。

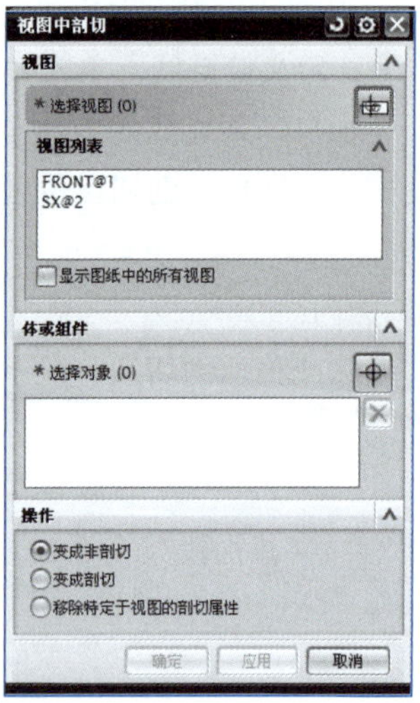

图 7-42 “视图中剖切”对话框

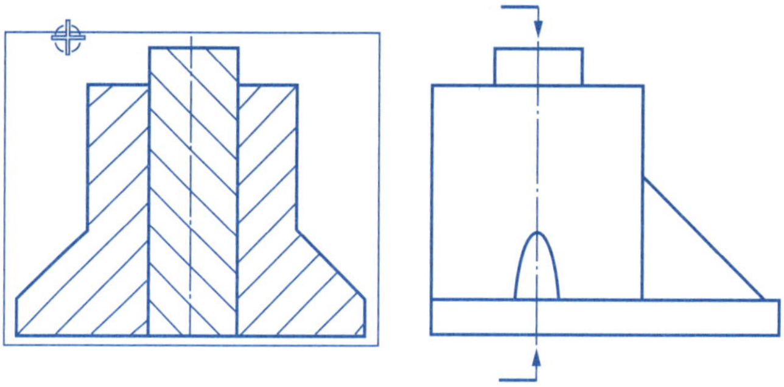

图 7-43 选择有不剖切零件的视图

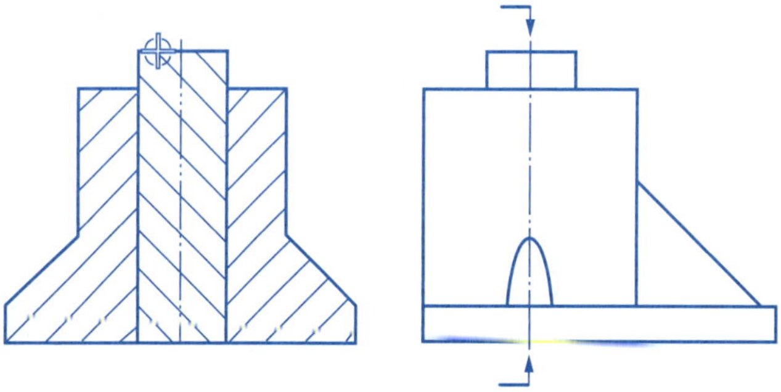

图 7-44 选择不剖切的零件

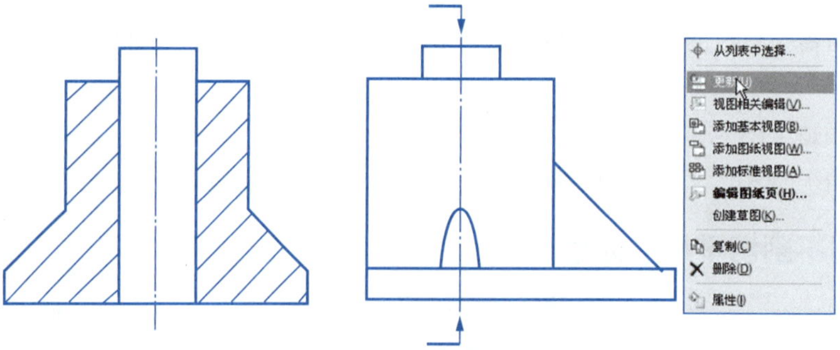

图 7-45 更新视图

对于零件图上的加强筋等不剖切部分，则不能使用上述方法，只能通过手工重新定义剖面线边界实现，如图 7-46 所示。

具体步骤如下：

（1）在剖面线上右击，在弹出的快捷菜单中选择“隐藏”命令，将要改动的剖面线隐藏，如图7-47所示。

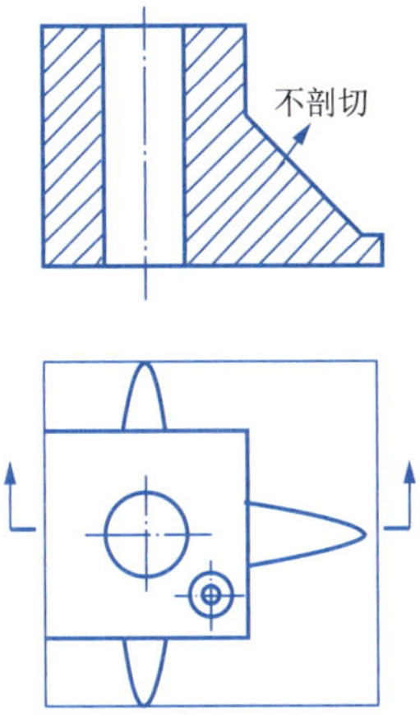

图7-46 加强筋的剖切

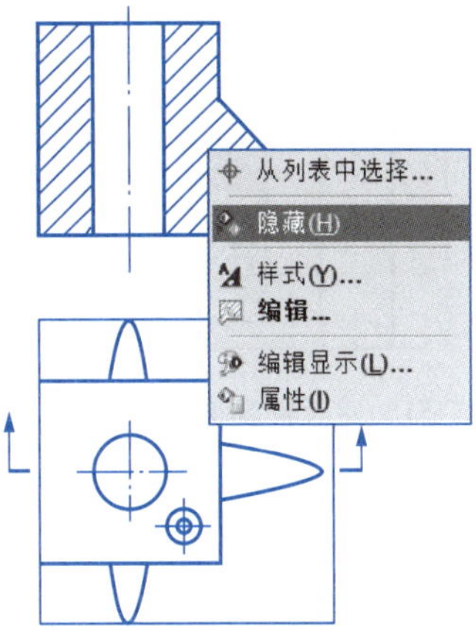

图7-47 隐藏剖面线

（2）在视图边界上右击，在弹出的快捷菜单中选择“展开”命令，将包含不剖加强筋的视图展开，如图7-48所示。

（3）利用“曲线”工具栏绘制加强筋的边界，然后通过右键快捷菜单中的“扩展”命令返回图纸页，如图7-49所示。

（4）单击“注释”工具栏中的“剖面线”按钮，弹出“剖面线”对话框，如图7-50所示。

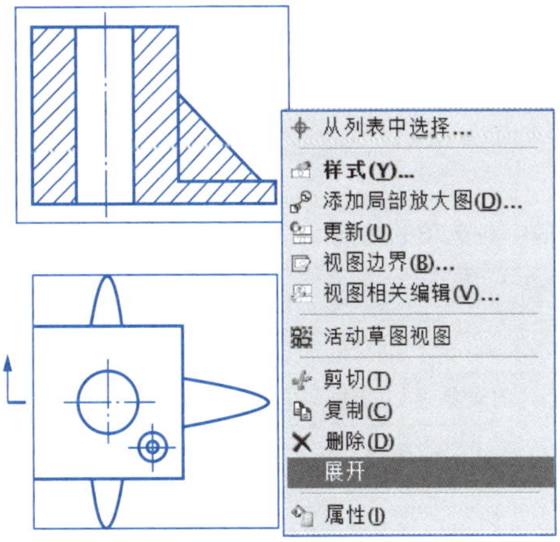

图7-48 展开视图

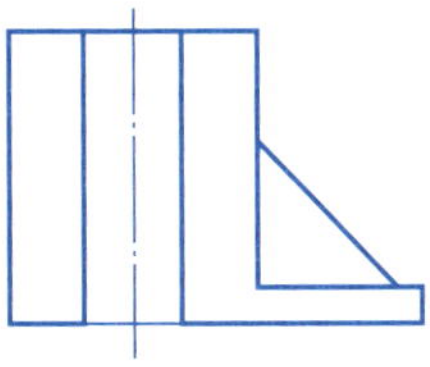

图7-49 绘制新边界

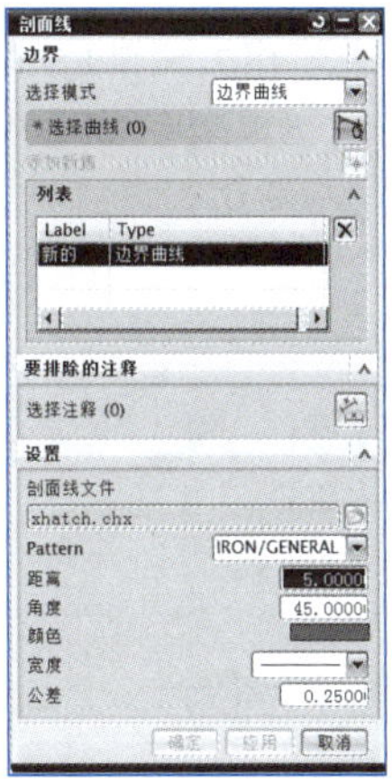

图7-50 “剖面线”对话框

（5）选择新的剖面线边界线，如有必要可在“设置”选项组中设定新的剖面线参数，如图7-51所示。

（6）单击“确定”按钮完成，如图7-52所示。

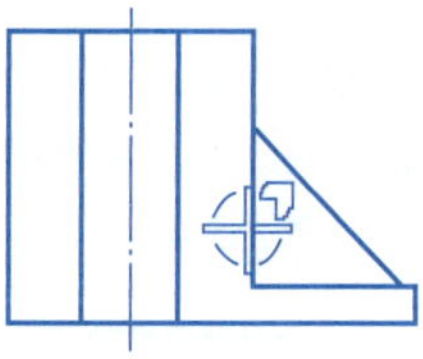

图 7-51　定义新剖面线边界

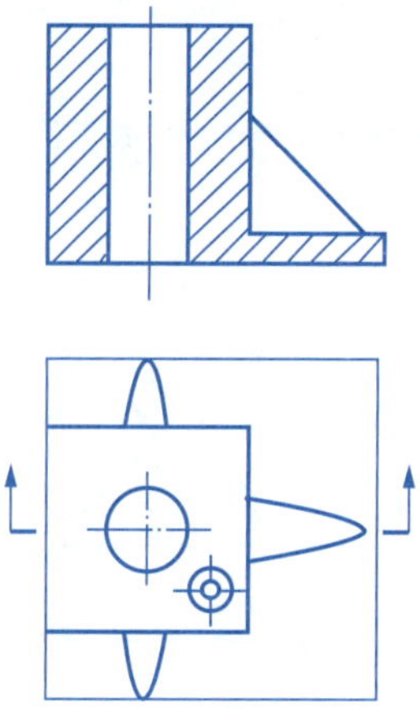

图 7-52　不剖切的加强筋

四、删除制图视图

可使用以下任意一种方法从图纸中删除视图：

（1）高亮显示视图边界，按住鼠标右键，然后单击工具栏中的“删除”按钮☒。

（2）在菜单栏中选择“编辑”→“删除”命令，然后从图形窗口或部件导航器中选择一个或多个制图视图。

（3）从图形窗口或部件导航器中选择一个或多个制图视图，右击并在弹出的快捷菜单中选择“删除”命令。注意：从图纸中删除某个视图时，所有的视图相关对象也会同时删除。

五、视图相关编辑

视图相关编辑是对工程图做具体到单个线条级别的更为详细的编辑。在菜单栏中选择“编辑”→“视图”→“视图相关编辑”命令，弹出“视图相关编辑”对话框，其中各选项的功能见表 7-5。

表 7-5　“视图相关编辑”对话框中各选项的功能

选　项	功　能
添加编辑	
擦除对象	从选定的制图视图或图纸页中擦除完全几何对象（如曲线、边、样条等）
编辑完全对象	在选定的视图或图纸页中编辑完全几何对象（如曲线、边、样条等）的颜色、线型和宽度
编辑着色对象	控制制图视图中对象的局部着色和透明度
编辑对象段	在选定的视图或图纸页中编辑对象段的颜色、线型和宽度
编辑剖视图背景	有选择地控制面或体在剖视图背景中的可见性。注意：此选项仅可用于剖视图，且必须在“视图样式”对话框的“截面”选项卡中选中“背景”复选框
删除编辑	
删除选择的擦除	删除之前通过使用“擦除对象”选项应用于对象的擦除

续表

选　项	功　能
删除选择的编辑	在图纸页或制图视图中有选择地删除对对象所做的视图相关编辑
删除所有编辑	在图纸页或制图视图中删除之前对对象所做的所有视图相关编辑
转换相关性	
模型转换到视图	将模型中存在的某些对象（模型相关）转换为单个制图视图中存在的对象（视图相关），包括未关联的曲线、未引用的曲线、点、图样、尺寸标注和其他制图对象。注意：不能转换引用的曲线（如带有关联尺寸的线）和关联的曲线
视图转换到模型	将单个制图视图中存在的某些对象（视图相关对象）转换为模型对象，包括未关联的曲线、未引用的曲线、点、图样、尺寸标注和其他制图对象。注意：不能在制图视图和模型之间传递注释，但可以传递在模型视图中直接创建的2D制图注释。通过在视图中右击并在弹出的快捷菜单中选择“扩展成员视图”命令，或通过单击“关闭视图”→“显示图纸页”按钮，可以直接在模型视图中创建2D制图注释
线框编辑	
线条颜色	更改选定对象的颜色
线型	更改选定对象的线型
线宽	更改几何对象的线宽
着色编辑（在编辑着色对象选中时可用）	
着色颜色	选择着色颜色
局部着色	提供以下选项： 无更改：有关此选项的所有现有编辑将保持不变； 原始：移除有关此选项的所有编辑，将对象恢复到原始的设置； 否：从选定的对象禁用此编辑设置； 是：将局部着色应用于选定的对象
透明度	提供以下选项： 无更改：保留当前视图的透明度； 原始：移除有关此选项的所有编辑，将对象恢复到原始的设置； 否：从选定的对象禁用此编辑设置； 是：允许使用滑块定义选定对象的透明度
透明度滑块	控制透明程度

六、视图的更新

UG允许用户随时对实体模型进行更改，即使在工程图纸上已经放置了各类视图，仍然可以通过“更新视图”命令手动更新制图视图，以反映自上次更新视图以来模型所发生的更改。更新视图时，将更新选定的过时视图，并重新生成选定的最新视图（包括所有轮廓线和隐藏线）。

除了实体模型的更改，一些对于视图对象可见性的更改，或关联视图方位、关联视图边界曲线、关联铰链线的更改也会造成图纸过时，需要手动更新视图。

如果当前显示的图纸或者它的任何视图不是最新的，则会在图纸名（位于图纸显示的左下角）旁边显示“过时的”这一信息。

7.5 工程图标注

在完成视图的创建与布置后，通常还要对图样进行标注和注释。本节介绍如何使用 UG 制图模块的功能完成零件图和装配图所需的各类标注及操作步骤。

一、添加中心线

如果不做任何特殊的设置，UG 会自动为所有现有视图中的孔、销或轴等特征创建中心线，而对于槽等特征则不会自动创建中心线，对于圆形排列的空隙，则只是为每个孔创建一条线性中心线，同时 UG 不保证自动中心线在过时视图上是正确的。这就需要用户手动为不符合设计意图的中心线进行重新标注。

选择“中心标记”命令打开“中心标记”对话框，在其中手动创建孔轴特征的中心标记。通过单个点或圆弧的中心标记称为简单中心标记，如图 7-53 所示。

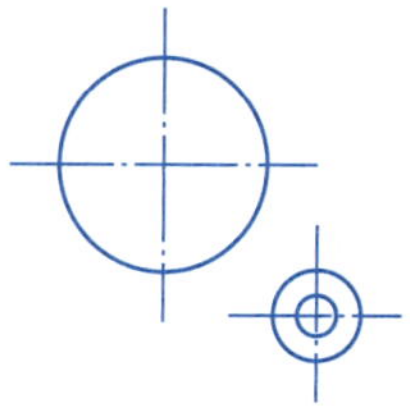

图 7-53 简单中心标记

选择“螺栓圆中心线”命令创建通过点或圆弧的完整或不完整螺栓圆。螺栓圆的半径始终等于从螺栓圆中心到选择的第一个点的距离。螺栓圆符号是通过以逆时针方向选择圆弧进行定义的。下面以创建完整螺栓圆中心线为例介绍关键步骤：

（1）在“注释”工具栏的“中心线”下拉列表中单击“螺栓圆中心线”按钮，弹出“螺栓圆中心线”对话框，如图 7-54 所示。

（2）在该对话框的“类型”下拉列表中选择“中心点”选项。

（3）在“放置”选项组中，勾选“整圆”复选框。

（4）选择一个圆弧中心和一条圆弧，如图 7-55(a)所示。

（5）单击“确定”按钮，生成完整螺栓圆中心线，如图 7-55(b)所示。

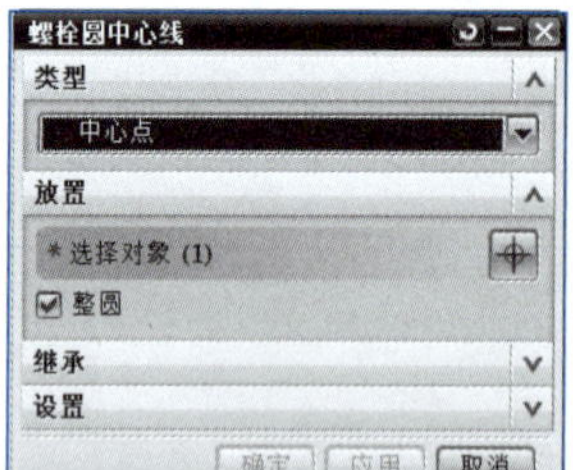

图 7-54 “螺栓圆中心线”对话框

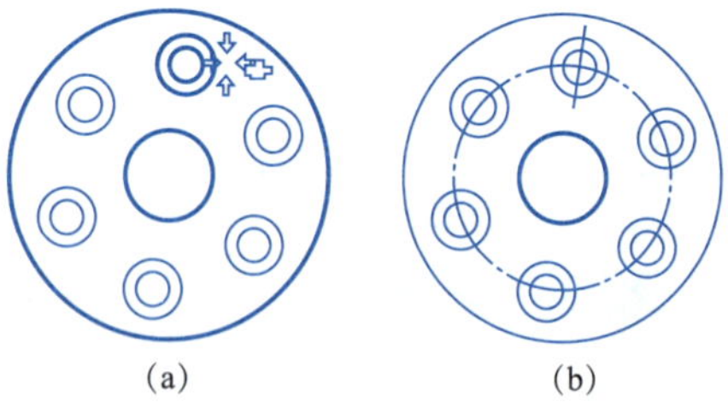

图 7-55 创建完整螺栓圆中心线

若在图 7-54 所示对话框中取消勾选“整圆”复选框，然后给出圆弧中心和圆弧起止点，可创建不完整螺栓圆中心线。

选择“2D 中心线”命令可以创建两条曲线或直线的中心线，具体步骤如下：

（1）在“注释”工具栏的“从中心线”下拉列表中单击“2D 中心线”按钮，弹出“2D 中心线”对话框。

（2）在该对话框的“类型”下拉列表中选择“从曲线”选项。

（3）在第 1 侧中选择一条曲线。

（4）在第 2 侧中选择另一条曲线，如图 7-56 所示。

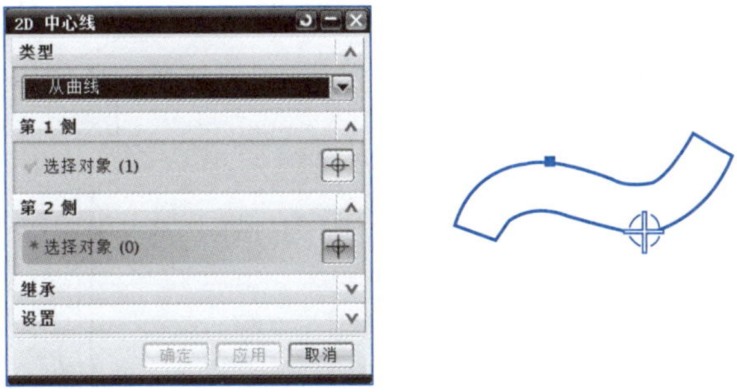

图 7-56　曲线中心线的创建

（5）单击“确定”按钮，完成曲线中心线的创建，如图 7-57 所示。

在图 7-56 所示对话框中，如果在“类型”下拉列表中选择“根据点”选项，则系统自动以直线方式连接指定的点，形成中心直线。此种情况对于非直线情况不适用，如图 7-58 所示。

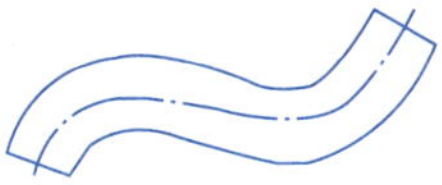

图 7-57　曲线中心线

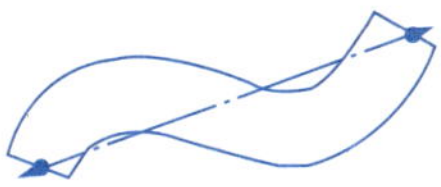

图 7-58　2D 中心线不适用于曲线

二、标注注释

在绘制机械工程图时，对于不能在视图上通过符号表达的技术要求，通常需要在图上给出文字说明，这也是制图中的一项重要内容，“注释”对话框提供的创建和编辑注释及标签功能可以帮助用户完成此类工作。注释由文本组成，通常用于编写技术要求；标签由文本以及一条或多条指引线组成，通常用于对模型的局部特征给出特别说明。

创建注释的步骤如下：

（1）在菜单栏中选择“插入”→“注释”→“注释”命令，或单击“注释”工具栏中的“注释”按钮，弹出“注释”对话框，如图 7-59 所示。

（2）在该对话框“文本输入”选项组的文本框中输入所需的文本，为了使输入的汉字能够被正确显示，输入文本前，应先在“格式化”选项组中将字体设为 chinesef。输入的文本将显示在图形窗口中的光标处。

（3）将光标移动至所需位置并单击以放置注释。

创建标签的步骤如下（注意与注释的区别）：

（1）打开“注释”对话框。

（2）在该对话框“文本输入”选项组的文本框中输入所需的文本。

（3）将光标置于几何体上。

（4）单击并拖动以创建指引线，如图 7-60 所示（若要创建多条指引线，应在不同的几何体上单击并拖动）。

图 7-59　“注释”对话框

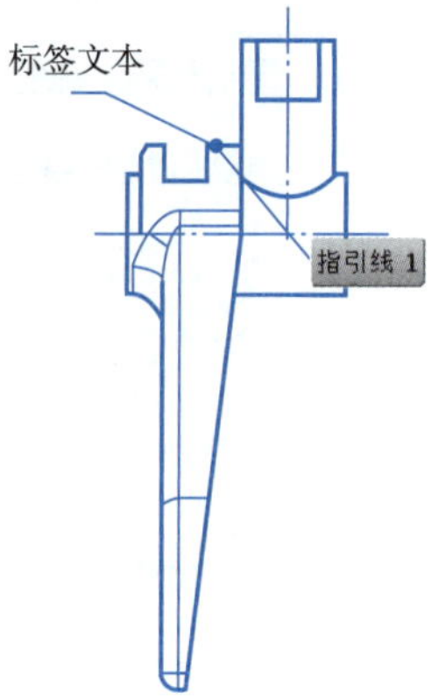

图 7-60　拖动以创建标签文本

（5）再次单击，将标签放置于图纸上。

提示：用户可以随时将光标置于某个注释上，单击并拖动选定的注释，松开鼠标放置注释。

“注释”对话框中各选项的功能见表 7-6。

表 7-6　“注释”对话框中各选项的功能

选　项	功　能
原点	
指定位置	用于在指定位置放置注释或标签 （1）单击可放置注释（仅限文本）； （2）单击并拖动可放置标签，指引线将指向单击位置，文本将被放在拖动释放的位置
文本输入	
清除	清除编辑窗口中的所有文本
删除文本属性	根据光标的位置移除文本属性标记（属性代码由“ < >”括住） （1）当光标位于一对属性标记之间时，移除此对标记； （2）当光标位于嵌套的属性标记之间时，移除最里面的一对标记； （3）当光标未在属性标记对之间时，将移除光标位置左边的第一个属性标记
选择下一个符号	从光标位置选择下一个符号或由“ < >”括住的属性，文本窗口将根据需要进行滚动，以便显示选定的文本符号
格式化	
“字体”下拉列表	在系统字体目录中列出由 UGII_CHARACTER_FONT_DIR 环境变量指定的所有字体
“字符比例因子”下拉列表	列出一组字符大小比例因子，通过选择不同比例因子改变插入字符的大小
文本输入框	显示用户输入的文本或添加的符号
符号	
类别按钮	显示相应的符号按钮和选项

续表

选 项	功 能
制图	制图符号
形位公差	形位公差符号，可用的符号视所选公差标准而定。单击“验证”按钮，系统可根据选定的标准检查文本语法
分数	可插入上部和下部文本字段内容的代码，在注释中构成分数或两行文本。分数要求在两个文本字段中都输入文本；两行文本可从任一或两个文本字段中的文本创建。 选择一个分数类型按钮，包括 2/3 高度、3/4 高度、全高、两行文本
用户定义	允许将用户定义的符号插入编辑区域，符号可以来自两种类型的资源： （1）显示部件中包含的符号； （2）位于当前目录或实用工具目录中的符号文件所包含的符号。 可以用以下两种方法之一指定定制符号的大小： （1）：比例和宽高比将按照比例因子直接缩放符号高度，并按照高度乘宽高比的值缩放符号宽度； （2）：长度和高度直接应用指定的距离值以达到符号大小。 当插入定制符号时，符号大小将应用到文本中的所有符号；符号大小的代码在文本窗口中不显示。单击“插入符号”按钮可插入选定符号的代码
关系	表达式、部件属性和对象属性的关联性按钮，单击即可弹出可向文本窗口插入关联控制字符的对话框
导入/导出	
插入文件中的文本	将操作系统文本文件中的文本插入当前光标位置
注释另存为文本文件	将文本框中的当前文本另存为 ASCII 文本文件
设置	
样式	打开“注释样式”对话框，为当前注释或标签设置文字首选项
竖直文本	当选择竖直文本时，在编辑窗口中从左到右输入的文本将从上到下显示，在编辑窗口中输入的新行将在之前的列的左边显示为新列。 注意：只有注释文本才能以竖直方向显示，不支持标签、尺寸或其他任何制图文本
斜体角度	相应字段中的值将设置斜体文本的倾斜角度
粗体宽度	设置粗体文本的宽度
文本对齐	在编辑标签（文本带有指引线）时，可指定指引线短画线与文本和文本下画线对齐，选项包括： 顶部； 中间； 底部； 在底部下面，延伸至最长； 在底部下面，延伸至最长，下画线； 在底部下面； 在底部下面，下画线； 在顶部下面，延伸至最长； 在顶部下面，延伸至最长，下画线； 在顶部下面； 在顶部下面，下画线

零件图是用于表达零件加工技术要求的图纸，也就是说，只要根据零件图，虚拟的三维实体就可以被加工成真实的实物。因此零件图的标注内容除了表明该零件的结构特征，还要表明对于材料、加工工艺、性能及检验指标的要求。

三、尺寸的标注

尺寸标注用于标识实体上几何特征的尺寸大小及加工允许的误差范围。由于UG工程图模块和三维实体造型模块是完全关联的，因此在工程图中进行尺寸标注就是直接引用三维模型真实的尺寸，最好不要像二维软件中那样对尺寸进行随意改动，虽然UG允许这种改动，但此类改动并不与实体模型有反向关联，也就是说，一旦实体模型发生改变，标注在图纸上的尺寸可能出现错误或丢失。所以如果要改动零件中的某个尺寸参数，最好在三维实体模型中修改。一旦三维模型被修改，工程图中的相应尺寸会自动更新，即可保证工程图与模型的一致性。

UG提供了19种尺寸类型用于零件视图上尺寸的标注，其中14种为基本尺寸标注类型，4种为尺寸链标注类型，1种为坐标尺寸；另外提供了自动判断尺寸功能。

不同尺寸标注类型对应相似的“尺寸标注”对话框，其中各选项的功能见表7-7。

表7-7 “尺寸标注”对话框中各选项的功能

选项	功能
值	
公差类型	控制尺寸公差值的显示，可从可用公差类型的列表中选择
主名义精度	设置主名义值的精度（小数点后0~6位）。如果首选项格式为分数，则选项将以分数精度值显示
公差	
公差值	控制创建尺寸时的上限和下限公差值，上限公差和下限公差可以是正数，也可以是负数
公差精度	设置主公差的精度（小数点后0~6位）
文本	
文本编辑器	打开“文本编辑器”对话框输入符号和附加文本
设置	
尺寸样式	打开“尺寸样式”对话框，显示应用于尺寸的属性页
重置	将局部首选项重设为部件中的当前设置，并清除附加文本
驱动	
驱动	仅适用于草图尺寸，可指出应将尺寸视为驱动草图尺寸还是视为文档尺寸

尺寸标注的具体步骤如下：

（1）在“尺寸”工具栏中单击“自动判断”按钮，或在菜单栏中选择“插入”→“尺寸”→“自动判断”命令，此时将显示“自动判断尺寸”对话框。为了便于捕捉点，可设置所需的“捕捉点”选项。

（2）选择一条直线，然后选择第二条直线。

（3）根据光标拖动的方向，可创建不同的尺寸类型。如果以平行于所选直线的方向拖动光标，会创建一个平行尺寸；如果沿水平方向拖动光标，会创建一个竖直尺寸；如果沿竖直方向拖动光标，会创建一个水平尺寸，如图7-61所示。

如果需要标注带有公差的尺寸，则需要选择合适的“公差类型”，然后设置“公差精度”，再单击“公差值”按钮，在弹出的输入框中输入正确的公差值，如图7-62所示。对于对称偏差和不对称偏差还需要调整“样式”选项卡中的“文本”“公差”选项。

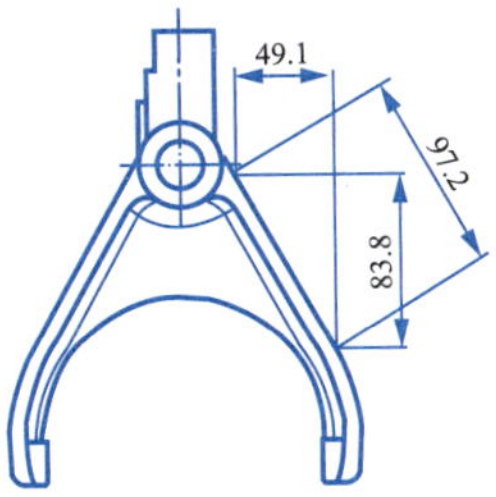

图 7-61　自动判断尺寸

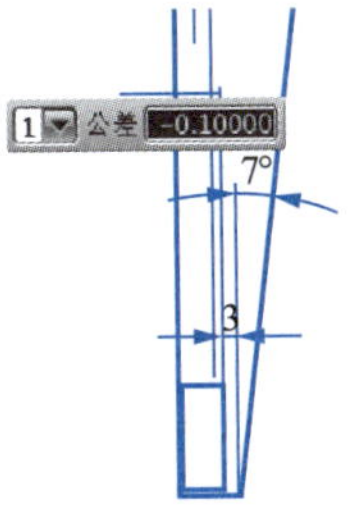

图 7-62　标注尺寸公差

四、形位公差的标注

UG 具有创建单一和复合形位公差符号的能力。

创建单一形位公差符号的具体步骤如下：

(1) 在“注释”工具栏中单击“特征控制框”按钮，弹出“特征控制框”对话框。

(2) 在“框”选项组中，将“特性”下拉列表设置为要标注的公差项目符号。

(3) 在“框样式”下拉列表中选择“单框”选项。

(4) 在“公差”选项组中，设置公差值前缀、公差值和公差原则代号。

(5) 对于形状公差不需要设置基准，对于位置公差可以分别设置“主参考基准”“第二参考基准”“第三参考基准”及相应的公差原则。

(6) 在“文本”选项组中输入要在公差框格上方显示的文本。

(7) 在适当的位置单击并拖动，以拖出指引线和公差框格并放置，如图 7-63 所示。

多框格的简化方式：将同一要素上的不同形位公差项目框格拖动到已有的框格上，直到出现图 7-64 所示的虚线框时单击即可。

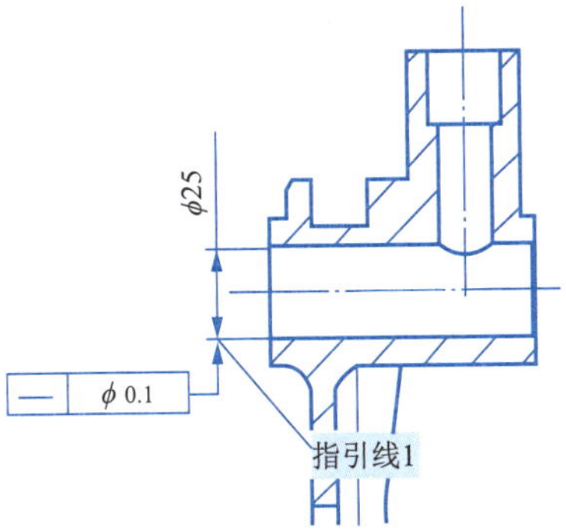

图 7-63　单一形位公差标注

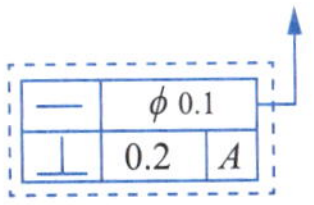

图 7-64　多框格的简化

创建复合形位公差符号的具体步骤如下：

(1) 打开“特征控制框”对话框。

(2) 在“对齐”选项组中勾选“层叠注释”和“水平或竖直对齐”复选框。

(3) 在“框”选项组的“特性”下拉列表中选择要标注的形位公差项目符号；在“框样式”下拉列表中选择“复合框”选项。

（4）确保 frame 1 在“框”列表中高亮显示。

（5）设置公差选项。

（6）设置基准（可选）。

（7）在“框”列表中选择 frame 2。

（8）根据需要设置公差和基准参考。

（9）在“指引线”选项组中，单击选择终止对象，再单击被测要素并拖动以附加指引线。

（10）单击放置形位公差。

五、基准的标注

基准为位置公差提供关联参考要素，创建基准符号的具体步骤如下：

（1）在“注释”工具栏中单击“基准特征符号”按钮，弹出“基准特征符号”对话框。

（2）在“基准标识符”选项组中设置用于表示基准的“字母”，不同的基准使用不同的字母表示。

（3）选择用作基准的要素。

（4）单击、拖动并放置符号，如图 7-65 所示。

（5）在放置具有基准指引线类型的基准的过程中，使用【Shift】键定位基准指引线和基准延伸线。

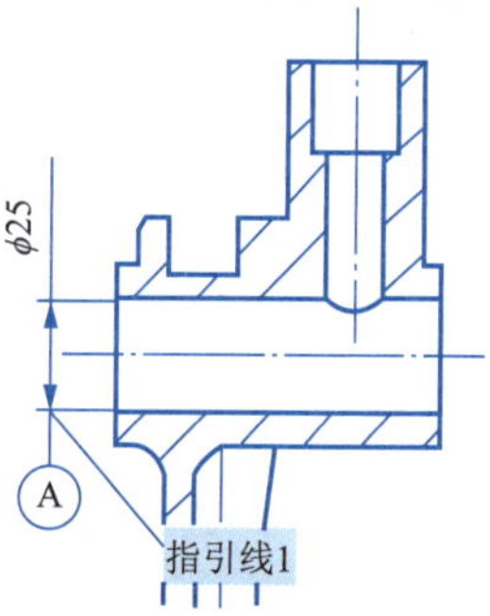

图 7-65　放置基准符号

六、表面粗糙度的标注

在“注释”工具栏中单击“表面粗糙度符号”按钮，或在菜单栏中选择“插入”→“注释”→“表面粗糙度符号”命令，弹出“表面粗糙度符号”对话框，可实现表面粗糙度的标注。UG 软件支持新旧国家标准的符号级兼容，即数值部分仍按照旧标准的位置放置，关于新标准的标注规范可参考《产品几何技术规范（GPS）技术产品文件中表面结构的表示法》（GB/T 131—2006）。“表面粗糙度符号”对话框中各选项的功能见表 7-8。

表 7-8　“表面粗糙度符号”对话框中各选项的功能

选　项	功　能
材料移除	用于指定符号类型，选项包括： ：开口； ：开口，修饰符； ：修饰符，全圆符号； ：需要移除材料； ：修饰符，需要移除材料； ：修饰符，需要移除材料，全圆符号； ：禁止移除材料； ：修饰符，禁止移除材料； ：修饰符，禁止移除材料，全圆符号
图例	显示表面粗糙度符号参数的图例如下： 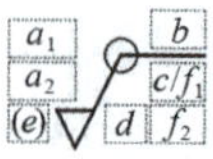

续表

选　项	功　能
上部文本 a_1	选择一个值以指定表面粗糙度的最大限制
下部文本 a_2	选择一个值以指定表面粗糙度的最小限制
生产工艺 b	选择一个选项以指定生产方法、处理或涂层
波纹 c	选择一个选项以指定波纹，波纹是比粗糙度间距更大的表面不规则性
放置符号 d	选择一个选项以指定放置方向，是由工具标记或表面条纹生成的主导表面图样的方向
加工 e	选择一个选项以指定材料的最小许可移除量，又称加工余量
切除 f_1	选择一个选项以指定粗糙度切除，粗糙度切除是表面不规则性的采样长度，用于确定粗糙度的平均高度
次要粗糙度 f_2	选择一个选项以指定次要粗糙度
加工公差	选择一个选项以指定加工公差的公差类型
公差	输入等双向公差值
上限公差	输入上限公差值
下限公差	输入下限公差值
设置	
样式	打开“样式”对话框，其中包括用于指定显示实例样式的选项
角度	更改符号的方位，输入值或从列表中选择一个选项以设置角度值
反转文本	更改单击时符号中的文本读取方向

在零件图上标注表面粗糙度的具体步骤如下：

（1）打开“表面粗糙度”对话框。

（2）在该对话框的“指引线”选项组中，将“类型”设置为“普通”，“箭头样式”设置为填充的箭头←。

（3）在“属性”选项组的“除料”下拉列表中设置材料移除方式，并在各文本框中填写或选择合适的参数。

（4）单击部件边线并拖动以放置带有指引线的表面粗糙度符号，如图 7-66 所示。如果不希望带有指引线，则可以更改“设置”选项组中的“角度”选项，然后通过单击（不拖动）放置符号。如果文字方向不符合阅读习惯，可以勾选“反转文本”复选框。

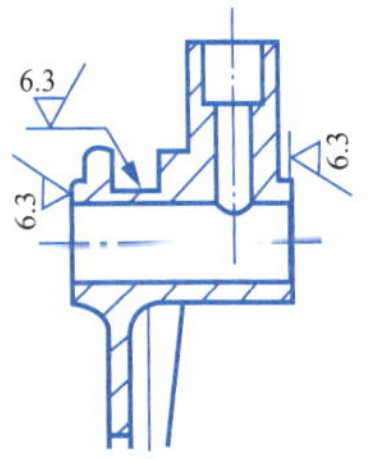

图 7-66　表面粗糙度符号的标注

七、装配图

装配图是用于表达机器或部件的工作原理、表达各组成零件的连接关系和零件间相互位置关系的图样。

一张完整的装配图，包括以下四个方面的内容：一组视图，表示各零件间的相对位置关系、相互连接方式和装配关系，表达主要零件的外形特征以及机器或部件的工作原理；必要的尺寸，包括表示孔轴类零件配合关系的配合尺寸、装配形成的重要关联尺寸、安装尺寸、总体尺寸；技术要求，用规定的符号或文字说明装配、检验时必须满足的条件；零件序号与明细栏，说明零件的序号、名称、数量和材料等有关事项。视图、一般尺寸及技术要求的生成与标注与零件图类似。

1. 配合尺寸的标注

配合尺寸的标注需要在一般尺寸的基础上，在输入“附加文本”时增加后缀文本以表达配合类型。

单击“尺寸”工具栏中的“自动判断尺寸”按钮，分别选择配合尺寸的两条边线，如图7-67所示；右击，在弹出的快捷菜单中选择“文本编辑器”命令，弹出“文本编辑器”对话框，如图7-68所示，单击图中1处以添加尺寸值后缀，在最下方两文本框中分别填写孔公差带代号和轴公差带代号，然后单击2处将配合代号按照指定字体高度填入附加文本框中；单击“确定”按钮，在合适的位置单击放置配合尺寸标注，如图7-69所示。

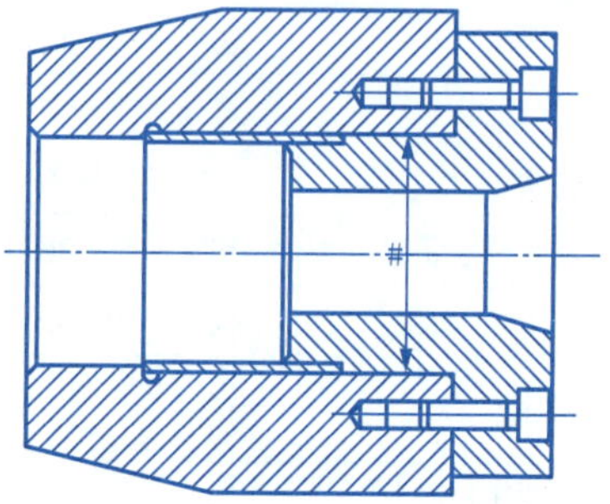

图7-67 创建尺寸标注线

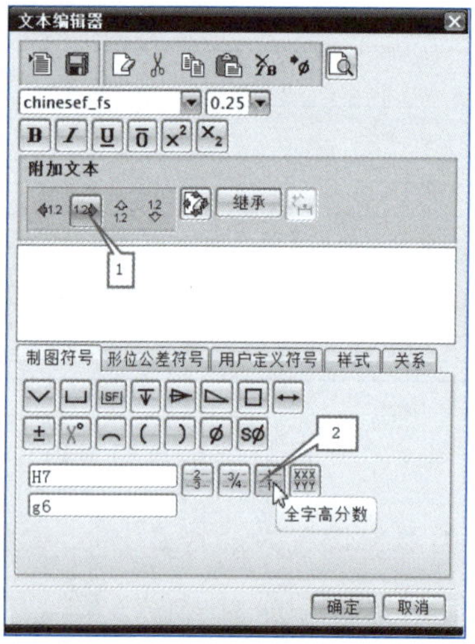

图7-68 “文本编辑器”对话框

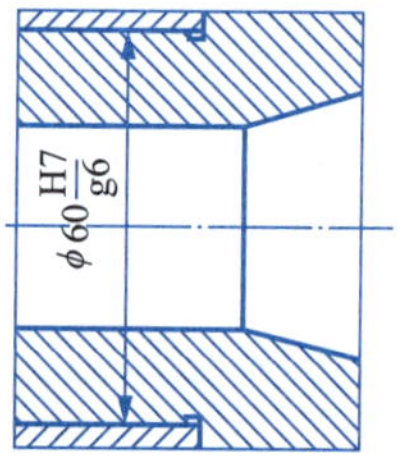

图7-69 完成的配合尺寸标注

2. 明细栏与零件号的生成

UG可以自动生成装配部件的零件明细表以及零件号。前提是，用户必须为装配在一起的每类零件模型至少增加DB_PART_NO属性，并设置好相应的字符串值，如图7-70所示，UG需要此参数自动生成零件明细表。

UG NX 7.5增加了对中国国家制图标准的支持，在菜单栏中选择“实用工具”→“用户默认设置”命令，弹出“用户默认设置”对话框，在左侧列表中选择“制图”→“常规”选项，在左侧“标准”选项卡的下拉列表中选择“GB（出厂设置）”选项，如图7-71所示，即可方便地调用系统为用户提供的制图标准图纸页模板。此外，在“用户默认设置”对话框中依次选择“制图”→“注释”→“零件明细表”选项，取消勾选“高亮显示手工输入的文本”复选框，可避免零件明细表中的中文文本被自动加上括号。

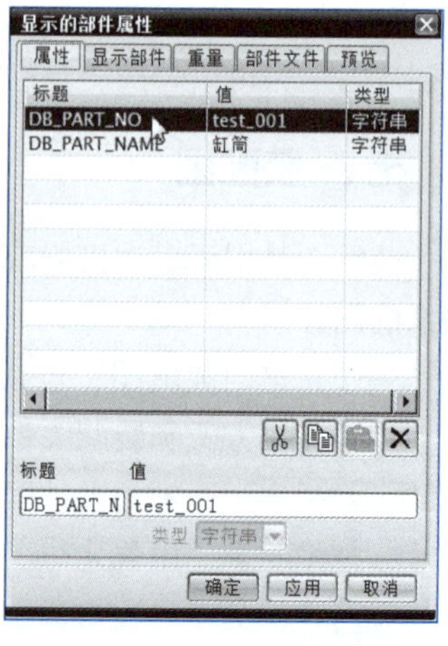

图7-70 为零件模型添加属性

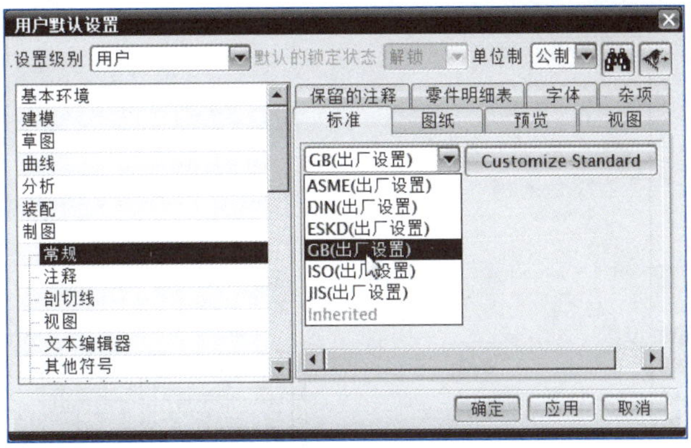

图 7-71　将中国国家制图标准设置为默认值

完成上述设置后，单击“新建”按钮，在弹出的“新建”对话框的“图纸”选项卡中选择装配模板（注意不是普通模板），如图 7-72 所示，并在下方的文本框中提供要生成装配图的装配模型文件名。单击“确定”按钮，出现自动生成零件明细表的标准图纸页，如图 7-73 所示。

在图纸页上布置好各视图后，选择其中之一右击，在弹出的快捷菜单中选择“自动符号标注”命令以生成零件号；对自动生成的零件号，双击后可以对指引线类型和位置以及所指对象做出修改，再通过拖动对零件号位置做出调整，直到符合要求，如图 7-74 所示。

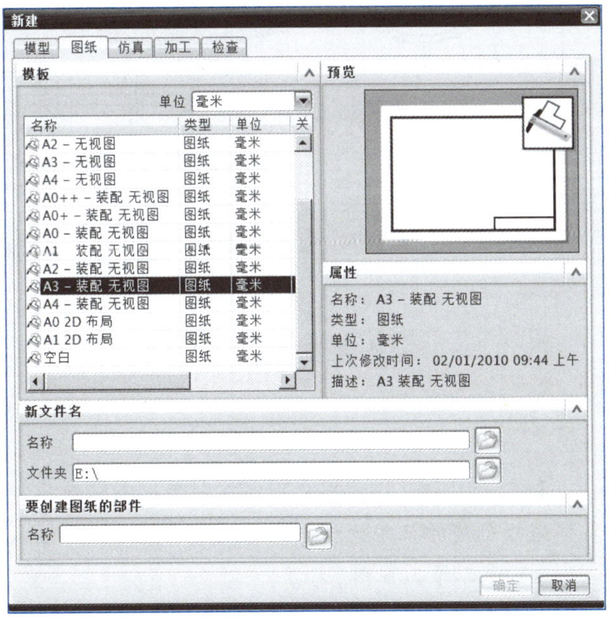

图 7-72　“新建”对话框

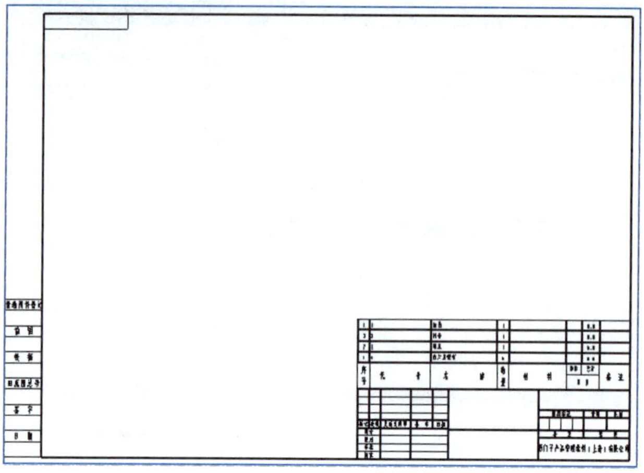

图 7-73 生成零件明细表的标准图纸页

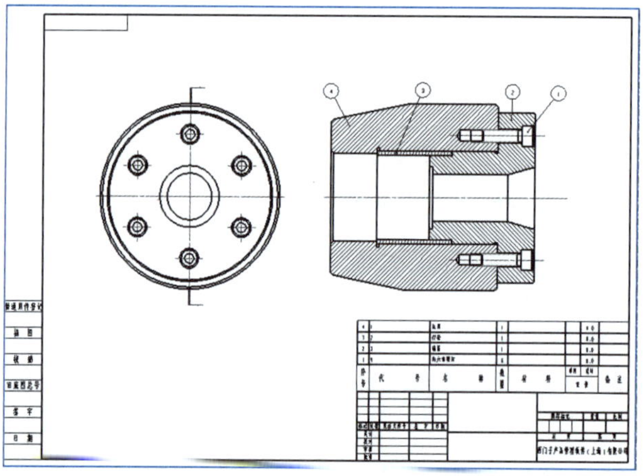

图 7-74 生成零件号

思考与练习

一、填空题

1. 通过__________和__________，用户可以控制单次制图应用特定参数的默认行为。

2. 任何一个利用实体建模创建的三维模型，都可以用不同的投影方法、不同的图样尺寸和不同的比例建立__________张二维工程图。

3. 常见的工程图投影法有两种：__________投影和__________投影。

4. __________是组成工程图的最基本的元素。

5. 对于装配图上单独的螺栓、销、轴等按规定不剖的零件，可以通过使用“视图编辑”工具栏中的__________对话框实现不剖切。

6. __________是一个现有的制图视图，用于确定新添加视图（子视图）的投影、对齐和位置的参考视图。

7. UG可以自动生成装配部件的零件明细表以及零件号。前提是，用户必须为装配在一起的每类零件模型至少增加____________属性，并设置好相应的字符串值。

8. 标注配合尺寸需要在标注一般尺寸的基础上，在填写____________时增加后缀文本以表达配合类型。

二、选择题

1. 对于一个模型或装配文件，可以同时包含（　　）工程图。

　A. 1个　　B. 2个　　C. 3个　　D. 多个

2. 下列说法中正确的是（　　）。

　A. 在建模应用中不能进行工程图预设置
　B. 局部剖视图是在原视图上直接剖切，而不是生成新的剖切视图
　C. 一个零件只能生成一张工程图
　D. 工程图的各种参数一旦设定就不能再改变

3. 要使工程图中的二维图形不随相应三维模型的改变而立即更新，可以（　　）。

　A. 选择视图，通过快捷菜单选择禁止更新
　B. 通过“视图样式”对话框设置自动更新
　C. 在“图纸布局”工具栏中选择禁止更新
　D. 通过制图首选项，选择延迟视图更新

4. 用剖切面局部剖开机件，所得到的剖视图称为（　　）。

　A. 局部剖视图　　B. 旋转剖视图　　C. 局部放大图　　D. 半剖视图

三、简答题

1. 简述第一角投影和第三角投影的异同。

2. 简述实现局部剖的关键步骤。

3. 如何处理不剖切零件，试给出关键步骤。

4. 比较零件图与装配图标注内容的异同。

5. 简述在零件图中标注形状公差的方法和步骤。

6. 简述装配图中明细栏和零件号的生成方法。

四、上机练习

1. 打开文件 ch7\exercise\daxiang_ti. prt，箱体模型如图 7-75 所示。给出该箱体零件的工程图，要求合理利用各种视图准确表达出零件的结构，查询相关公差标准并对箱体零件进行标注（公差等级默认取 7 级；表面粗糙度各孔内壁 3. 2，其余加工部位 6. 3；垂直方向孔轴线相对于水平大孔轴线垂直度公差 6 级）。

2. 打开文件 ch7\exercise\jian_shu_qi. prt，减速器模型如图 7-76 所示，给出该减速器的装配工程图，要求标出必要的外形尺寸以及完整的零件号和明细栏。

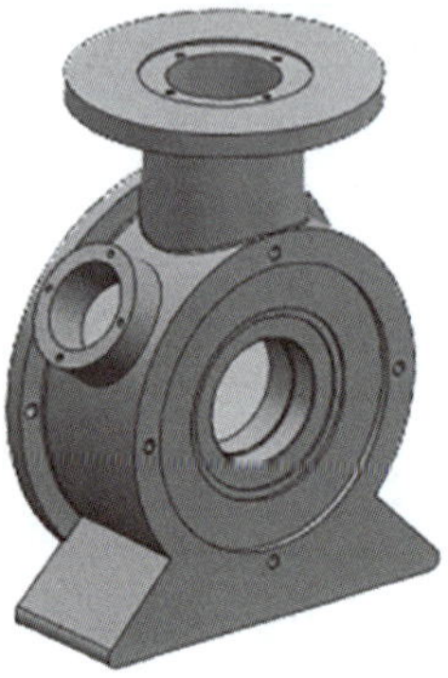

图 7-75　箱体模型

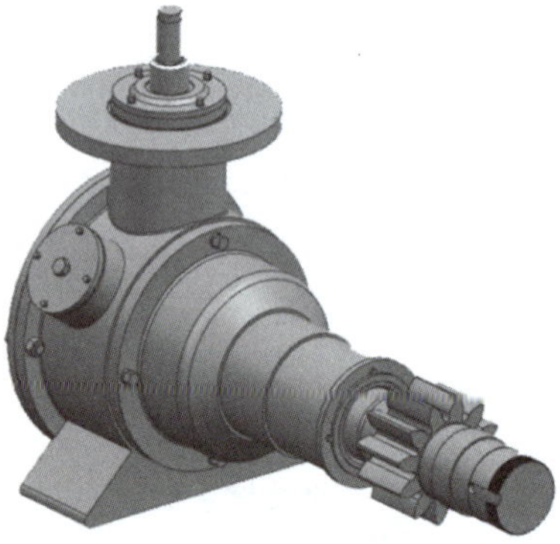

图 7-76　减速器模型

第8章 有限元方法概述

有限元方法（finite element method）又称有限元分析法（finite element analysis），是求取复杂微分方程近似解的一种非常有效的工具，是现代数字化科技的一种重要基础性原理。将它应用于科学研究中，可成为探究物质客观规律的先进手段；将它应用于工程技术中，可成为工程设计和分析的可靠工具。严格来说，有限元分析必须包含三个方面：①有限元方法的基本数学及力学原理；②基于原理形成的实用软件；③使用时必需的计算机硬件。随着现代计算机技术的发展，一般的个人计算机即可满足第③方面的要求，因此，本章的重点将在以上第①和第②方面，通过一些典型的实例深入浅出地系统阐述有限元分析的基本原理，并强调原理的工程背景和物理概念。据有关资料，一个新产品出现的问题有60%以上可以在设计阶段消除，同时一些结构的加工过程也需要进行精细的设计，要做到这一点，就需要类似有限元方法的分析手段。

8.1 有限单元法的基本思想阐述

任何具有一定使用功能的构件（变形体）都是由满足要求的材料所制造，在设计阶段，就需要对该构件在可能的外力作用下的内部状态进行分析，以便核对所使用材料是否安全可靠，避免造成重大安全事故。描述可承力构件的力学信息一般有以下三类：

（1）构件中因承载在任意位置上所引起的移动称为位移（displacement）。

（2）构件中因承载在任意位置上所引起的变形状态称为应变（strain）。

（3）构件中因承载在任意位置上所引起的受力状态称为应力（stress）。

若该构件为简单形状，且外力分布也比较单一，如杆、梁、柱、板就可以采用材料力学的方法，一般都可以给出解析公式，应用比较方便；但对于几何形状较为复杂的构件却很难得到准确的结果，甚至根本得不到结果。有限元分析的目的是针对具有任意复杂几何形状的变形体，完整获取在复杂外力作用下其内部的准确力学信息，即求取该变形体的三类力学信息（位移、应变、应力）。

在准确进行力学分析的基础上，设计师即可对所设计对象进行强度（strength）、刚度（stiffness）等方面的评判，以便对不合理的设计参数进行修改，以得到较优化的设计方案；然后，再次进行方案修改后的有限元分析，进行最后的力学评判和校核，确定出最后的设计方案。图8-1所示为一个针对大型液压机机架的设计过程以及采用有限元分析的状况。

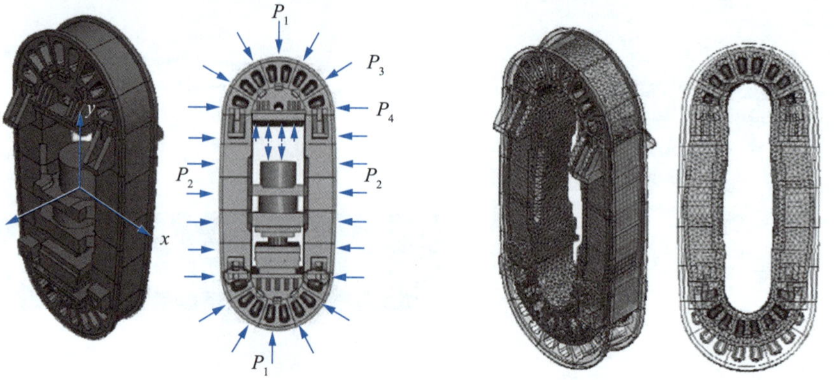

(a) 机架设计与受力状况　　(b) 有限元分析模型与得到的变形状况

图 8-1　大型液压机机架的设计过程与有限元分析

为什么采用有限元方法就可以针对具有任意复杂几何形状的结构进行分析，并能够得到准确的结果呢？这是因为有限元方法基于“离散逼近”的基本策略，可以采用较多数量的简单函数的组合“近似”代替非常复杂的原函数。

一个复杂的函数，可以通过一系列基底函数的组合“近似”得到，即函数逼近，其中有两种典型的方法：①基于全域的展开（如采用傅里叶级数展开）；②基于子域的分段函数组合（如采用分段线性函数的连接）。下面，仅以一个一维函数的展开为例说明全域逼近与分段逼近的特点。

例 8.1：一个一维函数两种展开方式的比较。

设一个一维函数 $f(x)$，$x\in[x_0,x_L]$，分析它的展开与逼近形式。

解答：

首先考虑基于全域的展开形式，如采用傅里叶级数展开，则有

$$
\begin{aligned}
f(x) &= c_0\varphi_0(x) + c_1\varphi_1(x) + \cdots \\
&= \sum_{i=0}^{n}\{c_i\varphi_i(x)\}
\end{aligned}
\tag{8-1}
$$

其中，$\varphi_i(x)$ 为采用的基底函数，它定义在全域 $[x_0,x_L]$ 上；$c_0,c_1,\cdots,c_i$ 为展开的系数。

第二种是基于子域 $[x_i,x_{i+1}]$ 上的分段展开形式，若采用线性函数，则有

$$
\begin{aligned}
f(x) &= (a_0 + b_0x) + (a_1 + b_1x) + \cdots \\
&= \sum_{i=0}^{n}(a_i + b_ix)
\end{aligned}
\tag{8-2}
$$

其中，$a_i + b_ix$ 为采用的基底函数，它定义在子域 $[x_i,x_{i+1}]$ 上；a_0、b_0、a_1、b_1、$\cdots$ 为展开的系数。

这两种函数展开的方式如图 8-2 所示。

比较以上两种方式的特点，可以看出，第一种方式所采用的基底函数 $\varphi_i(x\in[x_0,x_L])$ 非常复杂，而且是在全域 $[x_0,x_L]$ 上定义的，但它是高次连续函数，一般情况下，仅采用几个基底函数就可以得到较高的逼近精度；而第二种方式所采用的基底函数 $a_i+b_ix(x\in[x_i,x_{i+1}])$ 非常简单，而且是在子域 $[x_i,x_{i+1}]$ 上定义的，通过各个子域组合出全域 $[x_0,x_L]$，但它是线性函数，函数的连续性阶次较低，因此需要使用较多的分段才能得到较好的逼近效果，导致计算工作量较大。

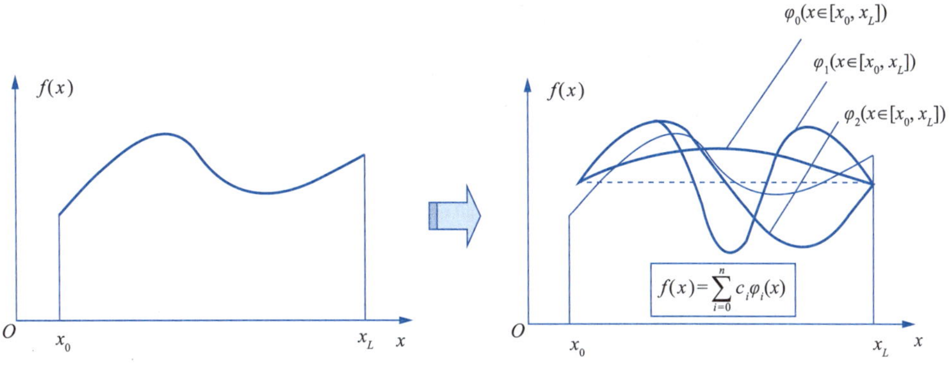

（a）基于全域$[x_0, x_L]$的函数展开与逼近

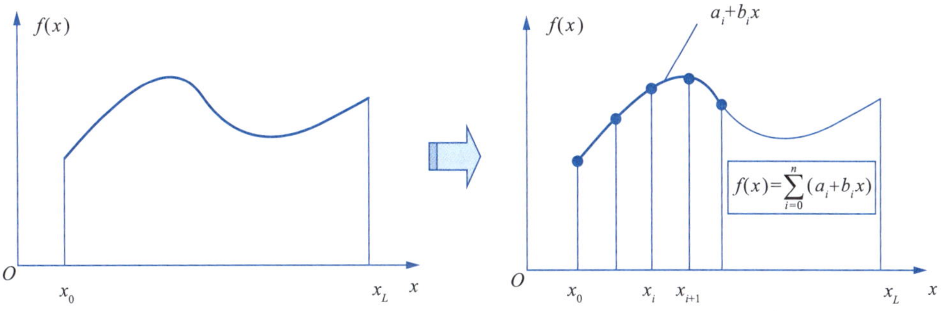

（b）基于子域$[x_i, x_{i+1}]$的函数展开与逼近

图 8-2　一个一维函数的两种展开方式

第一种函数逼近方式即为力学分析中的经典瑞利・里兹方法的思想，而第二种函数逼近方式即为现代力学分析中的有限元方法的思想，其中的分段就是“单元”的概念。

基于分段的函数描述具有非常明显的优势：①可以将原函数的复杂性“化繁为简”，使得描述和求解成为可能；②采用的简单函数可以人工选取，因此，可取最简单的线性函数，或取从低阶到高阶的多项式函数；③可以将原始的微分求解变为线性代数方程。但分段的做法可能会带来的问题有：①因采用“化繁为简”方法，导致所采用的简单函数的描述能力和效率都较低；②由于简单函数的描述能力较低，必然需要使用数量众多的分段进行弥补，因此带来较多的工作量。

综合分段函数描述的优势和问题，只要采用功能完善的软件以及能够进行高速处理的计算机，即可完全发挥“化繁为简”策略的优势，有限元分析的概念就在于此。

一维问题，即 1D 问题，是最简单的分析对象，下面就以一个 1D 阶梯杆结构为例，详细给出各种方法求解的过程，直观地引入有限元分析的基本思路，并以此逐步介绍有限元分析的过程。

例 8.2：1D 阶梯杆结构问题的材料力学求解。

图 8-3 所示为一个 1D 阶梯杆结构，已知相应的弹性模量和结构尺寸为 $E_1=E_2=2\times10^7$ Pa，$A_1=2A_2=2$ cm^2，$l_1=l_2=10$ cm，$F=10$ N，用材料力学方法求解该问题。

解答：

首先对右端的杆件②进行力学分析，如图 8-4 所示。

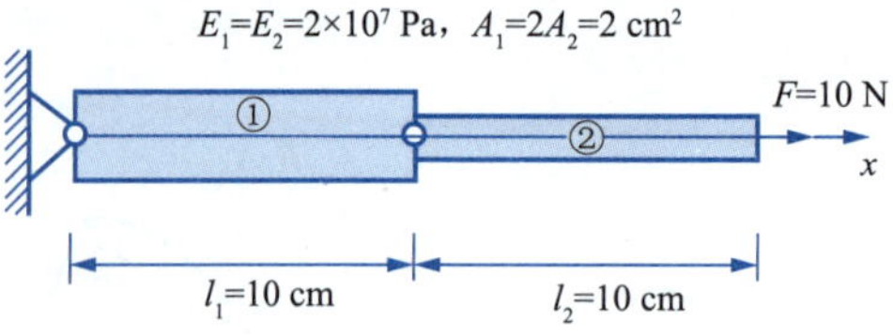

图 8-3　1D 阶梯杆结构

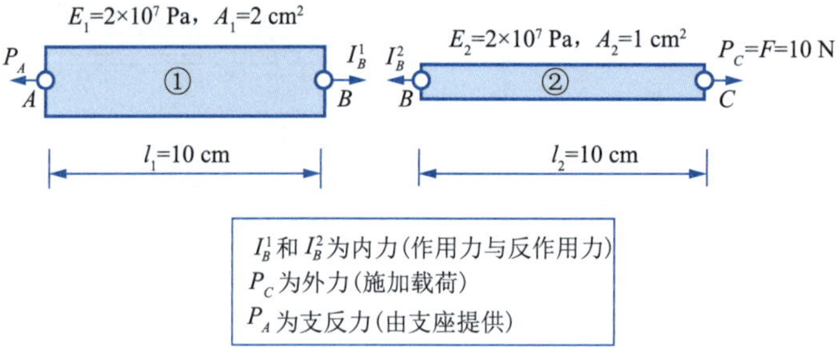

图 8-4　杆件分离体的受力分析

将两个杆件进行分解，并标出每一个关联节点处的受力状况，由于在 C 点处受有外力 F，则

$$P_C = F = 10\ \text{N} \tag{8-3}$$

由杆件②的平衡关系可知：

$$I_B^2 = P_C = F = 10\ \text{N} \tag{8-4}$$

由于 I_B^1 和 I_B^2 是一对内力，也是作用力与反作用力，因此，存在关系 $I_B^1 - I_B^2 = 0$，则可计算出所有作用力与内力的值为

$$P_A = I_B^1 = I_B^2 = P_C = F = 10\ \text{N} \tag{8-5}$$

下面计算每根杆件的应力，这是一个等截面杆受拉伸的情况，则杆件①的应力 σ_1 为

$$\sigma_1 = \frac{P_A}{A_1} = \frac{10\ \text{N}}{2\ \text{cm}^2} = 5 \times 10^4\ \frac{\text{N}}{\text{m}^2} = 5 \times 10^4\ \text{Pa} \tag{8-6}$$

杆件②的应力 σ_2 为

$$\sigma_2 = \frac{P_C}{A_2} = \frac{10\ \text{N}}{1\ \text{cm}^2} = 1 \times 10^5\ \frac{\text{N}}{\text{m}^2} = 1 \times 10^5\ \text{Pa} \tag{8-7}$$

由于材料是弹性的，由胡克定律有

$$\left.\begin{aligned} \sigma_1 &= E_1 \varepsilon_1 \\ \sigma_2 &= E_2 \varepsilon_2 \end{aligned}\right\} \tag{8-8}$$

其中 ε_1 和 ε_2 为杆件①和②的应变，则有

$$\left.\begin{aligned} \varepsilon_1 &= \frac{\sigma_1}{E_1} = \frac{5 \times 10^4\ \text{Pa}}{2 \times 10^7\ \text{Pa}} = 2.5 \times 10^{-3} \\ \varepsilon_2 &= \frac{\sigma_2}{E_2} = \frac{1 \times 10^5\ \text{Pa}}{2 \times 10^7\ \text{Pa}} = 5 \times 10^{-3} \end{aligned}\right\} \tag{8-9}$$

由应变的定义可知，其为杆件的相对伸长量，即 $\varepsilon = \Delta l / l$，因此，$\Delta l = \varepsilon l$，具体对杆件①和②有

$$\left.\begin{aligned}\Delta l_1 &= \varepsilon_1 l_1 = 2.5\times10^{-3}\times10\ \text{cm} = 2.5\times10^{-2}\ \text{cm}\\ \Delta l_2 &= \varepsilon_2 l_2 = 5\times10^{-3}\times10\ \text{cm} = 5\times10^{-2}\ \text{cm}\end{aligned}\right\}\qquad(8\text{-}10)$$

由于左端 A 点固定，则该点沿 x 方向的位移为零，记为 $u_A=0$，而 B 点的位移则为杆件①的伸长量 Δl_1，即 $u_B=\Delta l_1=2.5\times10^{-2}$ cm，C 点的位移为杆件①和②的总伸长量，即 $u_C=\Delta l_1+\Delta l_2=7.5\times10^{-2}$ cm，则归纳以上结果，得到完整的解答：

$$\left.\begin{aligned}&\sigma_1=5\times10^4\ \text{Pa},\ \sigma_2=1\times10^5\ \text{Pa}\\ &\varepsilon_1=2.5\times10^{-3},\ \varepsilon_2=5\times10^{-3}\\ &u_A=0,\ u_B=2.5\times10^{-2}\ \text{cm},\ u_C=7.5\times10^{-2}\ \text{cm}\end{aligned}\right\}\qquad(8\text{-}11)$$

以上的求解结果如图 8-5 所示。

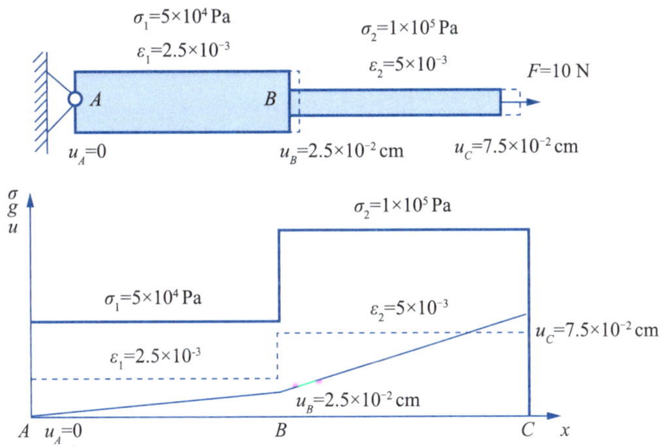

图 8-5　阶梯杆结构的材料力学解答

讨论：

（1）以上方法完全按照材料力学，将对象进行分解获得问题的解答，求解的基本力学变量是力（或应力），由于上述问题非常简单，而且是静定问题，所以可以直接求出，但对于静不定问题，则需要变形协调方程，才能求解出应力变量，在构建问题的变形协调方程时，需要一定的技巧。

（2）若采用位移作为首先求解的基本变量，则可以使问题的求解变得更加规范，下面基于 A、B、C 三个点的位移 u_A、u_B、u_C 进行以上问题的求解。

例 8.3： 1D 阶梯杆结构的节点位移求解及平衡关系。

求解对象与例 8.2 相同，要求分别针对每个连接节点，基于节点的位移构建相应的平衡关系，然后进行求解。

解答：

考虑图 8-3 所示杆件的受力状况，分别画出每个节点的分离受力图，如图 8-6 所示。

首先分析图 8-6(c) 中杆①内部的受力及变形状况，其绝对伸长量为 u_B-u_A，则相应伸长量 ε_1 为

$$\varepsilon_1=\frac{u_B-u_A}{l_1}\qquad(8\text{-}12)$$

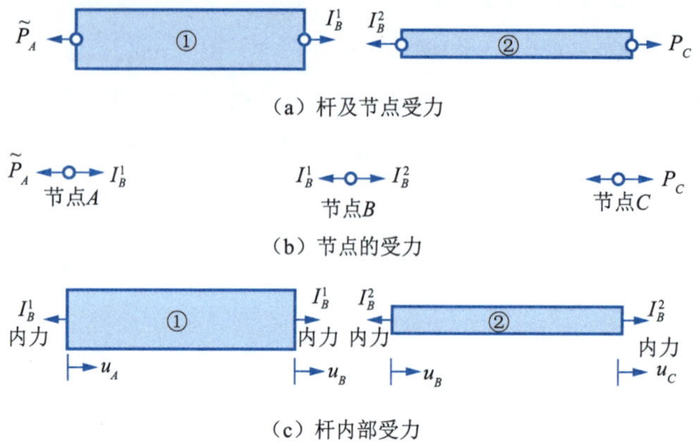

图 8-6 1D 阶梯杆结构的分离受力图

由胡克定律，其应力 σ_1 为

$$\sigma_1 = E_1\varepsilon_1 = \frac{E_1}{l_1}(u_B - u_A) \tag{8-13}$$

杆①的内力 I_B^1 为

$$I_B^1 = \sigma_1 A_1 = \frac{E_1 A_1}{l_1}(u_B - u_A) \tag{8-14}$$

对于杆②进行同样的分析和计算，可得其内力 I_B^2 为

$$I_B^2 = \sigma_2 A_2 = \frac{E_2 A_2}{l_2}(u_C - u_B) \tag{8-15}$$

根据图 8-6(b) 中节点 A、B、C 的受力状况，分别建立它们各自的平衡关系。对于节点 A，有平衡关系：

$$-\widetilde{P}_A + I_B^1 = 0 \tag{8-16}$$

将式 (8-14) 代入，可得

$$-\widetilde{P}_A + \frac{E_1 A_1}{l_1}(u_B - u_A) = 0 \tag{8-17}$$

对于节点 B，有平衡关系：

$$-I_B^1 + I_B^2 = 0 \tag{8-18}$$

将式 (8-14) 和式 (8-15) 代入，可得

$$-\frac{E_1 A_1}{l_1}(u_B - u_A) + \frac{E_2 A_2}{l_2}(u_C - u_B) = 0 \tag{8-19}$$

对于节点 C，有平衡关系：

$$P_C - I_B^2 = 0 \tag{8-20}$$

将式 (8-15) 代入，可得

$$P_C - \frac{E_2 A_2}{l_2}(u_C - u_B) = 0 \tag{8-21}$$

将节点 A、B、C 的平衡关系写成一个方程组，有

$$\left.\begin{aligned}&-\widetilde{P}_A+\frac{E_1A_1}{l_1}u_A+\frac{E_1A_1}{l_1}u_B+0=0\\&0+\frac{E_1A_1}{l_1}u_A-\left(\frac{E_1A_1}{l_1}u_A+\frac{E_2A_2}{l_2}\right)u_B+\frac{E_2A_2}{l_2}u_C=0\\&P_C-0+\frac{E_2A_2}{l_2}u_B-\frac{E_2A_2}{l_2}u_C=0\end{aligned}\right\}\tag{8-22}$$

将上式写成矩阵形式，有

$$\begin{pmatrix}-\widetilde{P}_A\\0\\P_C\end{pmatrix}-\begin{bmatrix}\dfrac{E_1A_1}{l_1}&-\dfrac{E_1A_1}{l_1}&0\\-\dfrac{E_1A_1}{l_1}&\left(\dfrac{E_1A_1}{l_1}+\dfrac{E_2A_2}{l_2}\right)&-\dfrac{E_2A_2}{l_2}\\0&-\dfrac{E_2A_2}{l_2}&\dfrac{E_2A_2}{l_2}\end{bmatrix}\begin{pmatrix}u_A\\u_B\\u_C\end{pmatrix}=\begin{pmatrix}0\\0\\0\end{pmatrix}\tag{8-23}$$

代入材料弹性模量和结构尺寸，可得以下方程（采用国际单位）：

$$\begin{bmatrix}4\times10^4&-4\times10^4&0\\-4\times10^4&6\times10^4&-2\times10^4\\0&-2\times10^4&2\times10^4\end{bmatrix}\begin{pmatrix}u_A\\u_B\\u_C\end{pmatrix}=\begin{pmatrix}-\widetilde{P}_A\\0\\P_C\end{pmatrix}\tag{8-24}$$

由于左端点固定，即 $u_A=0$，该方程的未知量为 u_B、u_C、$\widetilde{P}_A$，求解该方程得

$$\left.\begin{aligned}&u_B=2.5\times10^{-4}\ \text{cm}\\&u_C=7.5\times10^{-4}\ \text{cm}\\&\widetilde{P}_A=10\ \text{N}\end{aligned}\right\}\tag{8-25}$$

可以看出这里的 $\widetilde{P}_A$ 即为支座反力，接下来很容易求解出杆①和②中的其他力学量，即

$$\left.\begin{aligned}&\varepsilon_1=\frac{u_B-u_A}{l_1}=2.5\times10^{-3}\\&\varepsilon_2=\frac{u_C-u_B}{l_2}=5\times10^{-3}\\&\sigma_1=E_1\varepsilon_1=5\times10^4\ \text{Pa}\\&\sigma_2=E_2\varepsilon_2=1\times10^5\ \text{Pa}\end{aligned}\right\}\tag{8-26}$$

这样得到的结果与例 8.2 所得到的结果完全一致。下面再对例 8.3 的方法作进一步讨论。

讨论：

还可以将式（8-23）写为

$$\underset{(3\times1)}{\boldsymbol{P}}-\underset{(3\times1)}{\boldsymbol{I}}=\boldsymbol{O}\tag{8-27}$$

其中 $\underset{(3\times1)}{\boldsymbol{P}}$ 称为外力列阵，$\underset{(3\times1)}{\boldsymbol{I}}$ 称为内力列阵或变形力列阵，矩阵符号的下标表示行和列的维数，这两个列阵分别为

$$\underset{(3\times1)}{\boldsymbol{P}}=\begin{pmatrix}-\widetilde{P}_A\\0\\P_C\end{pmatrix}\tag{8-28}$$

$$\underset{(3\times1)}{\boldsymbol{I}}=\begin{bmatrix}\dfrac{E_1A_1}{l_1} & -\dfrac{E_1A_1}{l_1} & 0\\ -\dfrac{E_1A_1}{l_1} & \left(\dfrac{E_1A_1}{l_1}+\dfrac{E_2A_2}{l_2}\right) & -\dfrac{E_2A_2}{l_2}\\ 0 & -\dfrac{E_2A_2}{l_2} & \dfrac{E_2A_2}{l_2}\end{bmatrix}\begin{pmatrix}u_A\\u_B\\u_C\end{pmatrix} \tag{8-29}$$

式 (8-27) 的物理含义即内力与外力的平衡关系，由式 (8-29) 可知，内力表现为各个节点上的内力，并且可以通过节点位移 u_A、u_B、u_C 获取。由式 (8-23) 可知，这是一个基于节点 A、B、C 描述的全结构的平衡方程，该方程有以下特点：

(1) 基本的力学参量为节点位移 u_A、u_B、u_C 和节点力 $\widetilde{P}_A$、P_C。

(2) 直接给出全结构的平衡方程，而不同于例 8.2，需要针对每个杆件进行递推。

(3) 在获得节点位移变量 u_A、u_B、u_C 后，其他力学参量（如应变和应力），都可以分别求出［见式 (8-26)］。

为了将式 (8-23) 写为更规范、更通用的形式，用于求解例 8.2 中结构更一般的受力状况，下面在式 (8-23) 的基础上，直接推导出通用平衡方程。

例 8.4：1D 阶梯杆结构基于位移求解的通用形式。

式 (8-23) 具有求解这类结构的通用形式，讨论它的物理含义，以总结出相应的规律。

解答：

将式 (8-23) 写为

$$\begin{bmatrix}\dfrac{E_1A_1}{l_1} & -\dfrac{E_1A_1}{l_1} & 0\\ -\dfrac{E_1A_1}{l_1} & \left(\dfrac{E_1A_1}{l_1}+\dfrac{E_2A_2}{l_2}\right) & -\dfrac{E_2A_2}{l_2}\\ 0 & -\dfrac{E_2A_2}{l_2} & \dfrac{E_2A_2}{l_2}\end{bmatrix}\begin{pmatrix}u_A\\u_B\\u_C\end{pmatrix}=\begin{pmatrix}P_A\\P_B\\P_C\end{pmatrix} \tag{8-30}$$

再将其分解为两个杆件之和，即

$$\begin{bmatrix}\dfrac{E_1A_1}{l_1} & -\dfrac{E_1A_1}{l_1} & 0\\ -\dfrac{E_1A_1}{l_1} & \dfrac{E_1A_1}{l_1} & 0\\ 0 & 0 & 0\end{bmatrix}\begin{pmatrix}u_A\\u_B\\u_C\end{pmatrix}+\begin{bmatrix}0 & 0 & 0\\ 0 & \dfrac{E_2A_2}{l_2} & -\dfrac{E_2A_2}{l_2}\\ 0 & -\dfrac{E_2A_2}{l_2} & \dfrac{E_2A_2}{l_2}\end{bmatrix}\begin{pmatrix}u_A\\u_B\\u_C\end{pmatrix}=\begin{pmatrix}P_A\\P_B\\P_C\end{pmatrix} \tag{8-31}$$

式 (8-31) 左端的第 1 项实质为

$$\begin{bmatrix}\dfrac{E_1A_1}{l_1} & -\dfrac{E_1A_1}{l_1}\\ -\dfrac{E_1A_1}{l_1} & \dfrac{E_1A_1}{l_1}\end{bmatrix}\begin{pmatrix}u_A\\u_B\end{pmatrix}=\frac{E_1A_1}{l_1}\begin{pmatrix}u_A-u_B\\u_B-u_A\end{pmatrix}=\begin{pmatrix}-I_B^1\\I_B^1\end{pmatrix} \tag{8-32}$$

式 (8-23) 中的 $-I_B^1$ 及 I_B^1 如图 8-6（c）所示，含义为杆件①中左节点的内力和右节点的内力。同样，式 (8-31) 左端的第 2 项实质为

$$\begin{bmatrix} \dfrac{E_2A_2}{l_2} & -\dfrac{E_2A_2}{l_2} \\ -\dfrac{E_2A_2}{l_2} & \dfrac{E_2A_2}{l_2} \end{bmatrix}\begin{pmatrix} u_B \\ u_C \end{pmatrix} = \frac{E_2A_2}{l_2}\begin{pmatrix} u_B-u_C \\ u_C-u_B \end{pmatrix} = \begin{pmatrix} -I_B^2 \\ I_B^2 \end{pmatrix} \tag{8-33}$$

式 (8-33) 中的 $-I_B^2$ 及 I_B^2 如图 8-6(c) 所示，含义为杆件②中左节点的内力和右节点的内力。

可以看出：式 (8-31) 的左端即为杆件①的内力表达和杆件②的内力表达之和，这样就将原来的基于节点的平衡关系，变为通过每个杆件的平衡关系进行叠加。这里自然引入单元的概念，即将原整体结构进行“分段”，以划分出较小的“构件”，每个“构件”上具有节点，还可以基于节点位移写出该“构件”的内力表达关系，这样的“构件”即为单元，它意味着在几何形状上、节点描述上都有一定普遍性和标准性，只要根据实际情况将单元表达式中的参数(如材料常数、几何参数等) 作相应的代换，即可广泛应用于这类构件(单元)的描述。

从式 (8-32) 和式 (8-33) 可以看出，虽然它们分别用于描述杆件①和杆件②，但它们的表达形式完全相同，因此本质上是一样的，都是杆单元 (bar element)。可以将杆单元表达为图 8-7所示的标准形式。

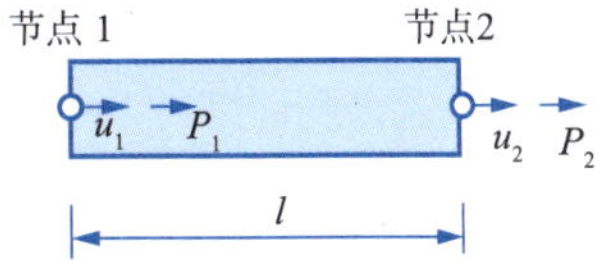

图 8-7　杆单元的表达

将单元节点位移写为

$$\underset{(2\times1)}{\boldsymbol{q}^{e}} = \begin{pmatrix} u_1 \\ u_2 \end{pmatrix} = (u_1 \quad u_2)^{\mathrm{T}} \tag{8-34}$$

将单元节点外力写为

$$\underset{(2\times1)}{\boldsymbol{P}^{e}} = \begin{pmatrix} P_1 \\ P_2 \end{pmatrix} = (P_1 \quad P_2)^{\mathrm{T}} \tag{8-35}$$

由式 (8-32) 可得，该单元节点内力为

$$\begin{pmatrix} -I_1 \\ I_2 \end{pmatrix} = \begin{bmatrix} \dfrac{EA}{l} & -\dfrac{EA}{l} \\ -\dfrac{EA}{l} & \dfrac{EA}{l} \end{bmatrix}\begin{pmatrix} u_1 \\ u_2 \end{pmatrix} \tag{8-36}$$

它将与单元的节点外力 $\underset{(2\times1)}{\boldsymbol{P}^{e}}$ 相平衡，则有 $P_1=-I_1$，$P_2=I_2$，因此，式 (8-36) 可以写为

$$\begin{bmatrix} \dfrac{EA}{l} & -\dfrac{EA}{l} \\ -\dfrac{EA}{l} & \dfrac{EA}{l} \end{bmatrix}\begin{pmatrix} u_1 \\ u_2 \end{pmatrix} = \begin{pmatrix} P_1 \\ P_2 \end{pmatrix} \tag{8-37}$$

进一步表达为

$$\underset{(2\times2)}{\boldsymbol{K}^{e}}\ \underset{(2\times1)}{\boldsymbol{q}^{e}} = \underset{(2\times1)}{\boldsymbol{P}^{e}} \tag{8-38}$$

其中

$$\underset{(2\times2)}{\boldsymbol{K}^{e}} = \begin{bmatrix} \dfrac{EA}{l} & -\dfrac{EA}{l} \\ -\dfrac{EA}{l} & \dfrac{EA}{l} \end{bmatrix} = \begin{bmatrix} K_{11} & K_{12} \\ K_{21} & K_{22} \end{bmatrix} \tag{8-39}$$

可以看出，式 (8-38) 是单元内力与外力的平衡方程，它与单元的刚度方程是相同的

[见式(8-41)]。$\boldsymbol{K}^e$ 称为单元的刚度矩阵，K_{11}、K_{12}、K_{21}、K_{22} 称为刚度矩阵中的刚度系数。

8.2 有限单元法的基本步骤解析

下面以一个1D三连杆结构为例，展现有限元分析的全部过程。

例8.5：1D三连杆结构的有限元分析过程。

采用杆单元的方法，求解图8-8所示结构的所有力学参量。相关的材料参量和尺寸为 $E_1 = E_2 = E_3 = 2 \times 10^5$ Pa，$3A_1 = 2A_2 = A_3 = 0.06$ m^2，$l_1 = l_2 = l_3 = 0.1$ m。

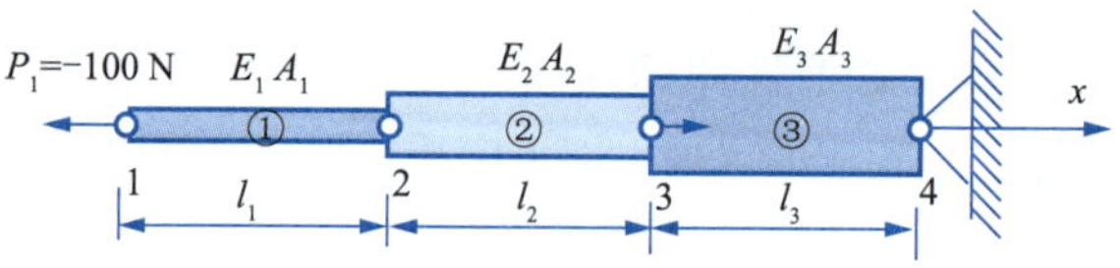

图8-8 1D三连杆结构的受力状况

解答：

基于单元的分析方法即将原整体结构按几何形状的变化性质划分节点并进行编号，然后将其分解为一个个小的构件（即单元），基于节点位移，建立每个单元的节点平衡关系（单元刚度方程），对于杆单元即为式(8-38)；下一步是将各个单元进行组合和集成，类似于式(8-31)，以得到该结构的整体平衡方程（又称整体刚度方程），按实际情况对方程中一些节点位移和节点力给定相应的值（处理边界条件），即可求解出所有的节点位移和支反力，最后在得到所有节点位移后，即可计算每个单元的其他力学参量（如应变、应力等）。下面给出该问题的有限元分析过程。

（1）节点编号和单元划分。由于该结构由三根不同几何尺寸的杆件组成，并且在一些杆件连接处还作用有集中载荷，因此，需要在杆件连接处划分出节点，这样对于该结构就自动给出三个单元，其节点及单元编号（numbering of element）如图8-8所示。将每个单元分离出来，并标出每个节点的位移和外力，如图8-9所示，注意，这里位移和力的方向都以 x 正方向进行标注。

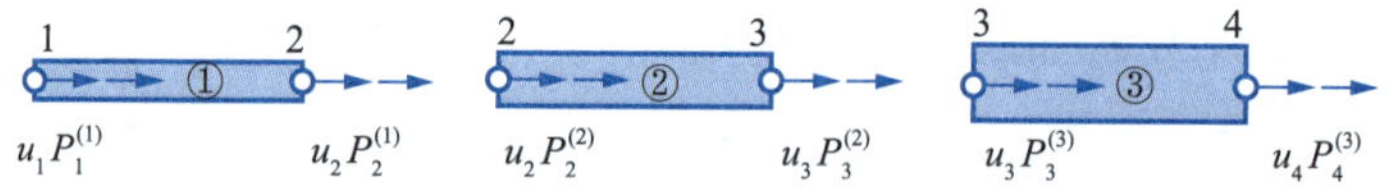

图8-9 各个单元的节点位移和外力

（2）计算各单元的单元刚度方程。可以看出，图8-9所示的每个单元都与图8-7中的单元类似，则所对应的刚度方程也应与式(8-37)类似，只需要将其中的各个参数进行代换，下面直接给出对应于单元①、②、③的单元刚度方程。

单元①的刚度方程为

$$\begin{bmatrix} \dfrac{E_1A_1}{l_1} & -\dfrac{E_1A_1}{l_1} \\ -\dfrac{E_1A_1}{l_1} & \dfrac{E_1A_1}{l_1} \end{bmatrix} \begin{pmatrix} u_1 \\ u_2 \end{pmatrix} = \begin{pmatrix} P_1^{(1)} \\ P_2^{(2)} \end{pmatrix} \tag{8-40}$$

单元②的刚度方程为

$$\begin{bmatrix} \frac{E_2A_2}{l_2} & -\frac{E_2A_2}{l_2} \\ -\frac{E_2A_2}{l_2} & \frac{E_2A_2}{l_2} \end{bmatrix} \begin{pmatrix} u_2 \\ u_3 \end{pmatrix} = \begin{pmatrix} P_2^{(2)} \\ P_3^{(2)} \end{pmatrix} \tag{8-41}$$

单元③的刚度方程为

$$\begin{bmatrix} \frac{E_3A_3}{l_3} & -\frac{E_3A_3}{l_3} \\ -\frac{E_3A_3}{l_3} & \frac{E_3A_3}{l_3} \end{bmatrix} \begin{pmatrix} u_3 \\ u_4 \end{pmatrix} = \begin{pmatrix} P_3^{(3)} \\ P_4^{(3)} \end{pmatrix} \tag{8-42}$$

（3）组合各单元刚度方程。由于整体结构是由各个单元按一定连接关系组合而成的，因此，需要按照节点的对应位置将式（8-40）、式（8-41）、式（8-42）进行组合，以形成一个整体刚度方程，即

$$\begin{matrix} u_1 & \quad u_2 & \quad u_3 & \quad u_4 \\ \downarrow & \quad \downarrow & \quad \downarrow & \quad \downarrow \end{matrix}$$

$$\begin{bmatrix} \frac{E_1A_1}{l_1} & -\frac{E_1A_1}{l_1} & 0 & 0 \\ -\frac{E_1A_1}{l_1} & \frac{E_1A_1}{l_1}+\frac{E_2A_2}{l_2} & -\frac{E_2A_2}{l_2} & 0 \\ 0 & -\frac{E_2A_2}{l_2} & \frac{E_2A_2}{l_2}+\frac{E_3A_3}{l_3} & -\frac{E_3A_3}{l_3} \\ 0 & 0 & -\frac{E_3A_3}{l_3} & \frac{E_3A_3}{l_3} \end{bmatrix} \begin{pmatrix} u_1 \\ u_2 \\ u_3 \\ u_4 \end{pmatrix} = \begin{pmatrix} P_1^{(1)} \\ P_2^{(1)}+P_2^{(2)} \\ P_3^{(2)}+P_3^{(3)} \\ P_4^{(3)} \end{pmatrix} \tag{8-43}$$

为表达清楚，在式（8-43）的刚度矩阵上方标明了对应的变量。上面的组装过程，实际上就是将各个单元方程按照节点编号的位置进行集成。

式（8-43）中的 $P_1^{(1)}$、$P_2^{(1)}+P_2^{(2)}$、$P_3^{(2)}+P_3^{(3)}$、$P_4^{(3)}$ 即为节点 1、2、3、4 上的合成节点力，即

$$P_1 = P_1^{(1)},\ P_2 = P_2^{(1)} + P_2^{(2)},\ P_3 = P_3^{(2)} + P_3^{(3)},\ P_4 = P_4^{(3)} \tag{8-44}$$

对照图 8-8 可知，$P_1 = -100$ N，$P_2 = 0$，$P_3 = 50$ N，而 P_4 为支座的支反力。将该结构的材料参数和几何尺寸参数代入式（8-43）中，可得

$$\begin{bmatrix} 4\times10^4 & -4\times10^4 & 0 & 0 \\ -4\times10^4 & 1\times10^5 & -6\times10^4 & 0 \\ 0 & -6\times10^4 & 1.8\times10^5 & -1.2\times10^5 \\ 0 & 0 & -1.2\times10^5 & 1.2\times10^5 \end{bmatrix} \begin{pmatrix} u_1 \\ u_2 \\ u_3 \\ u_4 \end{pmatrix} = \begin{pmatrix} P_1 \\ P_2 \\ P_3 \\ P_4 \end{pmatrix} \tag{8-45}$$

上式中的 u_1、u_2、u_3、u_4 为节点位移，P_1、P_2、P_3、P_4 为节点力，可以看出，图 8-9 中分别就单元①、②、③写出了各自的节点力，如对于节点 2，写出了单元①中节点 2 的节点力 $P_2^{(1)}$，又给出了单元②中节点 2 的节点力 $P_2^{(2)}$，可以看出，在单元组合后，实际上只需要合成后

的节点力（P_1、P_2、P_3、P_4）。因此，只需要对各个单元的刚度系数按对应节点位移的位置进行组合，而节点力只需直接写出即可，见式（8-45）。

（4）处理边界条件并求解。图 8-8 所示结构的位移边界条件为 $u_4=0$，将已知的节点位移和节点力代入，式（8-45）可写为

$$\begin{bmatrix} 4\times10^4 & -4\times10^4 & 0 & 0 \\ -4\times10^4 & 1\times10^5 & -6\times10^4 & 0 \\ 0 & -6\times10^4 & 1.8\times10^5 & -1.2\times10^5 \\ 0 & 0 & -1.2\times10^5 & 1.2\times10^5 \end{bmatrix}\begin{pmatrix} u_1 \\ u_2 \\ u_3 \\ 0 \end{pmatrix}=\begin{pmatrix} -100\ \text{N} \\ 0 \\ 50\ \text{N} \\ P_4 \end{pmatrix} \tag{8-46}$$

由于 $u_4=0$，则删除上述刚度矩阵的第 4 列和第 4 行，可得

$$\begin{bmatrix} 4\times10^4 & -4\times10^4 & 0 \\ -4\times10^4 & 1\times10^5 & -6\times10^4 \\ 0 & -6\times10^4 & 1.8\times10^5 \end{bmatrix}\begin{pmatrix} u_1 \\ u_2 \\ u_3 \end{pmatrix}=\begin{pmatrix} -100\ \text{N} \\ 0 \\ 50\ \text{N} \end{pmatrix} \tag{8-47}$$

求解上述方程可得

$$\left.\begin{aligned} u_1 &= -4.58333\times10^{-3}\ \text{m} \\ u_2 &= -2.08333\times10^{-3}\ \text{m} \\ u_3 &= -4.16667\times10^{-4}\ \text{m} \end{aligned}\right\} \tag{8-48}$$

（5）求支反力。在求得所有节点位移后［见式（8-48）］，且 $u_4=0$，由式（8-46）的最后一行，可求出支反力 P_4 为

$$P_4=-1.2\times10^5u_3=50\ \text{N} \tag{8-49}$$

（6）求各个单元的其他力学量（应变、应力）。由式（8-12）可以求出各个单元的应变，即

$$\varepsilon^{(1)}=\frac{u_2-u_1}{l_1}=\frac{(-2.08333+4.58333)\times10^{-3}}{0.1}=2.49997\times10^{-2} \tag{8-50}$$

$$\varepsilon^{(2)}=\frac{u_3-u_2}{l_2}=\frac{(-0.416667+2.08333)\times10^{-3}}{0.1}=1.6667\times10^{-2} \tag{8-51}$$

$$\varepsilon^{(3)}=\frac{u_4-u_3}{l_3}=\frac{(0+0.416667)\times10^{-3}}{0.1}=4.16667\times10^{-3} \tag{8-52}$$

由式（8-13）可以求出各个单元的应力，即

$$\sigma^{(1)}=E_1\varepsilon^{(1)}=4.999\times10^3\ \text{Pa} \tag{8-53}$$

$$\sigma^{(2)}=E_2\varepsilon^{(2)}=3.3333\times10^3\ \text{Pa} \tag{8-54}$$

$$\sigma^{(3)}=E_3\varepsilon^{(3)}=8.3333\times10^2\ \text{Pa} \tag{8-55}$$

这样可以得到一种直观的有限元分析思路，即将复杂的几何和受力对象划分为多个形状比较简单的标准“构件”，称为单元，然后给出单元节点的位移和受力描述，构建起单元的刚度方程，再通过单元与单元之间的节点连接关系进行单元的组合，可以得到结构的整体刚度方程，进而根据位移约束和受力状态，处理边界条件并进行求解，上述有限元分析思路的基本流程示意图如图 8-10 所示。

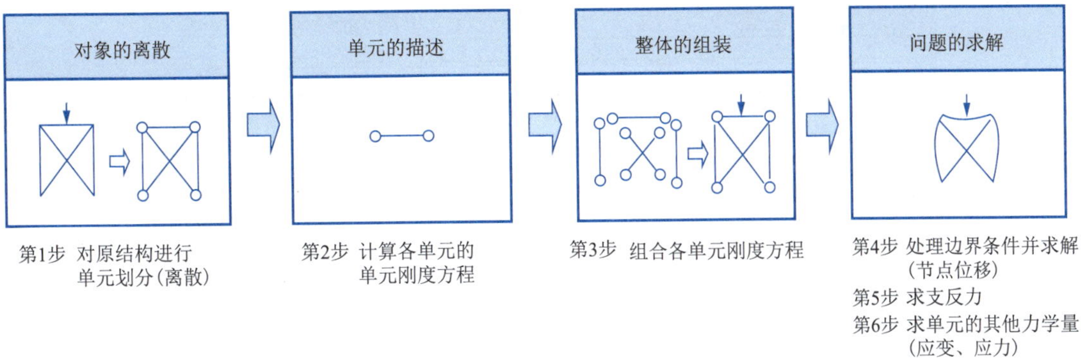

图 8-10　有限元分析思路的基本流程图

8.3　CAE 仿真软件简介

CAE（computer aided engineering，计算机辅助工程）是一种利用计算机技术进行产品设计、分析和优化的技术，它具有多种功能，包括结构分析（静态、动态、模态）、热分析（稳态、瞬态）、流体分析、优化设计及多物理场耦合分析等。其工作原理分为前处理（几何建模、网格划分、定义材料属性、施加边界条件和载荷）、有限元分析和后处理（结果可视化与分析评估）。CAE 广泛应用于汽车工业（整车性能、零部件设计、碰撞安全分析）、航空航天（飞机和航天器设计）、机械制造（产品和模具设计）、土木工程（建筑和桥梁设计）、能源（石油化工和新能源设备）等。

一、ANSYS 软件的功能及应用详解

ANSYS 软件是全球领先的仿真软件之一，以其多物理场耦合分析和广泛的应用功能受到各行业的青睐。ANSYS 集成了结构力学、流体动力学、热传导、电磁场、声学等模块，为产品设计、测试、优化和验证提供全面支持。在结构力学方面，ANSYS 可以完成从静力到动力、屈曲、疲劳等多种分析，并具备出色的非线性分析功能，能够模拟材料的复杂行为，如断裂和大变形等。在流体动力学领域，ANSYS 的 Fluent 和 CFX 模块适用于流动、传热和化学反应的模拟，覆盖从亚音速到超音速的流动类型，被广泛应用于汽车、建筑和航空航天领域。其电磁场分析模块（包括 Maxwell 和 HFSS）可用于静态和射频微波场分析，是电机设计、天线优化和电力电子分析的首选工具，能够有效预测电磁兼容性问题。此外，热分析模块支持稳态和瞬态传热分析，能够模拟复杂环境下的温度分布和热应力，在电子、能源等行业中可用于防止设备过热。

ANSYS 还提供多物理场耦合功能，能够有效解决多物理场交互问题。其中优化工具 DesignXplorer 可帮助工程师完成多目标、参数和拓扑优化，通过自动化调整参数寻找最佳设计方案，提高产品性能并减少材料浪费。Workbench 平台进一步简化了仿真流程，提供前后处理和云端计算服务，直观的界面和自动化功能大幅提升了仿真效率和精度。总体而言，ANSYS 在缩短研发周期、降低实验成本和提升产品质量方面表现卓越，是现代工程设计中不可或缺的仿真平台，功能界面如图 8-11 所示。

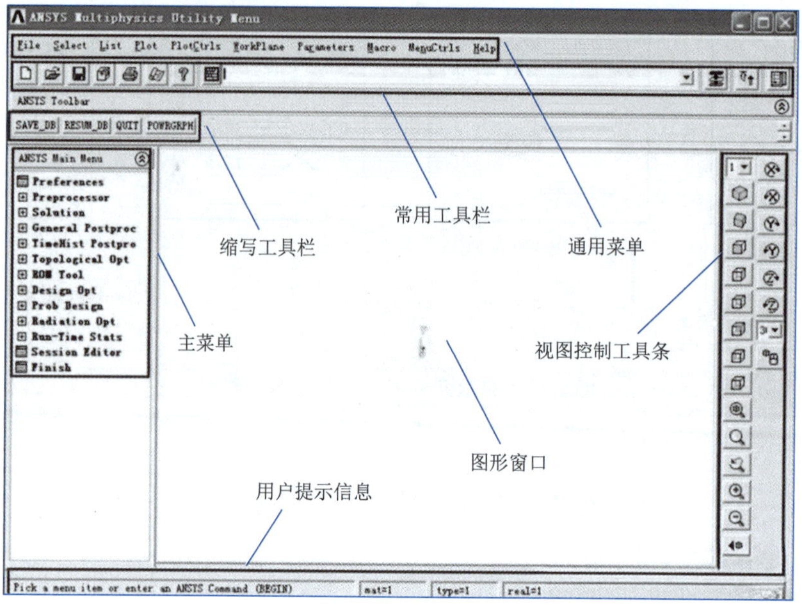

图 8-11 ANSYS 功能界面

二、 Adams 软件在动力学仿真中的优势

1. 建模的便捷性与高效性

如图 8-12 所示，Adams 提供了直观的用户界面，方便用户构建复杂的机械系统模型，同时软件内置了丰富的标准零件库，大大缩短了建模时间。在处理复杂的机械装配关系时，通过简单的操作即可设置各种约束，精确地描述部件之间的连接方式，使得模型能够真实地反映机械系统的实际结构。

图 8-12 Adams 用户界面

2. 强大的动力学分析功能

Adams 能够对机械系统进行全面的动力学分析，可以精确计算系统中各部件的位移、速度和加速度随时间的变化规律。对于动力学问题，无论是静力学分析，还是考虑惯性力、摩擦力、弹性力等多种复杂力作用下的动态分析，Adams 都能做到高效求解。

3. 参数化与优化功能

Adams 支持参数化建模，这使得用户可以将模型中的关键参数设为变量，并结合其优化模块，能够对这些参数进行系统的优化分析，根据不同的设计目标，自动寻找最优的参数组合。在产品设计阶段，这种功能能够帮助工程师快速评估多种设计方案，有效提高设计效率和质量。

4. 良好的兼容性

Adams 能够与多种 CAD 软件和有限元分析软件进行良好的集成，可以方便地导入其他软件创建的几何模型，同时也可以将动力学分析结果输出给其他软件进行进一步的分析，这种兼容性拓宽了 Adams 的应用范围，使得它能够在复杂的产品设计和工程分析流程中发挥重要作用。

三、 Abaqus 软件的非线性分析能力

Abaqus 软件在非线性分析领域有着出色的表现，能够处理复杂的工程问题，其强大的非线性求解器支持对结构、材料和几何等多种非线性现象的精确分析。Abaqus 能够有效解决材料非线性问题，包括金属、橡胶、塑料等各种复杂材料的本构模型，如弹塑性、黏弹性、超弹性等。同时，它还支持大变形和大位移的几何非线性分析，适合模拟结构在极端载荷下的形变过程，这在碰撞、冲击、跌落等应用场景中至关重要。

Abaqus 的非线性接触分析能力也是其优势之一，能够高效处理多物体间的接触和摩擦，适用于齿轮啮合、机械装配等精细接触问题。此外，Abaqus 还支持多种边界条件和载荷工况，可以进行瞬态分析、静力分析、动力分析等各类非线性仿真，为工程师提供灵活的模拟方案，如图 8-13 所示。通过并行计算和求解器优化，Abaqus 在处理大型非线性问题时展现出卓越的计算效率，适用于航空航天、汽车制造、土木工程等对非线性性能要求较高的行业。

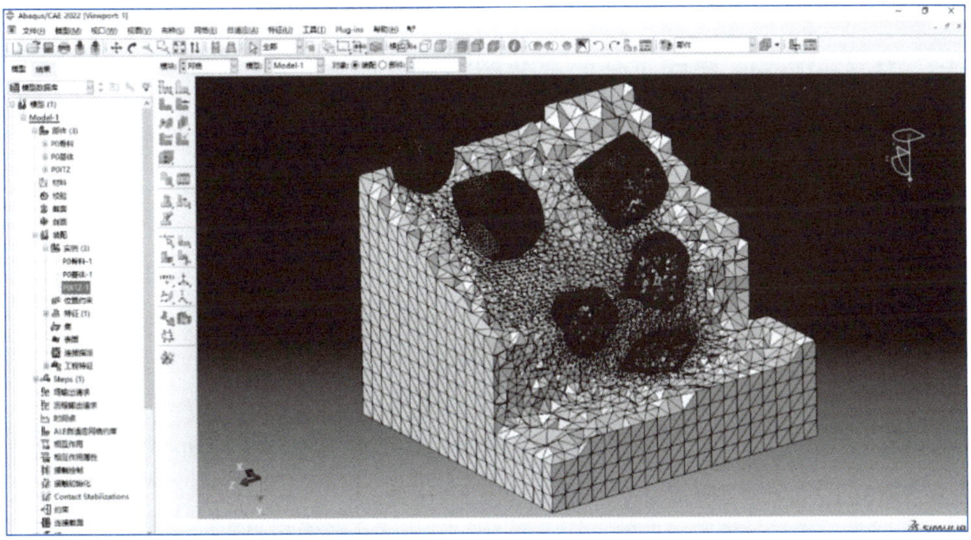

图 8-13　Abaqus 非线性接触分析

四、 LS-DYNA 在碰撞模拟中的特色

LS-DYNA 在碰撞模拟中具有独特的优势，使其在汽车、航空航天和制造业等领域有广泛的应用。首先，LS-DYNA 的显式求解器适合处理高速碰撞和大变形的动态分析，能够在较短时间内准确捕捉到结构的动态响应。软件还拥有丰富的材料模型库，包括金属、复合材料和泡沫等材料的非线性特性，可以模拟材料在碰撞时的屈服、断裂等复杂行为，为设计优化提供坚实的数据支持。其次，LS-DYNA 采用了先进的接触算法，能够处理复杂的接触条件，确保接触面摩擦、滑动等特性的高精度模拟。LS-DYNA 具备强大的多物理场耦合功能，支持流固耦合、热力耦合、电热耦合等分析模式，能够真实还原碰撞过程中的多物理场相互作用。此外，LS-DYNA 的网格自适应功能使其在碰撞模拟中更为精确，软件可以根据物体的变形动态调整网格密度，从而提升仿真精度并有效节约计算资源。凭借以上特性，LS-DYNA 已成为碰撞分析与安全性评估的理想工具，为高精度仿真分析和产品设计优化提供了有力支持。

五、 ADINA 软件的多物理场耦合分析

ADINA 软件以其强大的多物理场耦合分析能力著称，广泛应用于工程仿真和复杂系统建模中。

首先，ADINA 支持流体、结构、热、声学和电磁等物理场的耦合分析，能够在同一模型中进行多场相互作用的精确模拟，可有效处理固体在流体环境中的动态响应，适用于模拟桥梁、船舶等工程结构在流体中的受力状况。其次，ADINA 的热力耦合功能可以精确分析材料在不同温度环境下的应力应变分布，适用于热循环、焊接和发动机等领域的热应力模拟。此外，ADINA 的多场耦合算法支持逐步求解和全耦合求解两种模式，使其在面对复杂工程问题时兼具精度和效率。

ADINA 还具备强大的网格划分与自动调整功能，支持并行计算尤其适用于大型模型的高精度分析。ADINA 的后处理功能丰富，能够展示场变量的分布、动画、数据曲线等，为用户提供详尽的数据分析支持。

六、 HyperWorks 集成平台的高效解决方案

HyperWorks 集成平台提供了全面、高效的仿真解决方案，支持从前处理到后处理的多步骤流程，广泛应用于汽车、航空航天、制造等领域。该平台集成了多种仿真工具，覆盖结构分析、优化设计、流体力学、电磁分析等物理领域，提供了完整的解决方案。HyperWorks 内置的 HyperMesh 模块以其快速、精准的网格划分功能著称，能够处理复杂几何结构，为高精度仿真打下基础。OptiStruct 则是其先进的优化工具，支持拓扑优化、尺寸优化等多种优化模式，帮助工程师在设计初期便实现轻量化和结构优化。此外，HyperWorks 的流体仿真模块 Acusolve 以高效的 CFD（计算流体力学）分析能力闻名，特别适用于复杂流动分析。

HyperWorks 支持多物理场耦合分析，能够处理跨领域的相互作用，HyperWorks 的后处理模块 HyperView 和 HyperGraph 提供了强大的可视化功能，能够展示应力分布、变形动画和仿真结果曲线，使分析结果更易理解。此外，HyperWorks 的开放式架构和高扩展性允许用户定制开发和二次编程，使平台能够灵活适应不同项目需求。凭借这些功能，HyperWorks 已成为工程仿真

和设计优化的高效集成平台，为用户提供了一站式高效解决方案。

七、 Fluent 在流体动力学中的应用

Fluent 是一款功能强大的流体动力学（CFD）仿真软件，广泛应用于各类工程领域中的气体和液体流动分析，在航空航天、汽车、石油化工、电子冷却等领域具有显著优势。Fluent 通过求解 Navier-Stokes 方程，实现了对流体流动、传热、湍流、燃烧等复杂物理现象的精确模拟，稳态与瞬态求解功能兼备，可处理高雷诺数湍流、湍流边界层等问题，为工程师提供精细的流场分析。

如图 8-14 所示，Fluent 的软件架构支持多种物理模型，能够应对不同流体动力学需求，包括大涡模拟（LES）、雷诺时均（RANS）和直接数值模拟（DNS），为湍流模型提供了灵活的选择。同时，Fluent 具备强大的多相流分析功能，可以处理气液两相流、颗粒流、泡沫等复杂情况，使其成为多相流动、化学反应和热流耦合分析的理想工具。在仿真效率方面，Fluent 支持高性能计算，能够通过并行计算加速大规模模型的求解过程。同时，后处理模块提供了详细的流场分布、温度场、压力场、速度场等数据的可视化结果，并支持创建动态动画展示流场的变化情况。Fluent 的强大功能和可靠性使其成为流体动力学分析的常用工具，在工业仿真和研发优化中发挥了重要作用。

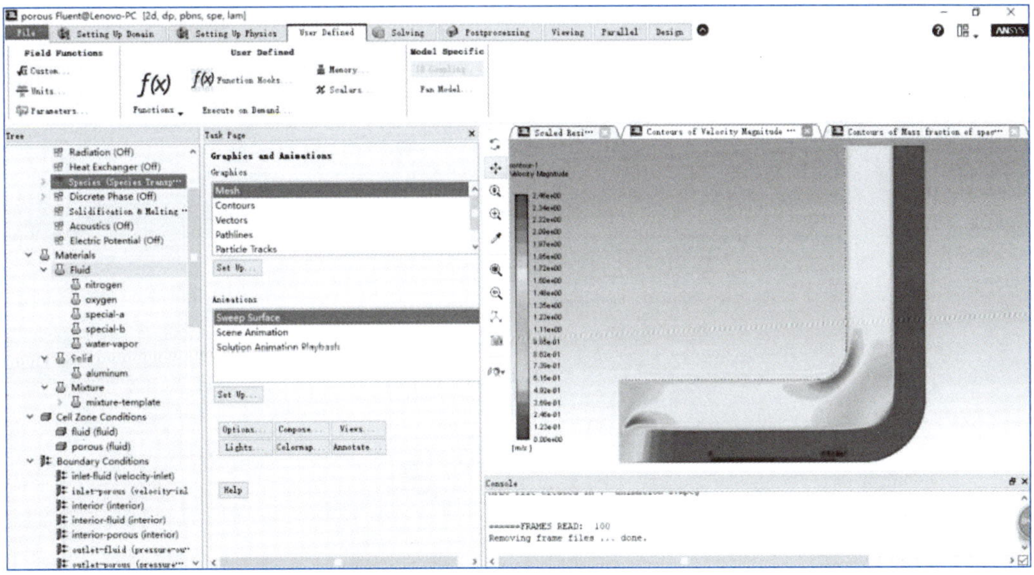

图 8-14　Fluent 速度星级分析

八、 MATLAB /Simulink 在控制系统设计中的应用

MATLAB 为控制系统设计提供了丰富的算法库。通过其强大的数值计算能力，可以进行系统建模所需的复杂数学计算，如求解传递函数、状态空间方程等。工程师可以利用控制系统工具箱进行系统的分析，如计算系统的稳定性、可控性和可观测性等指标。在控制器设计阶段，MATLAB 支持多种设计方法，包括经典的 PID 控制器参数整定，还可以基于先进的控制理论如最优控制、自适应控制等设计算法，通过编写代码实现控制器的设计与优化。

Simulink 则侧重于系统的可视化建模与仿真，拥有的大量模块库涵盖了各种基本数学运算、信号源、线性和非线性元件等。工程师可以直接将这些模块拖放连接，快速搭建控制系统的模型，无论是简单的电动机调速系统还是复杂的航空航天姿态控制系统，通过设置参数和运行仿真，都可以直观地观察系统的动态响应，包括输出信号的变化、超调量、调节时间等。

思考与练习

1. 简述 ANSYS 软件在结构力学、热传导和电磁场分析方面的主要应用特点。
2. 简述 Adams 在机械系统建模与分析中的作用及特点。
3. 比较 Fluent 与 LS-DYNA 在仿真中各自的应用场景和优势。
4. 简述 Fluent 软件在 CFD 分析中的应用优势及其适用领域。
5. 为什么多物理场耦合分析在现代工程中越来越重要？试结合实际案例加以说明。
6. 比较 ANSYS 与 HyperWorks 在优化设计中各自的应用场景和优势。

第 9 章 杆梁结构的有限元方法

在工程结构中，杆、梁、板是主要的承力构件，关于它们的计算分析对于建筑结构设计来说具有非常重要的作用，对杆、梁、板的建模应充分考虑到实际结构的几何特征及连接方式，并需要对其进行不同层次的简化，可以就某一特定分析目的得到相应的 1D、2D、3D 模型，由于在设计时并不知道结构的真实力学性能（还没有实验结果或还得不到精确的解析解），仅有计算分析的结果，因此，可对分析对象分别建立 1D、2D、3D 模型，进行它们之间的相互验证和核对。

9.1 杆件结构分析的基本力学原理

杆件是最常用的承力构件，它的特点是其两端一般都是铰接接头，因此，主要承受沿轴线的轴向力，又因两个连接的构件在铰接接头处可以转动，因此不传递和承受弯矩。

图 9-1 所示为一个一端固定的拉杆，其右端承受一外力 P，长度为 l，横截面积为 A，弹性模量为 E，这是一个一维问题，下面讨论该问题的力学描述与求解。

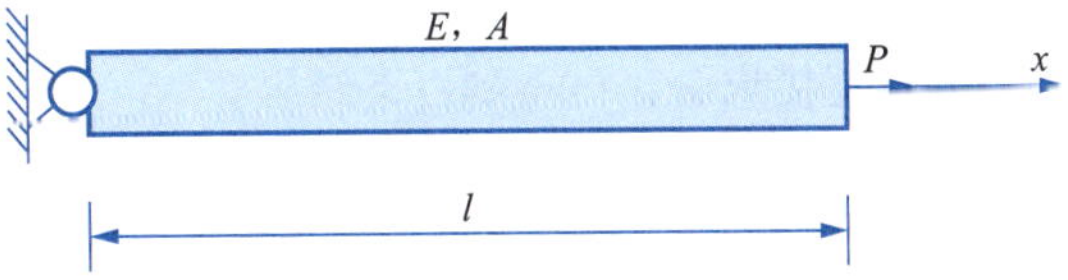

图 9-1 一端固定的拉杆

基本变量：

由于该问题是沿 x 方向的一维问题，因此只有沿 x 方向的基本变量，定义沿 x 方向移动为位移 $u(x)$；定义沿 x 方向的相对伸长（或缩短）量为应变 $\varepsilon_x(x)$；定义沿 x 方向的单位横截面上的受力为应力 $\sigma_x(x)$。

基本方程：

1D 问题的三类基本方程和边界条件如下：

（1）取出杆件的任意一个截面，可得到平衡方程（无体力）为

$$\sigma_x = c_1 \text{ 或 } \frac{\mathrm{d}\sigma_x}{\mathrm{d}x} = 0 \tag{9-1}$$

其中 c_1 为待定的常数。

（2）取出杆件 x 位置处的一段长度 dx，设其伸长为 du，则相对伸长量为

$$\varepsilon_x = \frac{\mathrm{d}u}{\mathrm{d}x} \tag{9-2}$$

上述方程称为几何方程。

（3）由该材料的拉伸试验，可得到该材料的胡克定律为

$$\varepsilon_x = \frac{\sigma_x}{E} \tag{9-3}$$

上述方程又称物理方程。

（4）边界条件（BC）。

$$\text{位移边界条件 BC}(u) \qquad u(x)\big|_{x=0} = 0 \tag{9-4}$$

$$\text{力边界条件 BC}(p) \qquad \sigma_x(x)\big|_{x=l} = \frac{P}{A} = \bar{p}_x \tag{9-5}$$

对于上述力边界条件，只能作为一种近似，因为在 $x=l$ 的端面，$\sigma_x(x)$不应是均匀分布的。由圣维南原理可知，在远离 $x=l$ 的截面，力的边界条件才能较好地满足。

从求解思路来说，有两类方法可以对该问题进行求解：

（1）直接求解法。该问题比较简单，因此，可以由三个方程直接求解三个变量。

（2）基于试函数的间接法。可以先选取一个变量（如位移）作为基本待求变量，将其他变量都用它表达，并采用间接的近似求解方法。具体的做法为：先对待求的位移变量假设一种事先满足位移边界条件的可能解（其中有一些待定的系数），称为试函数，将该受力系统的势能取最小值，最后确定出可能解（试函数）中的待定系数；也可以让该受力系统的内部变形虚功等于外部施加力的虚功，求出试函数中的待定系数。

下面针对图 9-1 所示的一端固定的拉杆问题，分别讨论基于直接求解法以及基于试函数的间接法的求解过程。

求解原理 1：1D 问题的直接求解。

对式（9-1）~ 式（9-3）进行直接求解，可得到以下结果：

$$\left.\begin{aligned} \sigma_x(x) &= c_1 \\ \varepsilon_x(x) &= \frac{c_1}{E} \\ u(x) &= \frac{c_1}{E}x + c_2 \end{aligned}\right\} \tag{9-6}$$

其中 c_1 及 c_2 为待定常数，由边界条件式（9-4）和式（9-5），可求出式（9-6）中的常数为$c_2 = 0$，$c_1 = \frac{P}{A}$。因此可得最后的结果：

$$\left.\begin{aligned} \sigma_x(x) &= \frac{P}{A} \\ \varepsilon_x(x) &= \frac{P}{EA} \\ u(x) &= \frac{P}{EA}x \end{aligned}\right\} \tag{9-7}$$

下面讨论基于试函数的间接方法的求解过程，先介绍相应的求解原理，然后就图 9-1 所示

的一端固定的拉杆问题给出解答。

求解原理 2：1D 问题的虚功原理求解。

先以一个简单的结构静力平衡问题描述虚功原理的基本思想，然后再具体求解一端固定的拉杆问题。图 9-2 所示为一个平衡力系，由于该系统处于平衡状态，则有

$$\frac{P_A}{P_B}=\frac{l_A}{l_B} \tag{9-8}$$

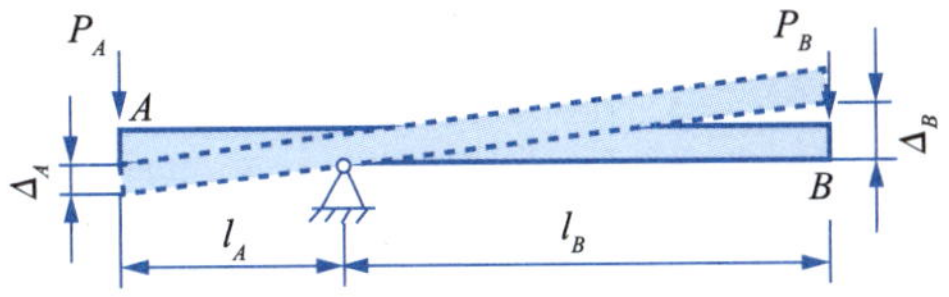

图 9-2　平衡力系由于微小扰动产生相应的虚位移

假想在该平衡力系上作用有微小的扰动（不影响原平衡条件），且外力所作用的位置产生了微小的位移变化，即 Δ_A 和 Δ_B。该假想的位移如果不影响原平衡条件，应满足以下几何关系：

$$\frac{\Delta_A}{\Delta_B}=\frac{l_A}{l_B} \tag{9-9}$$

式 (9-9) 为任意扰动的位移应满足的条件，称为许可位移条件，将满足许可位移条件的、任意微小的假想位移称为虚（假想的）位移（virtual displacement）。

将式 (9-9) 代入式 (9-8) 中，可得

$$P_A\Delta_A-P_B\Delta_B=0 \tag{9-10}$$

其中 $P_A\Delta_A$ 为 A 点的虚功（virtual work），即外力 P_A 在 A 点虚位移 Δ_A 上所做的功，$-P_B\Delta_B$ 为 B 点的虚功，即外力 P_B 在 B 点虚位移 Δ_B 上做的功，注意负号表示力与位移的方向相反。

实质上，式 (9-10) 表达了基于虚位移的虚功原理（principle of virtual work），即对于一个处于平衡状态的系统，作用于系统上的所有外力在满足许可位移条件的虚位移上所做的虚功总和恒为零。

现在进一步讨论弹性力学中有关变形体的虚功原理，这时的虚功应包括外力虚功 $-\delta W$ 和内力虚功 $-\delta U$ [δU 又称虚应变能（virtual strain energy）]。由于弹性体在变形过程中，内力是因抵抗变形产生的，其方向总是与变形的方向相反，所以内力虚功取负。由于虚功总和为零，则有

$$\delta W-\delta U=0 \tag{9-11}$$

得到虚功原理：

$$\delta W=\delta U \tag{9-12}$$

弹性力学中的虚功原理可表述为：在外力作用下处于平衡状态的变形体，当给物体以微小虚位移时，外力所做的总虚功等于物体的总虚应变能（即应力在由虚位移所产生的虚应变上所作的功），注意这里的虚位移是指仅满足位移边界条件 BC(u) 的许可位移。

下面应用虚功应力具体求解图 9-2 所示的一端固定的拉杆问题，设有满足位移边界条件的位移场：

$$u(x)=cx \tag{9-13}$$

可以验证：它满足位移边界条件。由于待定系数 c 的存在，这是一个待定函数，又称试函数，可通过虚功原理进行确认。基于式（9-13），可以得到其应变、虚位移以及虚应变为

$$\left.\begin{array}{l}\varepsilon(x)=c\\ \delta u(x)=\delta c\cdot x\\ \delta\varepsilon(x)=\delta c\end{array}\right\}\tag{9-14}$$

其中 δc 为待定系数的增量。计算图 9-2 所示算例的虚应变能以及外力虚功，即

$$\delta U=\int_{\Omega}\sigma_x\delta\varepsilon_x\mathrm{d}\Omega=\int_0^l\int_A E\varepsilon_x\delta\varepsilon_x\mathrm{d}A\mathrm{d}x=Ec\delta cAl\tag{9-15}$$

$$\delta W=P\cdot\delta u(x=l)=P\cdot\delta c\cdot l\tag{9-16}$$

由虚功原理可得

$$Ec\delta c\cdot Al=P\cdot\delta c\cdot l\tag{9-17}$$

即

$$c=\frac{P}{EA}\tag{9-18}$$

代回式（9-13）中，即可得到该问题的解。

求解原理 3：1D 问题的最小势能原理求解。

设有满足位移边界条件 BC(u)的许可位移场 $u(x)$，计算该系统的势能为

$$\Pi(u)=U-W\tag{9-19}$$

其中，U 为应变能，W 为外力功，对于图 9-2 所示的算例，有

$$\left.\begin{array}{l}U=\dfrac{1}{2}\int_{\Omega}\sigma_x(u(x))\varepsilon_x(u(x))\mathrm{d}\Omega\\ W=Pu(l)\end{array}\right\}\tag{9-20}$$

对于包含待定系数的试函数 $u(x)$ 而言，真实的位移函数 $u(x)$ 应使得该系统的势能取极小值，即

$$\min_{u(x)\in\mathrm{BC}(u)}[\Pi(u)=U-W]\tag{9-21}$$

下面应用最小势能原理具体求解图 9-2 所示的一端固定的拉杆问题，如同样取满足位移边界条件的位移场［见式（9-13）］，则计算应力、应变为

$$\left.\begin{array}{l}\varepsilon_x(x)=\dfrac{\mathrm{d}u}{\mathrm{d}x}=c\\ \sigma_x(x)=E\varepsilon_x(x)=Ec\end{array}\right\}\tag{9-22}$$

由式（9-20）可得该系统的势能为

$$\Pi(u)=U-W=\frac{1}{2}Ec^2Al-Pcl\tag{9-23}$$

根据式（9-21），对式（9-23）求极值，即

$$\frac{\partial\Pi(u)}{\partial c}=0\tag{9-24}$$

则可以求出 $c=P/EA$，与式（9-18）的结果相同。

由上面的计算可以看出，基于试函数的方法，包括虚功原理及最小势能原理，仅计算系统的能量，实际上就是计算积分［见式（9-15）、式（9-20）］，然后转化为求解线性方程，无须求

解微分方程，这样就大大地降低了求解难度。同时也可以看出，试函数方法的关键就是如何构造出适合所求问题的位移试函数，并且该构造方法还应具有规范性以及标准化，基于“单元”的构造方法即可完全满足这些要求。

9.2 局部坐标系中的杆单元描述

一、局部坐标系中的杆单元描述

最简单的标准单元即杆单元，下面介绍它的试函数描述，并计算其应变能和外力功。

单元的描述包括单元的几何及节点描述、位移场、应变场、应力场、势能，即要充分利用描述问题的三大类变量以及三大类方程计算单元的势能，然后，由最小势能原理（或虚功原理）得到单元的方程。实际上，单元内位移场的描述即为其试函数的选取。

1. 单元的几何及节点描述

图 9-3 所示为一个在局部坐标系中的杆单元，由于其有两个端节点，则基本变量为节点位移（向量）列阵 $\boldsymbol{q}^{e}$：

$$\boldsymbol{q}^{e}=(u_1 \quad u_2)^{\mathrm{T}} \tag{9-25}$$

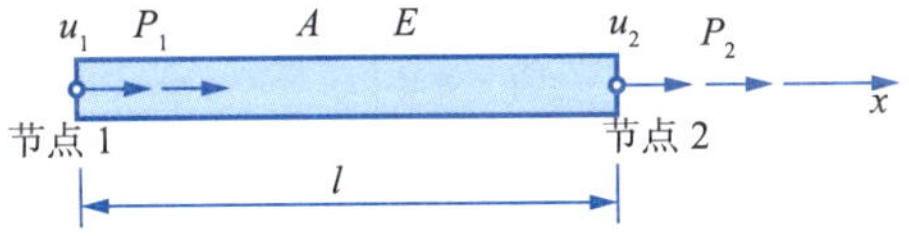

图 9-3 局部坐标系中的杆单元

将每个描述物体位置状态的独立变量称为一个自由度（degree of freedom，DOF），显然，以上的节点位移为 2 个自由度，节点力（向量）列阵 $\boldsymbol{P}^{e}$ 为

$$\boldsymbol{P}^{e}=(P_1 \quad P_2)^{\mathrm{T}} \tag{9-26}$$

若该单元承受有沿轴向的分布外载，可以将其等效到节点上，即表示为式(9-26)所示的节点力。利用函数插值、几何方程、物理方程以及势能计算公式，可以将单元的所有力学参量［即场变量：$u(x)$、$\varepsilon(x)$、$\sigma(x)$ 和 Π^{e}］用节点位移列阵 $\boldsymbol{q}^{e}$ 及相关的插值函数进行表示。

2. 单元位移场的表达

设该单元的位移场为 $u(x)$，由泰勒级数，可以表示为

$$u(x)=a_0+a_1x+a_2x^2+\cdots \tag{9-27}$$

该函数将由两个端节点的位移 u_1 和 u_2 进行插值确定，可取式(9-27)的前两项作为该单元的位移插值模式（interpolation model），即

$$u(x)=a_0+a_1x \tag{9-28}$$

其中 a_0 和 a_1 为待定系数（unknowns）。

单元节点条件为

$$\left.\begin{aligned} u(x)\big|_{x=0}&=u_1 \\ u(x)\big|_{x=l^{e}}&=u_2 \end{aligned}\right\} \tag{9-29}$$

将节点条件代入式(9-28)，可以求得 a_0 和 a_1 为

$$\left.\begin{aligned} a_0 &= u_1 \\ a_1 &= \frac{u_2 - u_1}{l^e} \end{aligned}\right\} \tag{9-30}$$

将其代入式(9-28)可得

$$u(x) = u_1 + \left(\frac{u_2 - u_1}{l^e}\right)x = \left(1 - \frac{x}{l^e}\right)u_1 + \left(\frac{x}{l^e}\right)u_2 = \boldsymbol{N}(x)\boldsymbol{q}^e \tag{9-31}$$

其中 $\boldsymbol{N}$ 为形状函数矩阵（shape function matrix），即

$$\boldsymbol{N}(x) = \begin{pmatrix} 1 - \frac{x}{l^e} & \frac{x}{l^e} \end{pmatrix} \tag{9-32}$$

$\boldsymbol{q}^e$ 为节点位移列阵，即

$$\boldsymbol{q}^e = (u_1 \quad u_2) \tag{9-33}$$

3. 单元应变场的表达

由弹性力学中的几何方程，可得 1D 问题的应变：

$$\varepsilon(x) = \frac{\mathrm{d}u(x)}{\mathrm{d}x} = \begin{pmatrix} 1 - \frac{x}{l^e} & \frac{x}{l^e} \end{pmatrix}\begin{bmatrix} u_1 \\ u_2 \end{bmatrix} = \boldsymbol{B}(x)\boldsymbol{q}^e \tag{9-34}$$

其中 $\boldsymbol{B}(x)$ 为几何矩阵：

$$\boldsymbol{B}(x) = \frac{\mathrm{d}}{\mathrm{d}x}\boldsymbol{N}(x) = \begin{pmatrix} -\frac{1}{l^e} & \frac{1}{l^e} \end{pmatrix} \tag{9-35}$$

4. 单元应力场的表达

由弹性力学中的物理方程，可得 1D 问题的应力：

$$\sigma(x) = E^e\varepsilon(x) = E^e\boldsymbol{B}(x)\boldsymbol{q}^e = \boldsymbol{S}(x)\boldsymbol{q}^e \tag{9-36}$$

其中 $\boldsymbol{S}(x)$ 为应力矩阵：

$$\boldsymbol{S}(x) = E\boldsymbol{B}^e(x) = \begin{pmatrix} -\frac{E^e}{l^e} & \frac{E^e}{l^e} \end{pmatrix} \tag{9-37}$$

5. 单元势能的表达

基于式(9-34)和式(9-36)，可得单元势能的表达式为

$$\begin{aligned} \Pi^e &= U^e W^e = \frac{1}{2}\int_{\Omega}\sigma(x)\varepsilon(x)\mathrm{d}\Omega - (P_1^e u_1 + P_2^e u_2) \\ &= \frac{1}{2}\int_0^{l^e}\boldsymbol{q}^{eT}\boldsymbol{S}^T(x)\boldsymbol{B}(x)\boldsymbol{q}^e A^e\mathrm{d}x - (P_1^e u_1 + P_2^e u_2) \\ &= \frac{1}{2}(u_1 \quad u_2)\begin{bmatrix} \frac{E^eA^e}{l^e} & -\frac{E^eA^e}{l^e} \\ -\frac{E^eA^e}{l^e} & \frac{E^eA^e}{l^e} \end{bmatrix}\begin{bmatrix} u_1 \\ u_2 \end{bmatrix} - (P_1^e \quad P_2^e)\begin{bmatrix} u_1 \\ u_2 \end{bmatrix} \\ &= \frac{1}{2}\boldsymbol{q}^{eT}\boldsymbol{K}^e\boldsymbol{q}^e - \boldsymbol{P}^{eT}\boldsymbol{q}^e \end{aligned} \tag{9-38}$$

其中 $\boldsymbol{K}^e$ 为单元刚度矩阵：

$$\boldsymbol{K}^e = \frac{E^eA^e}{l^e}\begin{bmatrix} 1 & -1 \\ -1 & 1 \end{bmatrix} \tag{9-39}$$

$\boldsymbol{P}^{\mathrm{e}}$ 为节点力列阵：

$$\boldsymbol{P}^{\mathrm{e}}=\begin{pmatrix}P_1^{\mathrm{e}}\\P_2^{\mathrm{e}}\end{pmatrix} \tag{9-40}$$

6. 单元的刚度方程

对式 (9-38) 取极小值，可以得到单元的刚度方程（stiffness equation of element）为

$$\underset{(2\times2)}{\boldsymbol{K}^{\mathrm{e}}}\cdot\underset{(2\times1)}{\boldsymbol{q}^{\mathrm{e}}}=\underset{(2\times1)}{\boldsymbol{P}^{\mathrm{e}}} \tag{9-41}$$

同理，对于变截面杆单元，与等截面杆单元相比，该线性变截面杆单元的截面取了平均面积，有兴趣的同学可以自行推导学习。

二、杆单元坐标变换

1. 平面杆单元的坐标变换

在工程实际中，杆单元可能处于整体坐标系中的任意位置，如图 9-4 所示，这需要将原来在局部坐标系中所得到的单元表达等价地变换到整体坐标系中，此时，不同位置的单元才有公共的坐标基准，以便对各个单元进行集成（组合）。图 9-4 中的整体坐标系为 $\bar{x}O\bar{y}$，杆单元的局部坐标系为 Ox。

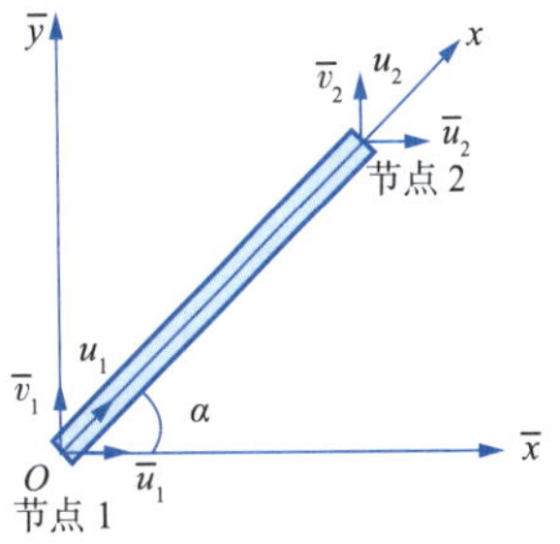

图 9-4　平面杆单元的坐标变换

局部坐标系中的节点位移为

$$\boldsymbol{q}^{\mathrm{e}}=(u_1\quad u_2)^{\mathrm{T}} \tag{9-42}$$

整体坐标系中的节点位移为

$$\bar{\boldsymbol{q}}^{\mathrm{e}}=(\bar{u}_1\quad\bar{v}_1\quad\bar{u}_2\quad\bar{v}_2)^{\mathrm{T}} \tag{9-43}$$

$$\left.\begin{aligned}u_1&=\bar{u}_1\cos\alpha+\bar{v}_1\sin\alpha\\u_2&=\bar{u}_2\cos\alpha+\bar{v}_2\sin\alpha\end{aligned}\right\} \tag{9-44}$$

写成矩阵形式有：

$$\boldsymbol{q}^{\mathrm{e}}=\begin{pmatrix}u_1\\u_2\end{pmatrix}=\begin{bmatrix}\cos\alpha & \sin\alpha & 0 & 0\\0 & 0 & \cos\alpha & \sin\alpha\end{bmatrix}\begin{pmatrix}\bar{u}_1\\\bar{v}_1\\\bar{u}_2\\\bar{v}_2\end{pmatrix}=\boldsymbol{T}^{\mathrm{e}}\bar{\boldsymbol{q}}^{\mathrm{e}} \tag{9-45}$$

其中 $\boldsymbol{T}^{\mathrm{e}}$ 为坐标变换矩阵：

$$\boldsymbol{T}^{\mathrm{e}}=\begin{bmatrix}\cos\alpha & \sin\alpha & 0 & 0\\0 & 0 & \cos\alpha & \sin\alpha\end{bmatrix} \tag{9-46}$$

下面推导整体坐标系下的刚度方程，由于单元的势能是一个标量（能量），不会因坐标系的不同而改变，因此，可将节点位移的坐标变换关系式 (9-45) 代入原来基于局部坐标系的势能表达式中，有

$$\begin{aligned}\varPi^{\mathrm{e}}&=\frac{1}{2}\boldsymbol{q}^{\mathrm{eT}}\boldsymbol{K}^{\mathrm{e}}\boldsymbol{q}^{\mathrm{e}}-\boldsymbol{p}^{\mathrm{eT}}\boldsymbol{q}^{\mathrm{e}}\\&=\frac{1}{2}\bar{\boldsymbol{q}}^{\mathrm{eT}}(\boldsymbol{T}^{\mathrm{eT}}\boldsymbol{K}^{\mathrm{e}}\boldsymbol{T}^{\mathrm{e}})\bar{\boldsymbol{q}}^{\mathrm{e}}-(\boldsymbol{T}^{\mathrm{eT}}\boldsymbol{P}^{\mathrm{e}})^{\mathrm{T}}\bar{\boldsymbol{q}}^{\mathrm{e}}\\&=\frac{1}{2}\bar{\boldsymbol{q}}^{\mathrm{eT}}\bar{\boldsymbol{K}}^{\mathrm{e}}\bar{\boldsymbol{q}}^{\mathrm{e}}-\bar{\boldsymbol{P}}^{\mathrm{eT}}\bar{\boldsymbol{q}}^{\mathrm{e}}\end{aligned} \tag{9-47}$$

其中 $\bar{\boldsymbol{K}}^{e}$ 为整体坐标系下的单元刚度矩阵，$\bar{\boldsymbol{P}}^{e}$ 为整体坐标系下的节点力列阵，即

$$\bar{\boldsymbol{K}}^{e}=\boldsymbol{T}^{eT}\boldsymbol{K}^{e}\boldsymbol{T}^{e} \tag{9-48}$$

$$\bar{\boldsymbol{P}}^{e}=\boldsymbol{T}^{eT}\boldsymbol{P}^{e} \tag{9-49}$$

由最小势能原理（针对该单元），将式（9-47）对待定的节点位移列阵 $\bar{\boldsymbol{q}}^{e}$ 取极小值，可得整体坐标系中的刚度方程为

$$\underset{(4\times4)}{\bar{\boldsymbol{K}}^{e}}\ \underset{(4\times2)}{\bar{\boldsymbol{q}}^{e}}=\underset{(4\times2)}{\bar{\boldsymbol{P}}^{e}} \tag{9-50}$$

对于图 9-4 所示的杆单元，由式（9-48）可具体得到，即

$$\underset{(4\times4)}{\bar{\boldsymbol{K}}^{e}}=\frac{E^{e}A^{e}}{l^{e}}\begin{bmatrix}\cos^2\alpha & \cos\alpha\sin\alpha & -\cos^2\alpha & -\cos\alpha\sin\alpha\\ \cos\alpha\sin\alpha & \sin^2\alpha & -\cos\alpha\sin\alpha & -\sin^2\alpha\\ -\cos^2\alpha & -\cos\alpha\sin\alpha & \cos^2\alpha & \cos\alpha\sin\alpha\\ -\cos\alpha\sin\alpha & -\sin^2\alpha & \cos\alpha\sin\alpha & \sin^2\alpha\end{bmatrix} \tag{9-51}$$

2. 空间杆单元的坐标变换

空间问题中的杆单元如图 9-5 所示。

该杆单元在局部坐标系（Ox）下的节点位移不变：

$$\boldsymbol{q}^{e}=(u_1\quad u_2)^{T} \tag{9-52}$$

而整体坐标系（$\bar{O}\bar{x}\bar{y}\bar{z}$）中的节点位移列阵为

$$\bar{\boldsymbol{q}}^{e}=(\bar{u}_1\quad \bar{v}_1\quad \bar{w}_1\quad \bar{u}_2\quad \bar{v}_2\quad \bar{w}_2)^{T} \tag{9-53}$$

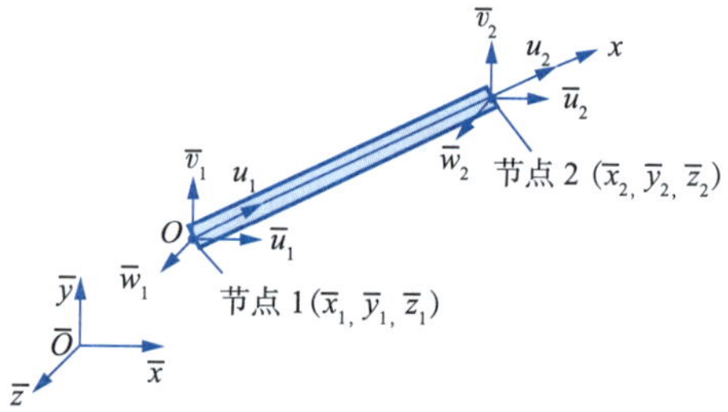

图 9-5　空间杆单元的坐标变换

杆单元轴线在整体坐标系中的方向余弦为

$$\cos(\widehat{x,\bar{x}})=\frac{\bar{x}_2-\bar{x}_1}{l},\ \cos(\widehat{x,\bar{y}})=\frac{\bar{y}_2-\bar{y}_1}{l},\ \cos(\widehat{x,\bar{z}})=\frac{\bar{z}_2-\bar{z}_1}{l} \tag{9-54}$$

其中 $(\bar{x}_1,\bar{y}_1,\bar{z}_1)$ 和 $(\bar{x}_2,\bar{y}_2,\bar{z}_2)$ 分别是节点 1 和节点 2 在整体坐标系中的位置，l 为杆单元的长度，与平面情形类似，$\boldsymbol{q}^{e}$ 与 $\bar{\boldsymbol{q}}^{e}$ 之间存在以下转换关系：

$$\boldsymbol{q}^{e}=\begin{pmatrix}u_1\\u_2\end{pmatrix}=\begin{bmatrix}\cos(x,\bar{x}) & \cos(x,\bar{y}) & \cos(x,\bar{z}) & 0 & 0 & 0\\ 0 & 0 & 0 & \cos(x,\bar{x}) & \cos(x,\bar{y}) & \cos(x,\bar{z})\end{bmatrix}\begin{pmatrix}\bar{u}_1\\ \bar{v}_1\\ \bar{w}_1\\ \bar{u}_2\\ \bar{v}_2\\ \bar{w}_2\end{pmatrix}$$

$$=\boldsymbol{T}^{e}\bar{\boldsymbol{q}}^{e} \tag{9-55}$$

其中 $\boldsymbol{T}^{e}$ 为坐标变换矩阵：

$$\boldsymbol{T}^{e}=\begin{bmatrix}\cos(x,\bar{x}) & \cos(x,\bar{y}) & \cos(x,\bar{z}) & 0 & 0 & 0\\ 0 & 0 & 0 & \cos(x,\bar{x}) & \cos(x,\bar{y}) & \cos(x,\bar{z})\end{bmatrix} \tag{9-56}$$

刚度矩阵和节点力的变换与平面情形相同，即

$$\underset{(6\times6)}{\bar{\boldsymbol{K}}^{e}}=\underset{(6\times2)}{\boldsymbol{T}^{eT}}\ \underset{(2\times2)}{\boldsymbol{K}^{e}}\ \underset{(2\times6)}{\boldsymbol{T}^{e}} \tag{9-57}$$

$$\underset{(6\times1)}{\bar{\boldsymbol{P}}^{e}}=\underset{(6\times2)}{\boldsymbol{T}^{eT}}\ \underset{(2\times1)}{\boldsymbol{P}^{e}} \tag{9-58}$$

9.3　梁结构有限元分析的描述

一、梁结构分析的基本力学原理

设一个受分布载荷作用的简支梁如图 9-6 所示，由于简支梁的宽度较小，外载沿宽度方向无变化，该问题可以认为是一个 xOy 平面内的问题，可以有以下两种方法建立基本方程：

方法一：采用一般的建模及分析方法，即从对象取出 $\mathrm{d}x\mathrm{d}y$ 微元体进行分析，建立一般方程，可参考本书 9.2 节中关于 2D 问题的基本变量及方程，但所用的变量较多，方程复杂，未考虑到这一具体问题的特征。

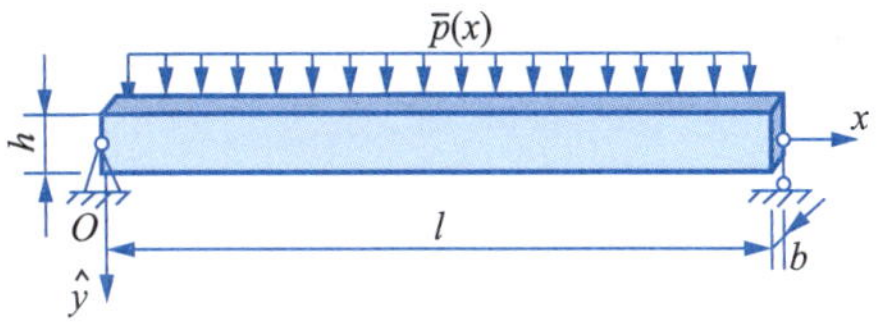

图 9-6　受分布载荷作用的简支梁

方法二：针对细长梁使用“特征建模”的简化方法推导三大方程，其基本思想是采用工程宏观特征量进行问题的描述。图 9-6 所示问题的特征为：①梁为细长梁，因此可只用 x 坐标进行刻画；②主要变形为垂直于 x 轴的挠度，可只用挠度描述位移场。针对这两个特征，可以对梁沿高度方向的变形做出以下设定：①变形后的直线假定；②小变形假定。这两个设定对于细长梁的实际情况也是符合的。

基本变量：

位移：$v(x,\hat{y}=0)$（中性层的挠度）

应力：σ（即 σ_x，其他应力分量很小不考虑，该变量对应于梁截面上的弯矩 M）

应变：ε（采用 ε_x，沿高度方向满足直线假定）

下面取具有全高度梁的 $\mathrm{d}x$“微段”推导三大方程（见图 9-7）。

基本方程：

该问题的三大类基本方程和边界条件如下：

1. 平衡方程

针对图 9-7 中的“微段”，存在三个平衡方程，首先，由 x 方向的合力等效 $\sum F_{xi}=0$，有

$$M=\int_A \sigma_x \hat{y}\mathrm{d}A \tag{9-59}$$

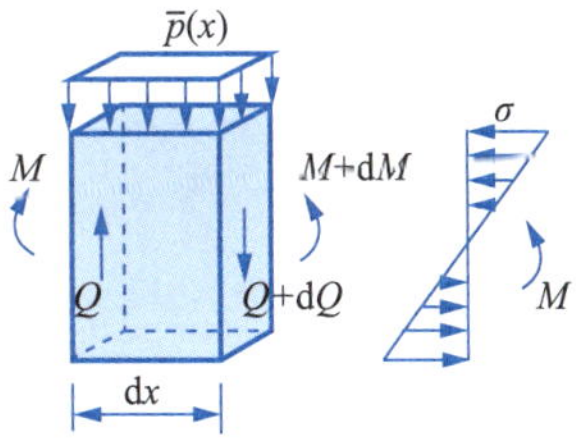

图 9-7　梁问题的 dx“微段”及受力平衡

其中 $\hat{y}$ 是以梁的中性层为起点的 y 坐标，M 为截面上的弯矩。

然后，由 y 方向的合力平衡 $\sum F_{yi}=0$，有 $\mathrm{d}Q+\bar{p}(x)\mathrm{d}x=0$，即

$$\frac{\mathrm{d}Q}{\mathrm{d}x}+\bar{p}=0 \tag{9-60}$$

其中 Q 为截面上的剪力。再由弯矩平衡 $\sum M_0=0$，有 $\mathrm{d}M-Q\mathrm{d}x=0$，即

$$Q=\frac{\mathrm{d}M}{\mathrm{d}x} \tag{9-61}$$

2. 几何方程

梁问题中 $\mathrm{d}x$“微段”的纯弯变形分析如图 9-8 所示。

由变形后的几何关系，可得到位于 $\hat{y}$ 处纤维层的应变（即相对伸长量）为

$$\varepsilon_x = \frac{(R-\hat{y})\,\mathrm{d}\theta - R\mathrm{d}\theta}{R\mathrm{d}\theta} = -\frac{\hat{y}}{R} \tag{9-62}$$

其中 R 为曲率半径，而曲率 κ（curvature）与曲率半径 R 的关系为

$$\kappa = \frac{\mathrm{d}\theta}{\mathrm{d}s} = \frac{\mathrm{d}\theta}{R\mathrm{d}\theta} = \frac{1}{R} \tag{9-63}$$

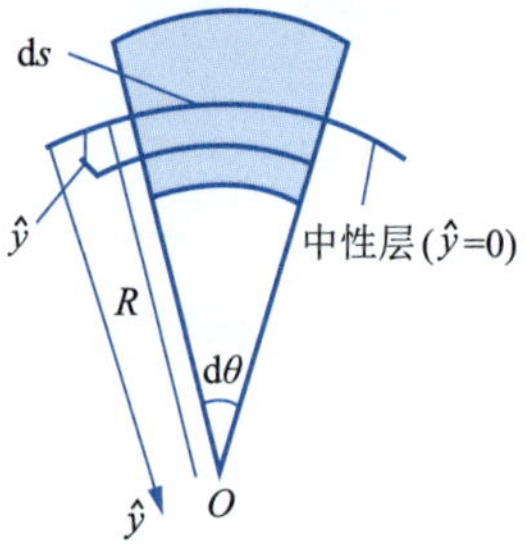

图 9-8　梁的纯弯变形图

对于梁的挠度函数 $v(x,\hat{y}=0)$，其曲率 κ 的计算公式为

$$\kappa = \pm\frac{v''(x)}{(1+v'(x)^2)^{3/2}} \approx \pm v''(x) \tag{9-64}$$

此处根据图 9-8 所示情形，应取为

$$\kappa = \frac{\mathrm{d}^2 v}{\mathrm{d}x^2} \tag{9-65}$$

将式（9-63）和式（9-65）代入式（9-62）中，有

$$\varepsilon_x(x,\hat{y}) = -\hat{y}\frac{\mathrm{d}^2 v}{\mathrm{d}x^2} \tag{9-66}$$

3. 物理方程

根据胡克定律：

$$\sigma_x = E\varepsilon_x \tag{9-67}$$

并对以上方程进行整理，得到描述平面梁弯曲问题的基本方程：

y 方向的平衡关系：
$$-EI\frac{\mathrm{d}^4 v}{\mathrm{d}x^4} + \bar{p}(x) = 0 \tag{9-68}$$

x 方向的平衡关系：
$$M(x) = \int_A \sigma_x \hat{y}\,\mathrm{d}A = \int_A -\hat{y}^2 E v''\,\mathrm{d}A = -EI\frac{\mathrm{d}^2 v}{\mathrm{d}x^2} \tag{9-69}$$

物理方程：
$$\sigma_x(x) = -E\hat{y}\frac{\mathrm{d}^2 v}{\mathrm{d}x^2} \tag{9-70}$$

几何方程：
$$\varepsilon_x(x) = -\hat{y}\frac{\mathrm{d}^2 v}{\mathrm{d}x^2} \tag{9-71}$$

在式（9-69）中 $I = \int_A -\hat{y}^2\mathrm{d}A$ 为梁截面的惯性矩，可以看出：将原始基本变量定为中性层的挠度 $v(x,\hat{y}=0)$，此时其他力学参量都可以基于它进行表达。

4. 边界条件

图 9-8 所示简支梁的边界为梁的两端，由于在建立平衡方程时已考虑了分布外载 $\bar{p}(x)$［见式（9-68）］，因此不能再作为力的边界条件。

两端的位移边界：

$$\mathrm{BC}(u)\ v|_{x=0} = 0,\ v|_{x=l} = 0 \tag{9-72}$$

两端的力（弯矩）边界：

$$\mathrm{BC}(p)\ M|_{x=0} = 0,\ M|_{x=l} = 0 \tag{9-73}$$

由式（9-69），可将弯矩以挠度的二阶导数进行表示，即

$$\mathrm{BC}(p)\ v''|_{x=0} = 0,\ v''|_{x=l} = 0 \tag{9-74}$$

求解原理 4： 简支梁的微分方程解。

若用基于 dxdy 微体所建立的原始方程（即原平面应力问题中的三大类方程）进行直接求解，不仅过于烦琐，而且不易求解，若用基于上述“特征建模”简化方法所得到的基本方程进行直接求解则比较简单，对图 9-6 所示的均匀分布外载的情况，其方程为

$$-EI\frac{\mathrm{d}^4 v}{\mathrm{d}x^4}+\bar{p}_0=0 \tag{9-75}$$

$$\mathrm{BC}(u)\quad v\big|_{x=0}=v\big|_{x=l}=0 \tag{9-76}$$

$$\mathrm{BC}(p)\quad v''\big|_{x=0}=v''\big|_{x=l}=0 \tag{9-77}$$

这是一个常微分方程，其解的形式为

$$v(x)=\frac{1}{EI}\left(\frac{\bar{p}_0}{24}x^4+c_3x^3+c_2x^2+c_1x+c_0\right) \tag{9-78}$$

其中 c_0、c_1、c_2、c_3 为待定系数，可由四个边界条件求出，最后可得结果：

$$v(x)=\frac{\bar{p}_0}{24EI}(x^4-2lx^3+l^3x) \tag{9-79}$$

则位于中点处的挠度为

$$v\left(x=\frac{l}{2}\right)=0.013020833\,\frac{\bar{p}_0 l^4}{24EI} \tag{9-80}$$

计算平面梁弯曲问题有关能量方面的物理量如下：

应变能：

$$\begin{aligned}U&=\frac{1}{2}\int_{\Omega}\sigma_x\varepsilon_x\mathrm{d}\Omega\\&=\frac{1}{2}\int_{\Omega}\left(-E\hat{y}\frac{\mathrm{d}^2 v}{\mathrm{d}x^2}\right)\left(-\hat{y}\frac{\mathrm{d}^2 v}{\mathrm{d}x^2}\right)\mathrm{d}A\mathrm{d}x\\&=\frac{1}{2}\int_{l}EI_z\left(\frac{\mathrm{d}^2 v}{\mathrm{d}x^2}\right)^2\mathrm{d}x\end{aligned} \tag{9-81}$$

外力功：

$$W=\int_{l}\bar{p}(x)v(x)\mathrm{d}x \tag{9-82}$$

势能：

$$\Pi=U-W=\frac{1}{2}\int_{l}EI_z\left(\frac{\mathrm{d}^2 v}{\mathrm{d}x^2}\right)^2\mathrm{d}x-\int_{l}\bar{p}(x)v(x)\mathrm{d}x \tag{9-83}$$

求解原理 5： 简支梁的虚功原理求解。

同样以图 9-6 所示的简支梁为例，假设有一个只满足位移边界条件 BC(u)的位移场 $\hat{v}(x)$ 为

$$\hat{v}(x)=c_1\sin\frac{\pi x}{l} \tag{9-84}$$

其中 c_1 为待定系数，则它的微小变化，即虚位移场，即

$$\delta\hat{v}(x)=\delta c_1\sin\frac{\pi x}{l} \tag{9-85}$$

其中 δc_1 为微小变化量，可以验证，式 (9-84) 满足位移边界条件 BC(u)，将满足位移边界条件 BC(u)的试函数称为许可位移。

该简支梁的虚应变能为

$$\delta U = \int_{\Omega} \sigma_x \delta\varepsilon_x \mathrm{d}\Omega = \int_0^l \int_A E\varepsilon_x \delta\varepsilon_x \mathrm{d}A\mathrm{d}x \tag{9-86}$$

其中 A 为梁的横截面，对于梁的弯曲问题，由式 (9-66) 可得几何方程：

$$\varepsilon_x = -\hat{y}\frac{\mathrm{d}^2 v}{\mathrm{d}x^2} \tag{9-87}$$

将其代入式 (9-86) 中，则有

$$\delta U = \int_0^l E\left(\int_A \hat{y}^2 \mathrm{d}A\right)\left(\frac{\mathrm{d}^2\hat{v}}{\mathrm{d}x^2}\right)\left(\frac{\mathrm{d}^2\delta\hat{v}}{\mathrm{d}x^2}\right)\mathrm{d}x \tag{9-88}$$

将式 (9-84) 和式 (9-85) 代入上式，有

$$\begin{aligned}\delta U &= \int_0^l EI\left(\frac{\pi}{l}\right)^2 c_1 \sin\frac{\pi x}{l}\left(\frac{\pi}{l}\right)^2 \sin\frac{\pi x}{l}\delta c_1 \cdot \mathrm{d}x \\ &= \frac{EIl}{2}\left(\frac{\pi}{l}\right)^4 c_1 \delta c_1\end{aligned} \tag{9-89}$$

其中 $I = \int_A \hat{y}^2 \mathrm{d}A$ 为截面惯性矩。

该简支梁的外力虚功为

$$\begin{aligned}\delta W &= \int_0^l \bar{p}_0 \delta\hat{v}\mathrm{d}x \\ &= \bar{p}_0 \delta c_1 \int_0^l \sin\frac{\pi x}{l}\mathrm{d}x = \frac{2\bar{p}_0 l}{\pi}\delta c_1\end{aligned} \tag{9-90}$$

由虚功原理［见式 (9-12)］可得

$$\frac{2\bar{p}_0 l}{\pi}\delta c_1 = \frac{EIl}{2}\left(\frac{\pi}{l}\right)^4 c_1 \delta c_1 \tag{9-91}$$

整理可得

$$c_1 = \frac{4l^4}{EI\pi^5}\bar{p}_0 \tag{9-92}$$

那么，由式 (9-84) 表示的位移模式中，真实的一组为满足虚功原理时的位移，即

$$\hat{v}(x) = \frac{4l^4}{EI\pi^5}\bar{p}_0 \sin\frac{\pi x}{l} \tag{9-93}$$

求解原理 6：简支梁的最小势能原理求解。

仍以图 9-6 所示平面简支梁的弯曲问题为例，为提高计算精度，可以选取多项函数的组合，这里取满足位移边界条件 BC(u) 的许可位移场 $\hat{v}(x)$：

$$\hat{v}(x) = c_1 \sin\frac{\pi x}{l} + c_2 \sin\frac{3\pi x}{l} \tag{9-94}$$

其中 c_1 和 c_2 为待定系数。计算应变能 U 为

$$\begin{aligned}\delta U &= \int_{\Omega} \sigma_x \varepsilon_x \mathrm{d}\Omega \\ &= \frac{1}{2}\int_0^l EI\left(\frac{\mathrm{d}^2\hat{v}}{\mathrm{d}x^2}\right)^2 \mathrm{d}x \\ &= \frac{1}{2}\int_0^l EI\left[c_1^2\left(\frac{\pi}{l}\right)^4 \sin^2\left(\frac{\pi x}{l}\right) + c_2^2\left(\frac{3\pi}{l}\right)^4 \sin^2\left(\frac{3\pi x}{l}\right) + \right.\end{aligned}$$

$$2c_1c_2\left(\frac{\pi}{l}\right)^2\left(\frac{3\pi}{l}\right)^2\sin\frac{\pi x}{l}\sin\frac{3\pi x}{l}\Big]\mathrm{d}x$$

$$=\frac{EI}{2}\left[c_1^2\left(\frac{\pi}{l}\right)^4\frac{l}{2}+c_2^2\left(\frac{3\pi}{l}\right)^4\frac{l}{2}\right] \tag{9-95}$$

相应的外力功 W 为

$$\delta W=\int_0^l\bar{p}_0\left(c_1\sin\frac{\pi x}{l}+c_2\sin\frac{3\pi x}{l}\right)\mathrm{d}x$$

$$=\bar{p}_0\left[c_1\frac{2l}{\pi}+c_2\frac{2l}{3\pi}\right] \tag{9-96}$$

则总势能为 $\Pi=U-W$,为使 Π 取极小值，则有

$$\left.\begin{aligned}\frac{\partial\Pi}{c_1}&=\frac{EI}{2}\left[2c_1\left(\frac{\pi}{l}\right)^4\frac{l}{2}\right]-\bar{p}_0\frac{2l}{\pi}=0\\\frac{\partial\Pi}{c_2}&=\frac{EI}{2}\left[2c_2\left(\frac{3\pi}{l}\right)^4\frac{l}{2}\right]-\bar{p}_0\frac{2l}{3\pi}=0\end{aligned}\right\} \tag{9-97}$$

求解出 c_1 和 c_2 后，可得 $\hat{v}(x)$ 的具体表达为

$$\hat{v}(x)=\frac{4\bar{p}_0l^4}{\pi^5EI}\sin\frac{\pi x}{l}+\frac{4\bar{p}_0l^4}{243\pi^5EI}\sin\frac{3\pi x}{l} \tag{9-98}$$

可以看出，该方法得到的第一项与前文虚功原理求解出来的结果相同，与精确解式 (9-79) 相比，该结果比前文由虚功原理得到的结果更为精确，这是因为选取两项函数作为试函数，也是提高计算精度的重要途径。以上求解过程所用的试函数式 (9-94) 为许可基底函数的线性组合，因此，上述求解方法也是瑞利-里兹方法。

以上求解原理 5 以及求解原理 6 都是基于试函数的能量方法（又称泛函极值方法），基本要点是无须求解原微分方程，但需要假设一个满足位移边界条件 BC(u) 的许可位移场。因此，如何寻找或构建满足所需要求的许可位移场是关键，并且还期望这种构建许可位移场的方法还应具有标准化和规范性。下面的重点将讨论通过基于“单元”的位移函数的构建即可满足这些要求。

二、平面梁单元描述及坐标变换

1. 局部坐标系中平面梁单元描述

单元构造：平面纯弯梁单元的描述。

图 9-9 所示为一局部坐标系中的纯弯梁单元，其长度为 l，弹性模量为 E，横截面的惯性矩为 I。

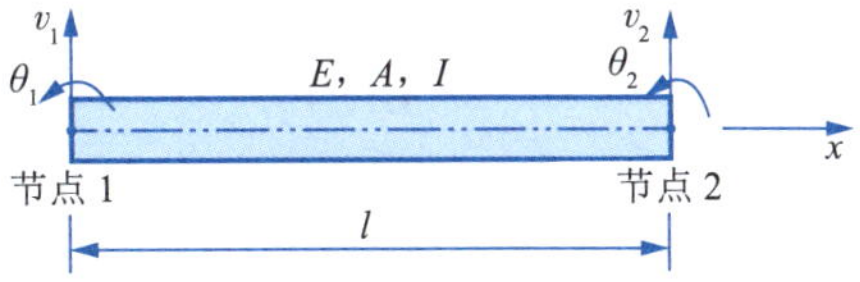

图 9-9　局部坐标系中的纯弯梁单元

1) 单元的几何及节点描述

设有两个端节点，节点位移列阵 $\boldsymbol{q}^e$ 为

$$\boldsymbol{q}^e=(v_1\quad\theta_1\quad v_2\quad\theta_2)^{\mathrm{T}} \tag{9-99}$$

这表明该单元的节点位移有 4 个自由度。节点力列阵 $\boldsymbol{P}^e$ 为

$$\boldsymbol{P}^e=(P_{v1}\quad M_1\quad P_{v2}\quad M_2)^{\mathrm{T}} \tag{9-100}$$

其中 v_1、θ_1、v_2、θ_2 分别为各节点的挠度（deflection）和转角（slope），若该单元承受有分布外载，可以将其等效到节点上，即表示为式 (9-100) 所示的节点力。和前文推导杆单元时的情形类似，利用函数插值、几何方程、物理方程以及势能计算公式，可以将单元的所有力学参量用

节点位移列阵 $\boldsymbol{q}^e$ 及相关的插值函数进行表示。

2）单元位移场的表达

由于有 4 个位移节点条件，可假设纯弯梁单元的位移场挠度为具有四个待定系数的函数模式，即

$$v(x)=a_0+a_1x+a_2x^2+a_3x^3 \tag{9-101}$$

其中 a_0、a_1、a_2、a_3 为待定系数。由该单元的节点位移条件：

$$\left.\begin{aligned}&v(x=0)=v_1,\ v'(x=0)=\theta_1\\&v(x=l)=v_2,\ v'(x=l)=\theta_2\end{aligned}\right\} \tag{9-102}$$

可求出式 (9-101) 中的四个待定系数，即

$$\left.\begin{aligned}&a_0=v_1\\&a_1=\theta_1\\&a_2=\frac{1}{l^2}(-3v_1-2\theta_1 l+3v_2-\theta_2 l)\\&a_3=\frac{1}{l^3}(2v_1+\theta_1 l-2v_2+\theta_2 l)\end{aligned}\right\} \tag{9-103}$$

将式 (9-103) 代入式 (9-101)，重写位移函数，即

$$\begin{aligned}v(x)&=(1-3\xi^2+2\xi^3)v_1+l(\xi-2\xi^2+\xi^3)\theta_1+(3\xi^2-2\xi^3)v_2+l(\xi^3-\xi^2)\theta_2\\&=\boldsymbol{N}(\xi)\boldsymbol{q}^e\end{aligned} \tag{9-104}$$

其中 $\xi=\dfrac{x}{l}$，$\boldsymbol{N}(\xi)$ 为单元的形状函数矩阵：

$$\boldsymbol{N}(\xi)=(1-3\xi^2+2\xi^3\quad l(\xi-2\xi^2+\xi^3)\quad 3\xi^2-2\xi^3\quad l(\xi^3-\xi^2)) \tag{9-105}$$

3）单元应变场的表达

由纯弯梁的几何方程可得梁的应变表达式为

$$\begin{aligned}\varepsilon(x,\hat{y})&=-\hat{y}\frac{\mathrm{d}v(x)}{\mathrm{d}x^2}\\&=-\hat{y}\left(\frac{1}{l^2}(12\xi-6)\quad \frac{1}{l}(6\xi-4)\quad \frac{1}{l^2}(12\xi-6)\quad \frac{1}{l}(6\xi-2)\right)\boldsymbol{q}^e\\&=\boldsymbol{B}(\xi)\boldsymbol{q}^e\end{aligned} \tag{9-106}$$

其中 $\hat{y}$ 是以中性层为起点的 y 方向的坐标，$\boldsymbol{B}(\xi)$ 为单元的几何矩阵：

$$\boldsymbol{B}(\xi)=-\hat{y}(B_1\quad B_2\quad B_3\quad B_4) \tag{9-107}$$

其中 $B_1=\dfrac{1}{l^2}(12\xi-6),B_2=\dfrac{1}{l}(6\xi-4),B_3=\dfrac{1}{l^2}(12\xi-6),B_4=\dfrac{1}{l}(6\xi-2)$。

4）单元应力场的表达

梁的物理方程为

$$\sigma(x,\hat{y})=E\varepsilon(x,\hat{y})=E\boldsymbol{B}(x,\hat{y})\boldsymbol{q}^e=\boldsymbol{S}(x,\hat{y})\boldsymbol{q}^e \tag{9-108}$$

其中 E 为弹性模量，$\boldsymbol{S}(x,\hat{y})$ 为单元的应力矩阵。

5）单元势能的表达

该单元的势能为

$$\Pi^e=U^e-W^e \tag{9-109}$$

其中应变能为

$$
\begin{aligned}
U^{e} &= \frac{1}{2}\int_0^l\int_A \boldsymbol{\sigma}(x,\hat{y})\boldsymbol{\varepsilon}(x,\hat{y})\,\mathrm{d}A\mathrm{d}x \\
&= \frac{1}{2}\boldsymbol{q}^{eT}\left[\int_0^l\int_A \boldsymbol{B}^{T}E\boldsymbol{B}\,\mathrm{d}A\mathrm{d}x\right]\boldsymbol{q}^{e} \\
&= \frac{1}{2}\boldsymbol{q}^{eT}\boldsymbol{K}^{e}\boldsymbol{q}^{e}
\end{aligned}
\tag{9-110}
$$

其中 $\boldsymbol{K}^e$ 为刚度矩阵：

$$
\begin{aligned}
\boldsymbol{K}^{e} &= \int_0^l\int_A(-\hat{y})\begin{pmatrix}B_1\\B_2\\B_3\\B_4\end{pmatrix}E(B_1\quad B_2\quad B_3\quad B_4)(-\hat{y})\,\mathrm{d}A\mathrm{d}x \\
&= \int_0^l(-\hat{y})^2\mathrm{d}AE\int_A\begin{bmatrix}B_1^2 & B_1B_2 & B_1B_3 & B_1B_4\\ B_1B_2 & B_2^2 & B_2B_3 & B_2B_4\\ B_1B_3 & B_2B_3 & B_3^2 & B_3B_4\\ B_1B_4 & B_2B_4 & B_3B_4 & B_4^2\end{bmatrix}\mathrm{d}x \\
&= \frac{EI}{l^3}\begin{bmatrix}12 & 6l & -12 & 6l\\ 6l & 4l^2 & -6l & 2l^2\\ -12 & -6l & 12 & -6l\\ 6l & 2l^2 & -6l & 4l^2\end{bmatrix}
\end{aligned}
\tag{9-111}
$$

式 (9-109) 中的外力功为

$$
W^{e} = P_{v1}v_1 + M_1\theta_1 + P_{v2}v_2 + M_2\theta_2 = \boldsymbol{P}^{eT}\boldsymbol{q}^{e} \tag{9-112}
$$

其中

$$
\boldsymbol{P}^{e} = (P_{v1}\quad M_1\quad P_{v2}\quad M_2) \tag{9-113}
$$

6) 单元的刚度方程

同样由最小势能原理，将式 (9-109) 中的 Π^e 对 $\boldsymbol{q}^e$ 取极小值，可得单元刚度方程，即

$$
\underset{(4\times4)}{\boldsymbol{K}^{e}}\ \underset{(4\times1)}{\boldsymbol{q}^{e}} = \underset{(4\times1)}{\boldsymbol{P}^{e}} \tag{9-114}
$$

单元构造：一般平面梁单元的描述。

为推导局部坐标系中的一般平面梁单元，在图 9-9 所示纯弯梁的基础上叠加进轴向位移（由于该例为线弹性问题，满足叠加原理），此时的节点位移自由度共有 6 个，如图 9-10 所示。

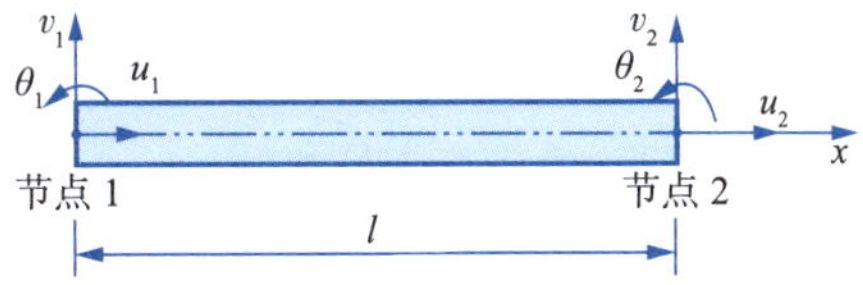

图 9-10　平面梁单元

图 9-10 所示平面梁单元的节点位移列阵 $\boldsymbol{q}^e$ 和节点力列阵 $\boldsymbol{P}^e$ 分别为

$$
\underset{(6\times1)}{\boldsymbol{q}^{e}} = (u_1\quad v_1\quad \theta_1\quad u_2\quad v_2\quad \theta_2)^{T} \tag{9-115}
$$

$$
\underset{(6\times1)}{\boldsymbol{P}^{e}} = (P_{u1}\quad P_{v1}\quad M_1\quad P_{u2}\quad P_{v2}\quad M_2)^{T} \tag{9-116}
$$

相应的刚度方程为

$$
\underset{(6\times6)}{\boldsymbol{K}^{e}} = \underset{(6\times1)}{\boldsymbol{q}^{e}}\ \underset{(6\times1)}{\boldsymbol{P}^{e}}\ \underset{(2\times6)}{\boldsymbol{T}^{e}} \tag{9-117}
$$

对应于图 9-10 所示的节点位移和式 (9-115) 中节点位移列阵的排列次序，将杆单元刚度矩阵与纯弯梁单元刚度矩阵进行组合，可得到式 (9-117) 中的单元刚度矩阵，即

$$\underset{(6\times6)}{\boldsymbol{K}^{\mathrm{e}}}=\begin{bmatrix}\frac{EA}{l} & 0 & 0 & -\frac{EA}{l} & 0 & 0\\ 0 & \frac{12EI}{l^3} & \frac{6EI}{l^2} & 0 & -\frac{12EI}{l^3} & \frac{6EI}{l^2}\\ 0 & \frac{6EI}{l^2} & \frac{4EI}{l} & 0 & -\frac{6EI}{l^2} & \frac{2EI}{l}\\ -\frac{EA}{l} & 0 & 0 & \frac{EA}{l} & 0 & 0\\ 0 & -\frac{12EI}{l^3} & -\frac{6EI}{l^2} & 0 & \frac{12EI}{l^3} & -\frac{6EI}{l^2}\\ 0 & \frac{6EI}{l^2} & \frac{2EI}{l} & 0 & -\frac{6EI}{l^2} & \frac{4EI}{l}\end{bmatrix} \tag{9-118}$$

2. 平面梁单元坐标变换

图 9-11 所示为一整体坐标系中的平面梁单元，它有两个端节点，梁的长度为 l，弹性模量为 E，横截面面积为 A，惯性矩为 I。

设局部坐标系 (xOy) 中的节点位移列阵为

$$\underset{(6\times1)}{\boldsymbol{q}^{\mathrm{e}}}=(u_1\quad v_1\quad \theta_1\quad u_2\quad v_2\quad \theta_2)^{\mathrm{T}} \tag{9-119}$$

整体坐标系 (xOy) 中的节点位移列阵为

$$\underset{(6\times1)}{\bar{\boldsymbol{q}}^{\mathrm{e}}}=(\bar{u}_1\quad \bar{v}_1\quad \bar{\theta}_1\quad \bar{u}_2\quad \bar{v}_2\quad \bar{\theta}_2)^{\mathrm{T}} \tag{9-120}$$

注意：转角 θ_1 和 θ_2 在两个坐标系中是相同的。按照两个坐标系中的位移向量相等效的原则，可推导出以下变换关系：

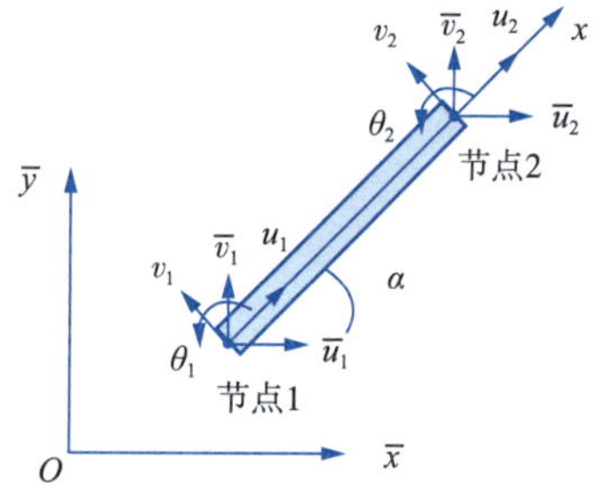

图 9-11 平面问题中梁单元的坐标变换

$$\left.\begin{aligned}u_1&=\bar{u}_1\cos\alpha+\bar{v}_1\sin\alpha\\ v_1&=\bar{u}_1\sin\alpha+\bar{v}_1\cos\alpha\\ u_2&=\bar{u}_2\cos\alpha+\bar{v}_2\sin\alpha\\ v_2&=\bar{u}_2\sin\alpha+\bar{v}_2\cos\alpha\end{aligned}\right\} \tag{9-121}$$

写成矩阵形式有

$$\underset{(6\times1)}{\boldsymbol{q}^{\mathrm{e}}}=\underset{(6\times6)}{\boldsymbol{T}^{\mathrm{e}}}\underset{(6\times1)}{\bar{\boldsymbol{q}}^{\mathrm{e}}} \tag{9-122}$$

其中 $\boldsymbol{T}^{\mathrm{e}}$ 为单元的坐标变换矩阵：

$$\underset{(6\times6)}{\boldsymbol{T}^{\mathrm{e}}}=\begin{bmatrix}\cos\alpha & \sin\alpha & 0 & 0 & 0 & 0\\ -\sin\alpha & \cos\alpha & 0 & 0 & 0 & 0\\ 0 & 0 & 1 & 0 & 0 & 0\\ 0 & 0 & 0 & \cos\alpha & \sin\alpha & 0\\ 0 & 0 & 0 & -\sin\alpha & \cos\alpha & 0\\ 0 & 0 & 0 & 0 & 0 & 1\end{bmatrix} \tag{9-123}$$

与平面杆单元的坐标变换类似，梁单元在整体坐标系中的刚度方程为

$$\underset{(6\times6)}{\overline{\boldsymbol{K}}^{\mathrm{e}}}\ \underset{(6\times1)}{\overline{\boldsymbol{q}}^{\mathrm{e}}} = \underset{(6\times1)}{\overline{\boldsymbol{P}}^{\mathrm{e}}} \tag{9-124}$$

其中

$$\underset{(6\times6)}{\overline{\boldsymbol{K}}^{\mathrm{e}}} = \underset{(6\times6)}{\boldsymbol{T}^{\mathrm{eT}}}\ \underset{(6\times6)}{\boldsymbol{K}^{\mathrm{e}}}\ \underset{(6\times6)}{\boldsymbol{T}^{\mathrm{e}}} \tag{9-125}$$

$$\underset{(6\times1)}{\overline{\boldsymbol{P}}^{\mathrm{e}}} = \underset{(6\times6)}{\boldsymbol{T}^{\mathrm{eT}}}\ \underset{(6\times1)}{\boldsymbol{P}^{\mathrm{e}}} \tag{9-126}$$

三、空间梁单元描述及元坐标变换

1. 空间梁单元描述

空间梁单元除承受轴力和弯矩外，还可能承受扭矩的作用，而且弯矩可能同时在两个坐标面内存在。图 9-12 所示为一局部坐标系中的空间梁单元，其长度为 l，弹性模量为 E，横截面的惯性矩为 I_z（绕并行于 z 轴的中性轴）和 I_y（绕并行于 y 轴的中性轴），横截面的扭转惯性矩为 J。

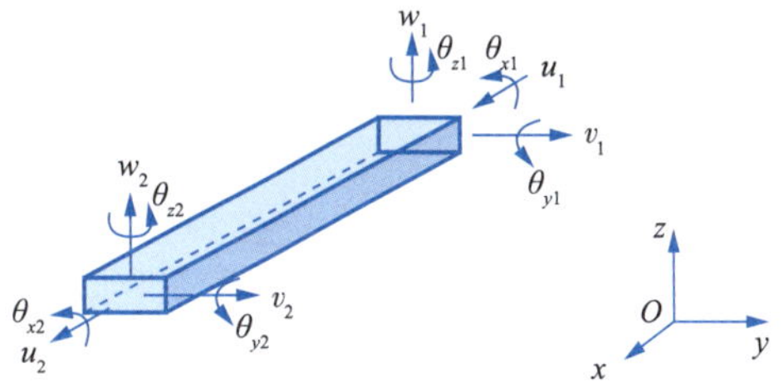

图 9-12　局部坐标系中的空间梁单元

对应于图 9-12 所示的梁单元，设有两个端节点，每个节点的位移自由度为 6，单元共有 12 个自由度，其局部坐标系中的节点位移列阵 $\boldsymbol{q}^{\mathrm{e}}$ 和节点力列阵 $\boldsymbol{P}^{\mathrm{e}}$ 分别如下：

$$\underset{(12\times1)}{\boldsymbol{q}^{\mathrm{e}}} = (u_1\quad v_1\quad w_1\quad \theta_{x1}\quad \theta_{y1}\quad \theta_{z1}\quad u_2\quad v_2\quad w_2\quad \theta_{x2}\quad \theta_{y2}\quad \theta_{z2})^{\mathrm{T}} \tag{9-127}$$

$$\underset{(12\times1)}{\boldsymbol{P}^{\mathrm{e}}} = (P_{u1}\quad P_{v1}\quad P_{w1}\quad M_{x1}\quad M_{y1}\quad M_{z1}\quad P_{u2}\quad P_{v2}\quad P_{w2}\quad M_{x2}\quad M_{y2}\quad M_{z2})^{\mathrm{T}} \tag{9-128}$$

下面，基于前文杆单元和平面梁单元的刚度矩阵分别写出对应于图 9-12 所示各对应节点位移的刚度矩阵，然后进行组合以形成完整的刚度矩阵。

1）对应于图 9-12 所示的节点位移（u_1, u_2）

此时为轴向位移，由式（9-125）可得对应于杆单元的刚度矩阵为

$$\underset{(2\times2)}{\boldsymbol{K}^{\mathrm{e}}_{u_1,u_2}} = \frac{EA}{l}\begin{bmatrix} 1 & -1 \\ -1 & 1 \end{bmatrix} \tag{9-129}$$

2）对应于图 9-12 所示的节点位移（θ_{x1}, θ_{x2}）

此时为杆受扭转时的情况，如果将扭转角类似于拉伸杆的轴向位移，则其分析结果与拉伸杆类似（可参考材料力学中的扭转问题），所推导出的刚度矩阵与式（9-129）相似，即

$$\underset{(2\times2)}{\boldsymbol{K}^{\mathrm{e}}_{\theta_{x1},\theta_{x2}}} = \frac{GJ}{l}\begin{bmatrix} 1 & -1 \\ -1 & 1 \end{bmatrix} \tag{9-130}$$

其中 G 为剪切模量。

3）对应于图 9-12 所示 xOy 平面内的节点位移（$v_1, \theta_{z1}, v_2, \theta_{z2}$）

此时为梁在 xOy 平面内的纯弯曲情况，对应的刚度矩阵为

$$\underset{(4\times4)}{\boldsymbol{K}^{\mathrm{e}}_{xOy}} = \frac{EI_2}{l^3}\begin{bmatrix} 12 & 6l & -12 & 6l \\ 6l & 4l^2 & -6l & 2l^2 \\ -12 & -6l & 12 & -6l \\ 6l & 2l^2 & -6l & 4l^2 \end{bmatrix} \tag{9-131}$$

4）对应于图 9-12 所示 xOz 平面内的节点位移（$w_1, \theta_{y1}, w_2, \theta_{y2}$）

此时为梁在 xOz 平面内的纯弯曲情况，可得与式（9-131）类似的刚度矩阵，但所对应的节点位移是不同的。

5）将各分刚度矩阵进行组合以形成完整的单元刚度矩阵

对应于式（9-127）中节点位移的次序，分别将上述各个部分刚度矩阵的元素进行组合，可形成局部坐标系中空间梁单元的完整刚度矩阵，即

$$
\begin{array}{cccccccccccc}
u_1 & v_1 & w_1 & \theta_{x1} & \theta_{y1} & \theta_{z1} & u_2 & v_2 & w_2 & \theta_{x2} & \theta_{y2} & \theta_{z2}
\end{array}
$$

$$
\underset{(12\times12)}{\boldsymbol{K}^{e}} = \begin{bmatrix}
\frac{EA}{l} & 0 & 0 & 0 & 0 & 0 & -\frac{EA}{l} & 0 & 0 & 0 & 0 & 0 \\
0 & \frac{12EI_z}{l^3} & 0 & 0 & 0 & \frac{6EI_z}{l^2} & 0 & -\frac{12EI_z}{l^3} & 0 & 0 & 0 & \frac{6EI_z}{l^2} \\
0 & 0 & \frac{12EI_y}{l^3} & 0 & \frac{6EI_y}{l^2} & 0 & 0 & 0 & -\frac{12EI_y}{l^3} & 0 & -\frac{6EI_y}{l^2} & 0 \\
0 & 0 & 0 & \frac{GJ}{l} & 0 & 0 & 0 & 0 & 0 & \frac{GJ}{l} & 0 & 0 \\
0 & 0 & -\frac{6EI_y}{l^2} & 0 & \frac{4EI_y}{l} & 0 & 0 & 0 & \frac{6EI_y}{l^2} & 0 & \frac{2EI_y}{l} & 0 \\
0 & \frac{6EI_z}{l^2} & 0 & 0 & 0 & \frac{4EI_z}{l} & 0 & -\frac{6EI_z}{l^2} & 0 & 0 & 0 & \frac{2EI_z}{l} \\
-\frac{EA}{l} & 0 & 0 & 0 & 0 & 0 & \frac{EA}{l} & 0 & 0 & 0 & 0 & 0 \\
0 & \frac{12EI_z}{l^3} & 0 & 0 & 0 & -\frac{6EI_z}{l^2} & 0 & \frac{12EI_z}{l^3} & 0 & 0 & 0 & -\frac{6EI_z}{l^2} \\
0 & 0 & -\frac{12EI_y}{l^3} & 0 & \frac{6EI_y}{l^2} & 0 & 0 & 0 & \frac{12EI_y}{l^3} & 0 & \frac{6EI_y}{l^2} & 0 \\
0 & 0 & 0 & -\frac{GJ}{l} & 0 & 0 & 0 & 0 & 0 & \frac{GJ}{l} & 0 & 0 \\
0 & 0 & -\frac{6EI_y}{l^2} & 0 & \frac{4EI_y}{l} & 0 & 0 & 0 & \frac{6EI_y}{l^2} & 0 & \frac{4EI_y}{l} & 0 \\
0 & \frac{6EI_z}{l^2} & 0 & 0 & 0 & \frac{2EI_z}{l} & 0 & -\frac{6EI_z}{l^2} & 0 & 0 & 0 & \frac{4EI_z}{l}
\end{bmatrix} \tag{9-132}
$$

2. 空间梁单元的坐标变换

空间梁单元坐标变换的原理和方法与平面梁单元的坐标变换相同，只要分别写出两个坐标系中位移向量的等效关系即可得到坐标变换矩阵。

局部坐标系中空间梁单元的节点位移列阵为

$$
\underset{(12\times1)}{\boldsymbol{q}^{e}} = (u_1 \quad v_1 \quad w_1 \quad \theta_{x1} \quad \theta_{y1} \quad \theta_{z1} \quad u_2 \quad v_2 \quad w_2 \quad \theta_{x2} \quad \theta_{y2} \quad \theta_{z2})^{\mathrm{T}} \tag{9-133}
$$

整体坐标系中的节点位移列阵为

$$
\underset{(12\times1)}{\boldsymbol{q}^{e}} = (\bar{u}_1 \quad \bar{v}_1 \quad \bar{w}_1 \quad \bar{\theta}_{x1} \quad \bar{\theta}_{y1} \quad \bar{\theta}_{z1} \quad \bar{u}_2 \quad \bar{v}_2 \quad \bar{w}_2 \quad \bar{\theta}_{x2} \quad \bar{\theta}_{y2} \quad \bar{\theta}_{z2})^{\mathrm{T}} \tag{9-134}
$$

对应于式（9-133）中的各组位移分量，可分别推导相应的转换关系，具体地对于节点 1，有：

$$\begin{pmatrix} u_1 \\ v_1 \\ w_1 \end{pmatrix} = \begin{bmatrix} \bar{u}_1\cos(x,\bar{x}) + \bar{v}_1\cos(x,\bar{y}) + \bar{w}_1\cos(x,\bar{z}) \\ \bar{u}_1\cos(y,\bar{x}) + \bar{v}_1\cos(y,\bar{y}) + \bar{w}_1\cos(y,\bar{z}) \\ \bar{u}_1\cos(z,\bar{x}) + \bar{v}_1\cos(z,\bar{y}) + \bar{w}_1\cos(z,\bar{z}) \end{bmatrix} = \underset{(3\times3)}{\boldsymbol{\lambda}} \begin{pmatrix} \bar{u}_1 \\ \bar{v}_1 \\ \bar{w}_1 \end{pmatrix} \tag{9-135}$$

$$\begin{pmatrix} \theta_{x1} \\ \theta_{y1} \\ \theta_{z1} \end{pmatrix} = \begin{bmatrix} \bar{\theta}_{x1}\cos(x,\bar{x}) + \bar{\theta}_{y1}\cos(x,\bar{y}) + \bar{\theta}_{z1}\cos(x,\bar{z}) \\ \bar{\theta}_{x1}\cos(y,\bar{x}) + \bar{\theta}_{y1}\cos(y,\bar{y}) + \bar{\theta}_{z1}\cos(y,\bar{z}) \\ \bar{\theta}_{x1}\cos(z,\bar{x}) + \bar{\theta}_{y1}\cos(z,\bar{y}) + \bar{\theta}_{z1}\cos(z,\bar{z}) \end{bmatrix} = \underset{(3\times3)}{\boldsymbol{\lambda}} \begin{pmatrix} \bar{\theta}_{x1} \\ \bar{\theta}_{y1} \\ \bar{\theta}_{z1} \end{pmatrix} \tag{9-136}$$

同样，对于节点 2，有：

$$\begin{pmatrix} u_2 \\ v_2 \\ w_2 \end{pmatrix} = \underset{(3\times3)}{\boldsymbol{\lambda}} \begin{pmatrix} \bar{u}_2 \\ \bar{v}_2 \\ \bar{w}_2 \end{pmatrix} \tag{9-137}$$

$$\begin{pmatrix} \theta_{x2} \\ \theta_{y2} \\ \theta_{z2} \end{pmatrix} = \underset{(3\times3)}{\boldsymbol{\lambda}} \begin{pmatrix} \bar{\theta}_{x2} \\ \bar{\theta}_{y2} \\ \bar{\theta}_{z2} \end{pmatrix} \tag{9-138}$$

其中 $\boldsymbol{\lambda}$ 为节点坐标变换矩阵，即：

$$\underset{(3\times3)}{\boldsymbol{\lambda}} = \begin{bmatrix} \cos(x,\bar{x}) & \cos(x,\bar{y}) & \cos(x,\bar{z}) \\ \cos(y,\bar{x}) & \cos(y,\bar{y}) & \cos(y,\bar{z}) \\ \cos(z,\bar{x}) & \cos(z,\bar{y}) & \cos(z,\bar{z}) \end{bmatrix} \tag{9-139}$$

其中 $\cos(x,\bar{x}),\cdots,\cos(z,\bar{z})$ 分别表示局部坐标轴 (x,y,z) 对整体坐标轴 $(\bar{x},\bar{y},\bar{z})$ 的方向余弦。

将式（9-135）～式（9-138）组合，可得

$$\underset{(12\times1)}{\boldsymbol{q}^{\mathrm{e}}} = \underset{(12\times12)}{\boldsymbol{T}^{\mathrm{e}}} \underset{(12\times1)}{\bar{\boldsymbol{q}}^{\mathrm{e}}} \tag{9-140}$$

其中 $\boldsymbol{T}^{\mathrm{e}}$ 为坐标变换矩阵：

$$\underset{(12\times12)}{\boldsymbol{T}^{\mathrm{e}}} = \begin{bmatrix} \underset{(3\times3)}{\boldsymbol{\lambda}} & \underset{(3\times3)}{0} & \underset{(3\times3)}{0} & \underset{(3\times3)}{0} \\ \underset{(3\times3)}{0} & \underset{(3\times3)}{\boldsymbol{\lambda}} & \underset{(3\times3)}{0} & \underset{(3\times3)}{0} \\ \underset{(3\times3)}{0} & \underset{(3\times3)}{0} & \underset{(3\times3)}{\boldsymbol{\lambda}} & \underset{(3\times3)}{0} \\ \underset{(3\times3)}{0} & \underset{(3\times3)}{0} & \underset{(3\times3)}{0} & \underset{(3\times3)}{\boldsymbol{\lambda}} \end{bmatrix}$$

得到坐标变换矩阵，即可写出整体坐标系下的刚度矩阵和刚度方程。

思考与练习

1. 试用虚功原理推导杆 1D 单元的单元方程。

2. 推导二次函数变截面的杆单元的刚度矩阵 $A(x) = \left(1 - \frac{x}{l}\right)A_1 + \left(\frac{x}{l}\right)A_2$。

3. 对于沿轴向承受三角形载荷分布的杆单元，推导相应的节点等效载荷。

4. 图 9-13 所示为一杆结构，受沿轴向的分布载荷，杆的横截面积为 $A = 2\times10^{-2}\ \mathrm{cm}^2$，材料的弹性模量为 $E = 2\times10^5$ MPa，分析该问题的建模方案，并求出整个结构所有的力学信息。

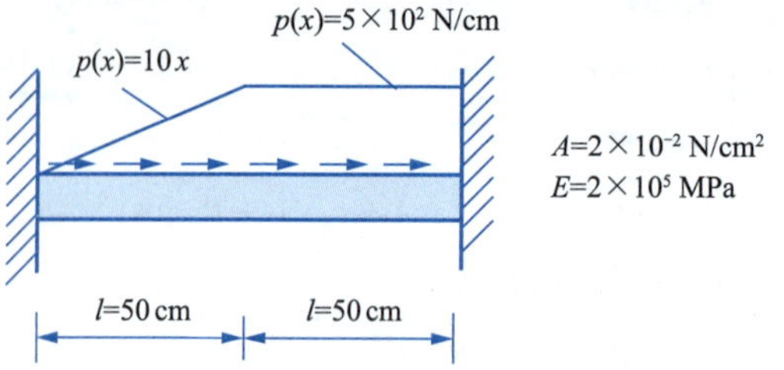

图 9-13 杆结构

5. 图 9-14 所示为一桁架结构，每根杆件的材料以及面积都相同，试采用有限元法分析该结构的受力状态，并求出支反力。

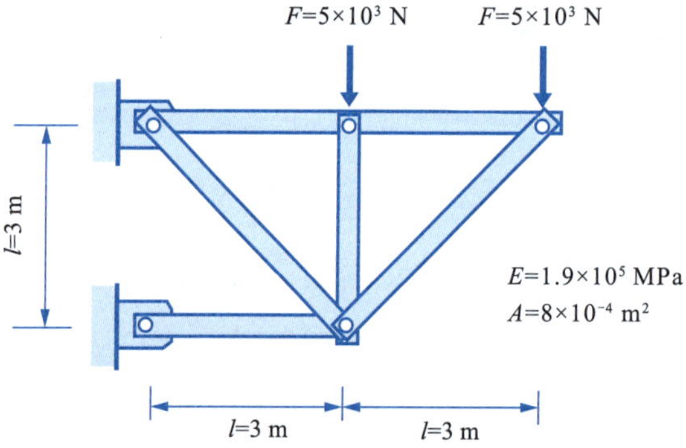

图 9-14 桁架结构

6. 试用虚功原理推导两节点平面梁单元的单元方程。

7. 图 9-15 所示为一悬臂简支梁，在其中一段受均布载荷，试分析该结构，并求出支反力。

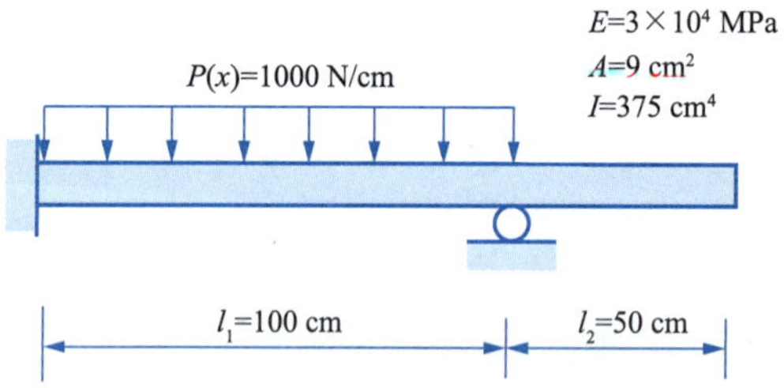

图 9-15 悬臂简支梁

第 10 章 连续结构体的有限元方法

杆梁结构由于具有自然的连接关系，可以将其进行自然的离散，而连续体则不同，它的内部没有自然的连接节点，必须完全通过人工的方法进行离散。本节将就连续体问题的有限元方法进行全面的讨论和研究。

10.1 连续体结构分析概述

最简单的 1D 几何图形是直线，最简单的 2D 几何图形是三角形，最简单的 3D 几何图形是四面体，杆单元以及梁单元从局部坐标系来看可以看作 1D 单元，本节将重点讨论用于连续体结构离散的 2D 单元及 3D 单元。

图 10-1 所示为将一个连续的圆离散为有限个三角片的过程，同样，也可以将一个任意复杂的连续的几何形状离散为一系列（有限个）标准几何图形（单元）的组合，如图 10-2 所示。

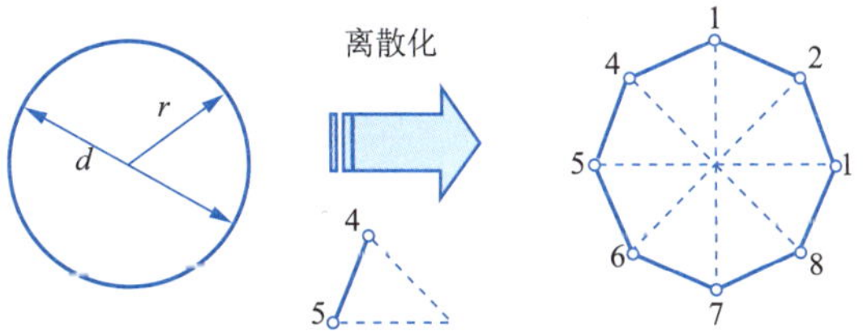

图 10-1　将一个连续的圆离散为有限个三角片

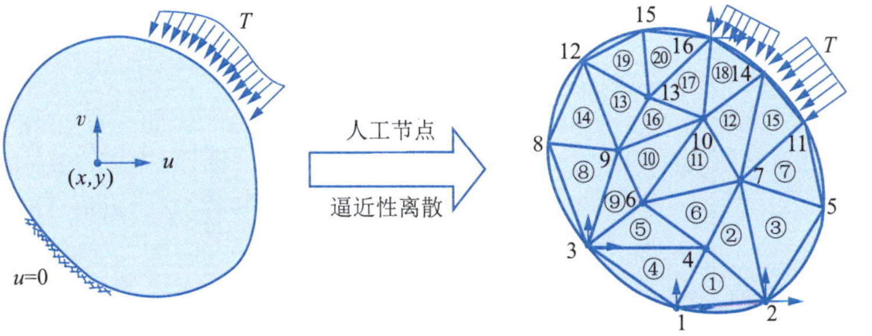

图 10-2　将连续的几何形状离散为标准几何图形

10.2 连续体结构有限元分析原理及评判准则

一、连续体结构有限元分析原理

基本变量：连续体问题的三大类变量。

就基本变量而言，2D 和 3D 问题将在 1D 问题上进行其他方向上的推广延伸，需要注意的是，除了在主方向上进行延伸外，还存在有每两个坐标轴之间的交叉（夹角）项，对于应力来说即为剪应力，对于应变来说即为剪应变，三种情况的基本变量见表 10-1。

表 10-1 连续体问题的三大类变量（直角坐标系下）

	1D 问题	2D 问题	3D 问题
位移分量	$u(x)$	$u(x,y)$，$v(x,y)$	$u(x,y,z)$，$v(x,y,z)$，$w(x,y,z)$
应变分量	$\varepsilon_{xx}(x)$	$\varepsilon_{xx}(x,y)$，$\varepsilon_{yy}(x,y)$，$\gamma_{xy}(x,y)$	$\varepsilon_{xx}(x,y,z)$，$\varepsilon_{yy}(x,y,z)$，$\varepsilon_{zz}(x,y,z)$ $\gamma_{xy}(x,y,z)$，$\gamma_{yz}(x,y,z)$，$\gamma_{xz}(x,y,z)$
应力分量	$\sigma_{xx}(x)$	$\sigma_{xx}(x,y)$，$\sigma_{yy}(x,y)$，$\tau_{xy}(x,y)$	$\sigma_{xx}(x,y,z)$，$\sigma_{yy}(x,y,z)$，$\sigma_{zz}(x,y,z)$ $\tau_{xy}(x,y,z)$，$\tau_{yz}(x,y,z)$，$\tau_{xz}(x,y,z)$

表 10-1 中，$\sigma_{xx}(x)$中的第一个下标表明应力的方向，第二个下标表明应力所作用面的法线方向，对于应变也如此。一般情况下，将下标相同的正应力 $\sigma_{xx}(x,y,z)$或正应变 $\varepsilon_{yy}(x,y,z)$表达成 $\sigma_x(x,y,z)$或 $\varepsilon_y(x,y,z)$，即只写一个下标即可，y 方向以及 z 方向的情况类似。

基本方程：连续体问题的三大类方程及边界条件。

对于基本方程而言，2D 和 3D 问题同样将在 1D 问题上进行其他方向上的推广延伸，三种情况的基本方程见表 10-2。

表 10-2 连续体问题的三大类方程（直角坐标系下）

	1D 问题	2D 问题	3D 问题
平衡方程	$\frac{d\sigma_{xx}}{dx}=0$	$\frac{\partial\sigma_{xx}}{\partial x}+\frac{\partial\tau_{xy}}{\partial y}=0$ $\frac{\partial\tau_{xy}}{\partial x}+\frac{\partial\sigma_{yy}}{\partial y}=0$	$\frac{\partial\sigma_{xx}}{\partial x}+\frac{\partial\tau_{xy}}{\partial y}+\frac{\partial\tau_{xz}}{\partial z}=0$，$\frac{\partial\tau_{xy}}{\partial x}+\frac{\partial\sigma_{yy}}{\partial y}+\frac{\partial\tau_{yz}}{\partial z}=0$ $\frac{\partial\tau_{xz}}{\partial x}+\frac{\partial\tau_{yz}}{\partial y}+\frac{\partial\sigma_{zz}}{\partial z}=0$
几何方程	$\varepsilon_{xx}=\frac{du}{dx}$	$\varepsilon_{xx}=\frac{\partial u}{\partial x}$，$\varepsilon_{yy}=\frac{\partial v}{\partial y}$ $\gamma_{xy}=\frac{\partial v}{\partial x}+\frac{\partial u}{\partial y}$	$\varepsilon_{xx}=\frac{\partial u}{\partial x}$，$\varepsilon_{yy}=\frac{\partial v}{\partial y}$，$\varepsilon_{zz}=\frac{\partial w}{\partial z}$ $\gamma_{xy}=\frac{\partial v}{\partial x}+\frac{\partial u}{\partial y}$，$\gamma_{yz}=\frac{\partial w}{\partial y}+\frac{\partial v}{\partial z}$，$\gamma_{zx}=\frac{\partial w}{\partial x}+\frac{\partial u}{\partial z}$
物理方程	$\varepsilon_{xx}=\frac{\sigma_{xx}}{E}$	$\varepsilon_{xx}=\frac{1}{E}[\sigma_{xx}-\mu\sigma_{yy}]$ $\varepsilon_{yy}=\frac{1}{E}[\sigma_{yy}-\mu\sigma_{xx}]$ $\gamma_{xy}=\frac{1}{G}\tau_{xy}$	$\varepsilon_{xx}=\frac{1}{E}[\sigma_{xx}-\mu(\sigma_{yy}+\sigma_{zz})]$ $\varepsilon_{yy}=\frac{1}{E}[\sigma_{yy}-\mu(\sigma_{xx}+\sigma_{zz})]$ $\varepsilon_{zz}=\frac{1}{E}[\sigma_{zz}-\mu(\sigma_{xx}+\sigma_{yy})]$ $\gamma_{xy}=\frac{1}{G}\tau_{xy}$，$\gamma_{yz}=\frac{1}{G}\tau_{yz}$，$\gamma_{zx}=\frac{1}{G}\tau_{zx}$

注：E、μ、G 分别为材料的弹性模量、泊松比、剪切模量。

对于一般的力学问题，还有两类边界条件（boundary condition），即位移边界条件 BC(u)以及力边界条件 BC(p)，三种情况的边界条件见表 10-3。

表 10-3 连续体问题的两大类边界条件（直角坐标系下）

	1D 问题	2D 问题	3D 问题
BC(u)	$u(x)\big\|_{x=x_0}=\bar{u}$	$u(x,y)\big\|_{x=x_0,y=y_0}=\bar{u}$ $v(x,y)\big\|_{x=x_0,y=y_0}=\bar{v}$	$u(x,y,z)\big\|_{x=x_0,y=y_0,z=z_0}=\bar{u}$ $v(x,y,z)\big\|_{x=x_0,y=y_0,z=z_0}=\bar{v}$ $w(x,y,z)\big\|_{x=x_0,y=y_0,z=z_0}=\bar{w}$
BC(p)	$\sigma_{xx}(x)\big\|_{x=x_0}=\bar{p}_x$	$n_x\sigma_{xx}(x_0,y_0)+n_y\tau_{xy}(x_0,y_0)=\bar{p}_x$ $n_x\tau_{xy}(x_0,y_0)+n_y\sigma_{yy}(x_0,y_0)=\bar{p}_y$	$n_x\sigma_{xx}(x_0,y_0,z_0)+n_y\tau_{xy}(x_0,y_0,z_0)+$ $n_z\tau_{xz}(x_0,y_0,z_0)=\bar{p}_x$ $n_x\tau_{xy}(x_0,y_0,z_0)+n_y\sigma_{yy}(x_0,y_0,z_0)+$ $n_z\tau_{xz}(x_0,y_0,z_0)=\bar{p}_y$ $n_x\tau_{xz}(x_0,y_0,z_0)+n_y\tau_{yz}(x_0,y_0,z_0)+$ $n_z\sigma_{xz}(x_0,y_0,z_0)=\bar{p}_z$

注：x_0、y_0、z_0 为边界上的几何坐标；n_x、n_y、n_z 为边界外法线上的方向余弦；$\bar{u}$、$\bar{v}$、$\bar{w}$ 为给定的对应方向上的位移值；$\bar{p}_x$、$\bar{p}_y$、$\bar{p}_z$ 为给定的对应方向上的边界分布力。

求解原理 1： 直接法以及试函数法的求解思想。

针对一个具体对象，目标是通过三大类方程（平衡、几何、物理）求解出三大类变量（位移、应变、应力）；对于 1D 问题实际就是通过三个方程求解三个变量，一般可以直接进行联立求解；而对于 2D 问题，变量及方程的个数都较多，而且方程为偏微分方程，除一些具有简单几何形状（如矩形、圆形等）外，一般较难直接求解。必须寻找能够求解任意复杂几何形状的通用方法，一个好的方法应该具有以下几个特征：

（1）几何形状的适应性（通用方法）。

（2）数学力学原理上的标准化（不需要较多的技巧，较易掌握）。

（3）处理过程的规范性（具有统一的处理流程）。

（4）操作实施的可行性（具备相应的软件及硬件条件，可处理大规模线性方程组）。

（5）分析误差的可控制性（可确定计算的最佳效率，具有良好的收敛性）。

针对弹性问题的三大类变量和方程，从第一层次（求解方法论）的思路上看，总体上有两大类求解方法：直接法（直接求解原始微分方程）以及试函数法（基于假设解的调试方法）。从第二层次（求解策略）的思路上看，对于三大类变量，要同时进行联立求解一般比较困难，需要将变量先进行代换，最好是代换成同一种类型的变量先进行求解，然后再求解另外类型的变量。

对于直接法，即解析方法，若将要求解的基本变量先确定为应力就是应力方法，最常用的有 Airy 应力函数（stress function）方法，还有逆解法、半逆解法等，但这些方法虽然可以获得解析解，但仅针对一些简单几何形状，而大量的实际问题目前还不能获得解析解；而且，对求解的数学技巧也要求较高。因此，这类方法大部分不具备上面提到的几个特征。

而对于试函数法，可以追溯到 1870 年，它首先假设一个可能的解（即试函数，其中包含一些待定系数），将试函数再代入到原方程中，通过确定相应误差函数的最小值获得其中的待定系数，这样就求出以试函数（确认了待定系数）为结果的解，这种方法大大降低了求解的难度和技巧，方法也具有标准化和规范性，但由于最早的试函数是基于整个几何全域选择的，因此，其几何形状的适应性受到一定限制，同时计算工具的欠缺也使这种方法的实施不具备可行性。

20 世纪 50 年代，随着计算机技术飞速发展，复杂力学问题的处理有了两个实质性的突破，第一，大规模计算成为可能；第二，将基于整个几何全域的试函数变为基于分片（子区域）的多项式函数表达（可以很好适应任意复杂的几何形状），然后再将分片的函数进行集成组合得到全域的试函数。这种分片就是“单元”，分片的过程就是将整体区域进行离散的过程，将这种基于分片函数描述的试函数方法称为有限元方法。

求解原理 2：连续体问题求解的虚功原理。

对于一般弹性问题（以 2D 问题为例），在几何域 Ω 中，受体积力（$\bar{b}_x,\bar{b}_y$），在外力边界 S_p 上，受施加的分布力（$\bar{p}_x,\bar{p}_y$）。设存在满足位移边界条件的位移场 (u,v)，即试函数（其中有一些待定的系数），则它的虚位移为（$\delta u,\delta v$），虚应变为（$\delta\varepsilon_{xx},\delta\varepsilon_{yy},\delta\gamma_{xy}$）。

相应的虚应变能为

$$\delta U = \int_\Omega (\sigma_{xx}\delta\varepsilon_{xx} + \sigma_{yy}\delta\varepsilon_{yy} + \tau_{xy}\delta\gamma_{xy})\mathrm{d}\Omega \tag{10-1}$$

而外力虚功为

$$\delta W = \int_\Omega (\bar{b}_x\delta u + \bar{b}_y\delta v)\mathrm{d}\Omega + \int_{S_p} (\bar{p}_x\delta u + \bar{p}_y\delta v)\mathrm{d}A \tag{10-2}$$

因此，虚功原理 $\delta U = \delta W$ 可以表达为

$$\begin{aligned}\int_\Omega (\sigma_{xx}\delta\varepsilon_{xx} + \sigma_{yy}\delta\varepsilon_{yy} + \tau_{xy}\delta\gamma_{xy})\mathrm{d}\Omega &= \delta W \\ &= \int_\Omega (\bar{b}_x\delta u + \bar{b}_y\delta v)\mathrm{d}\Omega + \int_{S_p} (\bar{p}_x\delta u + \bar{p}_y\delta v)\mathrm{d}A\end{aligned} \tag{10-3}$$

通过以上方程即可确定试函数中的待定系数。

求解原理 3：连续体问题求解的最小势能原理。

同样对于 2D 问题，设存在满足位移边界条件的位移场 (u,v)，即试函数（其中有一些待定的系数），确定其中待定系数的方法，即使该系统的势能取极小值，即

$$\min_{(u,v)\in \mathrm{BC}(u)} \Pi(u,v) \tag{10-4}$$

其中

$$\begin{aligned}\Pi &= U - W \\ &= \frac{1}{2}\int_\Omega (\sigma_{xx}\varepsilon_{xx} + \sigma_{yy}\varepsilon_{yy} + \tau_{xy}\gamma_{xy})\mathrm{d}\Omega \\ &\quad - \int_\Omega (\bar{b}_x u + \bar{b}_y v)\mathrm{d}\Omega + \int_{S_p} (\bar{p}_x u + \bar{p}_y v)\mathrm{d}A\end{aligned} \tag{10-5}$$

实际上，虚功原理与最小势能原理是等价的。

二、 评判准则（强度准则）

实际的工程设计往往需要进行多次的力学分析、优化修改才能完成，强度准则在整个设计过程中具有重要的作用，是判断受力状态是否满足需要的主要依据。

对于不同的材料，由于其承载破坏的机理不同，需要采用针对性的强度判断准则。一个问

题具体应采用何种准则，应根据材料的受力状态、环境要求、设计要求，甚至还需要通过一系列实际状况的实验进行确定。下面给出常用的几种强度准则：

（1）最大拉应力准则：若材料发生脆性断裂失效，其原因是材料内所承受的最大拉应力达到了所能承受的极限（一般用于脆性材料）。

已知危险点的应力状态 σ_{ij}，首先通过斜面分解法求出最大的拉应力 σ_1（即第一主应力）和所在面的主方向，然后进行应力失效校核和判断：

$$\sigma_1 \leqslant [\sigma] \tag{10-6}$$

其中 $[\sigma]$ 为材料的许用应力，由材料的单向拉伸试验和安全系数确定，即 $[\sigma]=\dfrac{\sigma_s}{n}$，其中 σ_s 为单向拉伸试验得到的屈服应力，n 为安全系数。

（2）最大剪应力准则：若材料发生屈服（或剪断），其原因是材料内所承受的最大剪应力达到了所能承受的极限（一般用于韧性材料）。

已知危险点的应力状态 σ_{ij}，首先通过斜面分解法求出最大的剪应力 $\tau_{\max}$：

$$\tau_{\max}=\frac{\sigma_1-\sigma_3}{2} \tag{10-7}$$

然后进行剪应力失效校核和判断

$$\tau_{\max} \leqslant [\tau] \tag{10-8}$$

其中 $[\tau]$ 为材料的许用剪应力，由材料的单向拉伸试验和安全系数确定。对于材料的单向拉伸试验，有 $\sigma_3=0$，因此：

$$[\tau]=\frac{[\sigma]}{2} \tag{10-9}$$

将式（10-7）和式（10-9）代入式（10-8）中，可得以主应力形式表达的最大剪应力准则：

$$\sigma_1-\sigma_3 \leqslant [\sigma] \tag{10-10}$$

（3）最大畸变能准则：若材料发生屈服（或剪断），其原因是材料内的畸变能密度达到了所能承受的极限（一般用于韧性材料，又称 Mises 等效应力强度准则）。

已知危险点的应力状态 σ_{ij}，该点的畸变应变能密度计算公式为

$$U'_{\mathrm{d}}=\frac{1+\mu}{6E}[(\sigma_1-\sigma_2)^2+(\sigma_2-\sigma_3)^2+(\sigma_1-\sigma_3)^2] \tag{10-11}$$

然后进行畸变应变能密度校核和判断

$$U'_{\mathrm{d}} \leqslant [U'_{\mathrm{d}}] \tag{10-12}$$

其中 $[U'_{\mathrm{d}}]$ 为材料的临界畸变应变能密度，由材料的单向拉伸试验和安全系数确定。对于材料的单向拉伸试验，有 $\sigma_2=0$、$\sigma_3=0$，因此，由式（10-11）可得 $[U'_{\mathrm{d}}]=\dfrac{1+\mu}{3E}[\sigma]^2$。将该关系式及式（10-11）代入式（10-12）中，可得以主应力形式表达的最大畸变能准则，即

$$\sqrt{\frac{1}{2}[(\sigma_1-\sigma_2)^2+(\sigma_2-\sigma_3)^2+(\sigma_1-\sigma_3)^2]} \leqslant [\sigma] \tag{10-13}$$

或写成更一般的形式：

$$\sqrt{\frac{1}{2}[(\sigma_{xx}-\sigma_{yy})^2+(\sigma_{yy}-\sigma_{zz})^2+(\sigma_{xx}-\sigma_{zz})^2+6(\tau_{xy}^2+\tau_{yz}^2+\tau_{xz}^2)]} \leqslant [\sigma] \tag{10-14}$$

若定义

$$\sigma_{eq}=\sqrt{\frac{1}{2}[(\sigma_1-\sigma_2)^2+(\sigma_2-\sigma_3)^2+(\sigma_1-\sigma_3)^2]}$$
$$=\sqrt{\frac{1}{2}[(\sigma_{xx}-\sigma_{yy})^2+(\sigma_{yy}-\sigma_{zz})^2+(\sigma_{xx}-\sigma_{zz})^2+6(\tau_{xy}^2+\tau_{yz}^2+\tau_{xz}^2)]} \tag{10-15}$$

则称 σ_{eq} 为 Mises 等效应力，又称应力强度，由式（10-15）可以看出，该等效应力反映了材料受力变形的畸变能的平方根。

10.3 平面问题有限元分析描述

一、平面问题的三节点三角形单元描述

平面问题三节点单元具有几何特征简单、描述能力强等特点，是平面问题有限元分析中最基础的单元，也是最重要的单元之一。

1. 单元的几何和节点描述

图 10-3 所示为三节点三角形单元。三个节点的编号为 1、2、3，各自的位置坐标为 (x_i, y_i) $(i=1,2,3)$，各个节点的位移（分别沿 x 方向和 y 方向）为 (u_i, v_i) $(i=1,2,3)$。

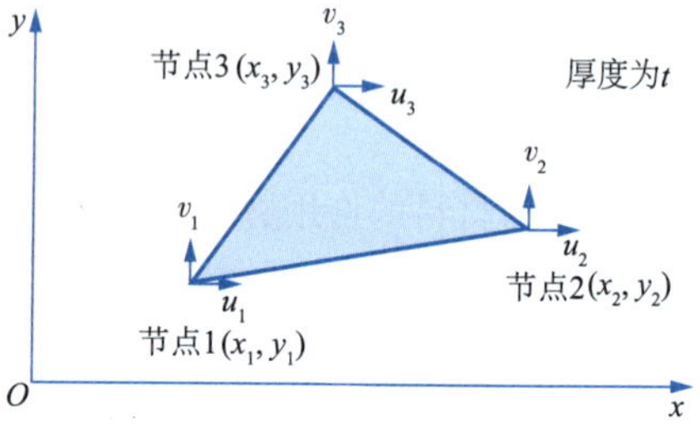

图 10-3 平面三节点三角形单元

如图 10-3 所示，该单元共有 6 个节点位移自由度。将所有节点上的位移组成一个列阵，记作 $\boldsymbol{q}^e$；同样，将所有节点上的各个力也组成一个列阵，记作 $\boldsymbol{P}^e$，有

$$\underset{(6\times1)}{\boldsymbol{q}^e}=(u_1 \quad v_1 \quad u_2 \quad v_2 \quad u_3 \quad v_3)^T \tag{10-16}$$

$$\underset{(6\times1)}{\boldsymbol{P}^e}=(P_{x1} \quad P_{y1} \quad P_{x2} \quad P_{y2} \quad P_{x3} \quad P_{y3})^T \tag{10-17}$$

若该单元承受分布外载，可以将其等效到节点上，即可以表示为式（10-17）所示的节点力。利用函数插值、几何方程、物理方程以及势能计算公式，可以将单元的所有力学参量［即场变量：$u(x,y)$、$\varepsilon(x,y)$、$\sigma(x,y)$ 和 Π^e］用节点位移列阵 $\boldsymbol{q}^e$ 及相关的插值函数进行表示。

2. 单元位移场的表达

在图 10-3 中，由于该单元有三个节点，每个节点有两个位移，因此共有六个节点位移，考虑到简单性、完备性、连续性及待定系数的唯一确定性原则，分别选取单元中各个方向的位移模式为

$$\left.\begin{aligned}u(x,y)&=\bar{a}_0+\bar{a}_1x+\bar{a}_2y\\v(x,y)&=\bar{b}_0+\bar{b}_1x+\bar{b}_2y\end{aligned}\right\} \tag{10-18}$$

在 $(x=x_i, y=y_i)$ 处，可得节点条件为

$$\left.\begin{aligned}u(x_i,y_i)&=u_i\\v(x_i,y_i)&=v_i\end{aligned}\right\}(i=1,2,3) \tag{10-19}$$

将式（10-18）代入节点条件式（10-19）中，可求解出式（10-18）中的待定系数，即

$$\bar{a}_0 = \frac{1}{2A}\begin{vmatrix} u_1 & x_1 & y_1 \\ u_2 & x_2 & y_2 \\ u_3 & x_3 & y_3 \end{vmatrix} = \frac{1}{2A}(a_1u_1 + a_2u_2 + a_3u_3) \tag{10-20}$$

$$\bar{a}_1 = \frac{1}{2A}\begin{vmatrix} 1 & u_1 & y_1 \\ 1 & u_2 & y_2 \\ 1 & u_3 & y_3 \end{vmatrix} = \frac{1}{2A}(b_1u_1 + b_2u_2 + b_3u_3) \tag{10-21}$$

$$\bar{a}_2 = \frac{1}{2A}\begin{vmatrix} 1 & x_1 & u_1 \\ 1 & x_2 & u_2 \\ 1 & x_3 & u_3 \end{vmatrix} = \frac{1}{2A}(c_1u_1 + c_2u_2 + c_3u_3) \tag{10-22}$$

$$\bar{b}_0 = \frac{1}{2A}(a_1v_1 + a_2v_2 + a_3v_3) \tag{10-23}$$

$$\bar{b}_1 = \frac{1}{2A}(b_1v_1 + b_2v_2 + b_3v_3) \tag{10-24}$$

$$\bar{b}_2 = \frac{1}{2A}(c_1v_1 + c_2v_2 + c_3v_3) \tag{10-25}$$

在式(10-20)~式(10-25)中

$$A = \frac{1}{2}\begin{vmatrix} 1 & x_1 & y_1 \\ 1 & x_2 & y_2 \\ 1 & x_3 & y_3 \end{vmatrix} = \frac{1}{2}(a_1 + a_2 + a_3) = \frac{1}{2}(b_1c_2 - b_2c_1) \tag{10-26}$$

$$\left.\begin{aligned} a_1 &= \begin{vmatrix} x_2 & y_2 \\ x_3 & y_3 \end{vmatrix} = x_2y_3 - x_3y_2 \\ b_1 &= -\begin{vmatrix} 1 & y_2 \\ 1 & y_3 \end{vmatrix} = y_2 - y_3 \\ c_1 &= \begin{vmatrix} 1 & x_2 \\ 1 & x_3 \end{vmatrix} = -x_2 + x_3 \end{aligned}\right\} \quad (1,2,3) \tag{10-27}$$

式(10-27)中的符号(1, 2, 3)表示下标轮换，如1→2、2→3、3→1同时更换。

将式(10-20)~式(10-25)代入式(10-18)中，重写位移函数，并以节点位移的形式进行表示，可得

$$u(x,y) = N_1(x,y)u_1 + N_2(x,y)u_2 + N_3(x,y)u_3 \tag{10-28}$$

$$v(x,y) = N_1(x,y)v_1 + N_2(x,y)v_2 + N_3(x,y)v_3 \tag{10-29}$$

写成矩阵形式有

$$\underset{(2\times1)}{\boldsymbol{u}}(x,y) = \begin{bmatrix} u(x,y) \\ v(x,y) \end{bmatrix} = \begin{bmatrix} N_1 & 0 & N_2 & 0 & N_3 & 0 \\ 0 & N_1 & 0 & N_2 & 0 & N_3 \end{bmatrix}\begin{pmatrix} u_1 \\ v_1 \\ u_2 \\ v_2 \\ u_3 \\ v_3 \end{pmatrix} = \underset{(2\times6)}{\boldsymbol{N}}(x,y)\underset{(6\times1)}{\boldsymbol{q}^{e}} \tag{10-30}$$

其中 $\boldsymbol{N}(x,y)$ 为形状函数矩阵：

$$\underset{(2\times6)}{\boldsymbol{N}}(x,y)=\begin{bmatrix} N_1 & 0 & N_2 & 0 & N_3 & 0 \\ 0 & N_1 & 0 & N_2 & 0 & N_3 \end{bmatrix} \tag{10-31}$$

且

$$N_i=\frac{1}{2A}(a_i+b_ix+c_iy),\ i=1,2,3 \tag{10-32}$$

其中的系数 a_i、b_i、c_i 见式（10-27）。

3. 单元应变场的表达

由弹性力学平面问题的几何方程（矩阵形式）：

$$\underset{(3\times1)}{\boldsymbol{\varepsilon}}(x,y)=\begin{pmatrix}\varepsilon_{xx}\\ \varepsilon_{yy}\\ \gamma_{xy}\end{pmatrix}=\begin{pmatrix}\dfrac{\partial u}{\partial x}\\ \dfrac{\partial v}{\partial y}\\ \dfrac{\partial u}{\partial y}+\dfrac{\partial v}{\partial x}\end{pmatrix}=\begin{bmatrix}\dfrac{\partial}{\partial x} & 0\\ 0 & \dfrac{\partial}{\partial y}\\ \dfrac{\partial}{\partial y} & \dfrac{\partial}{\partial x}\end{bmatrix}\begin{pmatrix}u(x,y)\\ v(x,y)\end{pmatrix}=\underset{(3\times2)}{[\boldsymbol{\partial}]}\ \underset{(2\times1)}{\boldsymbol{u}} \tag{10-33}$$

其中［$\boldsymbol{\partial}$］为几何方程的算子矩阵（operator matrix）：

$$[\boldsymbol{\partial}]=\begin{bmatrix}\dfrac{\partial}{\partial x} & 0\\ 0 & \dfrac{\partial}{\partial y}\\ \dfrac{\partial}{\partial y} & \dfrac{\partial}{\partial x}\end{bmatrix} \tag{10-34}$$

将式（10-30）代入式（10-33）中可得

$$\underset{(3\times1)}{\boldsymbol{\varepsilon}}(x,y)=\underset{(3\times2)}{[\boldsymbol{\partial}]}\ \underset{(2\times6)}{\boldsymbol{N}}(x,y)\ \underset{(6\times1)}{\boldsymbol{q}^{e}}=\underset{(3\times6)}{\boldsymbol{B}}(x,y)\ \underset{(6\times1)}{\boldsymbol{q}^{e}} \tag{10-35}$$

其中几何矩阵 $\boldsymbol{B}(x,y)$ 为

$$\underset{(3\times6)}{\boldsymbol{B}}(x,y)=\underset{(3\times2)}{[\boldsymbol{\partial}]}\ \underset{(2\times6)}{\boldsymbol{N}}=\begin{bmatrix}\dfrac{\partial}{\partial x} & 0\\ 0 & \dfrac{\partial}{\partial y}\\ \dfrac{\partial}{\partial y} & \dfrac{\partial}{\partial x}\end{bmatrix}\begin{bmatrix} N_1 & 0 & N_2 & 0 & N_3 & 0 \\ 0 & N_1 & 0 & N_2 & 0 & N_3 \end{bmatrix} \tag{10-36}$$

将式（10-32）代入式（10-36）中可得

$$\underset{(3\times6)}{\boldsymbol{B}}(x,y)=\frac{1}{2A}\begin{bmatrix} b_1 & 0 & b_2 & 0 & b_3 & 0\\ 0 & c_1 & 0 & c_2 & 0 & c_3\\ c_1 & b_1 & c_2 & b_2 & c_3 & b_3\end{bmatrix}=\left(\underset{(3\times2)}{\boldsymbol{B}_1}\quad \underset{(3\times2)}{\boldsymbol{B}_2}\quad \underset{(3\times2)}{\boldsymbol{B}_3}\right) \tag{10-37}$$

其中

$$\underset{(3\times2)}{\boldsymbol{B}_i}=\frac{1}{2A}\begin{bmatrix} b_i & 0\\ 0 & c_i\\ c_i & b_i\end{bmatrix},\quad i=1,2,3 \tag{10-38}$$

4. 单元应力场的表达

将弹性力学中平面问题的物理方程写成矩阵形式：

$$\underset{(3\times1)}{\boldsymbol{\sigma}}(x,y,z)=\begin{pmatrix}\sigma_{xx}\\ \sigma_{yy}\\ \tau_{xy}\end{pmatrix}=\frac{E}{1-\mu^2}\begin{bmatrix}1 & \mu & 0\\ \mu & 1 & 0\\ 0 & 0 & \dfrac{1-\mu}{2}\end{bmatrix}\begin{pmatrix}\varepsilon_{xx}\\ \varepsilon_{yy}\\ \gamma_{xy}\end{pmatrix}=\underset{(3\times3)}{\boldsymbol{D}}\,\underset{(3\times1)}{\boldsymbol{\varepsilon}} \tag{10-39}$$

其中平面应力问题的弹性系数矩阵 $\boldsymbol{D}$ 为

$$\underset{(3\times3)}{\boldsymbol{D}}=\frac{E}{1-\mu^2}\begin{bmatrix}1 & \mu & 0\\ \mu & 1 & 0\\ 0 & 0 & \dfrac{1-\mu}{2}\end{bmatrix} \tag{10-40}$$

若为平面应变问题，则将式（10-40）中的系数（E,μ）换成平面应变问题的系数 $\left(\dfrac{E}{1-\mu^2},\dfrac{\mu}{1-\mu}\right)$ 即可。将式（10-35）代入式（10-39）中可得

$$\underset{(3\times1)}{\boldsymbol{\sigma}}=\underset{(3\times3)}{\boldsymbol{D}}\,\underset{(3\times6)}{\boldsymbol{B}}\,\underset{(6\times1)}{\boldsymbol{q}^{\mathrm{e}}}=\underset{(3\times6)}{\boldsymbol{S}}\,\underset{(6\times1)}{\boldsymbol{q}^{\mathrm{e}}} \tag{10-41}$$

其中应力函数矩阵为 $\underset{(3\times6)}{\boldsymbol{S}}=\underset{(3\times3)}{\boldsymbol{D}}\,\underset{(3\times6)}{\boldsymbol{B}}$。

5. 单元势能的表达

至此已将单元的三大基本变量（$\boldsymbol{u},\boldsymbol{\varepsilon},\boldsymbol{\sigma}$）用基于节点的位移列阵 $\boldsymbol{q}^{\mathrm{e}}$ 进行表达，见式（10-30）、式（10-35）及式（10-5），将其代入单元的势能表达式［见式（10-5）］中可得

$$\begin{aligned}\Pi^{\mathrm{e}}&=\frac{1}{2}\int_{\Omega}\boldsymbol{\sigma}^{\mathrm{T}}\boldsymbol{\varepsilon}\,\mathrm{d}\Omega-\left[\int_{\Omega}\bar{\boldsymbol{b}}^{\mathrm{T}}\boldsymbol{u}\,\mathrm{d}\Omega+\int_{\Omega}\bar{\boldsymbol{p}}^{\mathrm{T}}\boldsymbol{u}\,\mathrm{d}A\right]\\&=\frac{1}{2}\boldsymbol{q}\left(\int_{\Omega^{\mathrm{e}}}\boldsymbol{B}^{\mathrm{T}}\boldsymbol{D}\boldsymbol{B}\,\mathrm{d}\Omega\right)\boldsymbol{q}^{\mathrm{e}}-\left(\int_{\Omega^{\mathrm{e}}}\boldsymbol{N}^{\mathrm{T}}\bar{\boldsymbol{b}}\,\mathrm{d}\Omega+\int_{S_p^{\mathrm{e}}}\boldsymbol{N}^{\mathrm{T}}\bar{\boldsymbol{p}}\,\mathrm{d}A\right)^{\mathrm{T}}\boldsymbol{q}^{\mathrm{e}}\\&=\frac{1}{2}\boldsymbol{q}^{\mathrm{eT}}\boldsymbol{K}^{\mathrm{e}}\boldsymbol{q}^{\mathrm{e}}-\boldsymbol{P}^{\mathrm{eT}}\boldsymbol{q}^{\mathrm{e}}\end{aligned} \tag{10-42}$$

其中 $\boldsymbol{K}^{\mathrm{e}}$ 为单元刚度矩阵：

$$\underset{(6\times6)}{\boldsymbol{K}^{\mathrm{e}}}=\int_{\Omega^{\mathrm{e}}}\underset{(6\times3)}{\boldsymbol{B}^{\mathrm{T}}}\,\underset{(3\times3)}{\boldsymbol{D}}\,\underset{(3\times6)}{\boldsymbol{B}}\,\mathrm{d}\Omega=\int_{A^{\mathrm{e}}}\boldsymbol{B}^{\mathrm{T}}\boldsymbol{D}\boldsymbol{B}\,\mathrm{d}A\cdot t \tag{10-43}$$

其中 t 为平面问题的厚度。由式（10-37）可知，此时 $\boldsymbol{B}$ 矩阵为常系数矩阵，因此式（10-43）可以写成

$$\underset{(6\times6)}{\boldsymbol{K}^{\mathrm{e}}}=\int_{\Omega^{\mathrm{e}}}\underset{(6\times3)}{\boldsymbol{B}^{\mathrm{T}}}\,\underset{(3\times3)}{\boldsymbol{D}}\,\underset{(3\times6)}{\boldsymbol{B}}\,\mathrm{d}A\cdot t=\begin{bmatrix}\boldsymbol{k}_{11} & \boldsymbol{k}_{12} & \boldsymbol{k}_{13}\\ \boldsymbol{k}_{21} & \boldsymbol{k}_{22} & \boldsymbol{k}_{23}\\ \boldsymbol{k}_{31} & \boldsymbol{k}_{32} & \boldsymbol{k}_{33}\end{bmatrix} \tag{10-44}$$

其中的各子块矩阵为

$$\underset{(2\times2)}{\boldsymbol{k}_{rs}}=\boldsymbol{B}_r^{\mathrm{T}}\boldsymbol{D}\boldsymbol{B}_s tA=\frac{Et}{4(1-\mu^2)A}\begin{bmatrix}k_1 & k_3\\ k_2 & k_4\end{bmatrix},\quad r,\ s=1,2,3 \tag{10-45}$$

其中

$$k_1=b_r b_s+\frac{1-\mu}{2}c_r c_s$$

$$k_2 = \mu c_r b_s + \frac{1-\mu}{2} b_r c_s$$

$$k_3 = \mu b_r c_s + \frac{1-\mu}{2} c_r b_s$$

$$k_4 = c_r c_s + \frac{1-\mu}{2} b_r b_s$$

式（10-42）中的 $\boldsymbol{P}^e$ 为节点等效载荷矩阵，即

$$\underset{(6\times1)}{\boldsymbol{P}^e} = \int_{\Omega^e} \boldsymbol{N}^T \overline{\boldsymbol{b}} \mathrm{d}\Omega + \int_{S_p^e} \boldsymbol{N}^T \overline{\boldsymbol{p}} \mathrm{d}A$$
$$= \int_{A^e} \underset{(6\times2)}{\boldsymbol{N}^T} \underset{(2\times1)}{\overline{\boldsymbol{b}}} t\mathrm{d}A + \int_{l_p^e} \underset{(6\times2)}{\boldsymbol{N}^T} \underset{(2\times1)}{\overline{\boldsymbol{p}}} t\mathrm{d}l \tag{10-46}$$

其中 l_p^e 为单元上作用有外载荷的边，$\int \mathrm{d}l$ 为线积分。

6. 单元的刚度方程

将单元的势能［见式（10-42）］对节点位移 $\boldsymbol{q}^e$ 取一阶极值，可得单元的刚度方程为

$$\underset{(6\times6)}{\boldsymbol{K}^e} \underset{(6\times1)}{\boldsymbol{q}^e} = \underset{(6\times1)}{\boldsymbol{P}^e} \tag{10-47}$$

单元在承受非节点载荷时，如在边线上承受一个分布载荷，这时应根据外力功的计算公式获得节点载荷的等效值，常见的平面问题三节点三角形单元的等效节点外载荷列阵见表 10-4。

表 10-4　常用的等效节点外载列阵（平面三节点三角形单元）

外载状况	图　示	等效节点外载列阵
单元自重	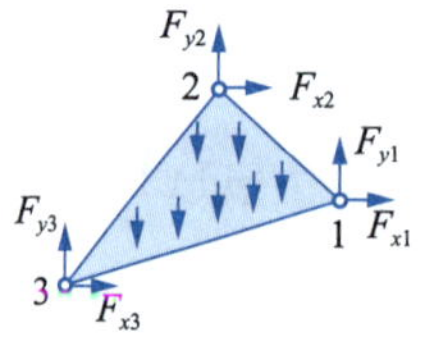	$\boldsymbol{F}^e = (F_{x1}\ \ F_{y1}\ \ F_{x2}\ \ F_{y2}\ \ F_{x3}\ \ F_{y3})^T$ $= -\frac{1}{3}\rho_0 A^e t(0\ \ 1\ \ 0\ \ 1\ \ 0\ \ 1)^T$ （ρ_0 为密度）
均布侧压	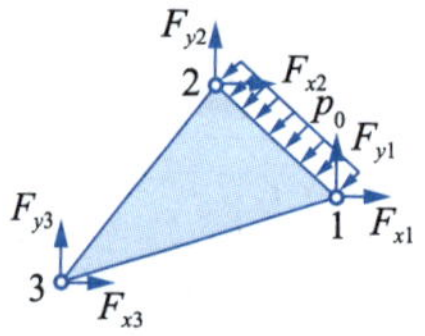	$\boldsymbol{F}^e = (F_{x1}\ \ F_{y1}\ \ F_{x2}\ \ F_{y2}\ \ F_{x3}\ \ F_{y3})^T$ $= \frac{1}{2}p_0 t((y_1-y_2)\ \ (x_2-x_1)\ \ (y_1-y_2)\ \ (x_2-x_1)\ \ 0\ \ 0)^T$
x 方向受均布侧压	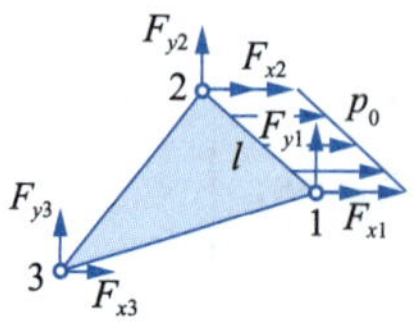	$\boldsymbol{F}^e = (F_{x1}\ \ F_{y1}\ \ F_{x2}\ \ F_{y2}\ \ F_{x3}\ \ F_{y3})^T$ $= \frac{1}{2}p_0 lt(1\ \ 0\ \ 1\ \ 0\ \ 0\ \ 0)^T$
x 方向受三角形分布载荷	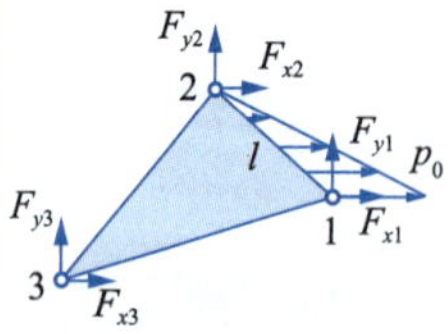	$\boldsymbol{F}^e = (F_{x1}\ \ F_{y1}\ \ F_{x2}\ \ F_{y2}\ \ F_{x3}\ \ F_{y3})^T$ $= \frac{1}{2}p_0 lt\left(\frac{2}{3}\ \ 0\ \ \frac{1}{3}\ \ 0\ \ 0\ \ 0\right)^T$

单元特征一：平面三节点三角形单元的位移坐标变换问题。

该单元的节点位移以整体坐标系中 x 方向位移 u 和 y 方向位移 v 进行定义，所以没有坐标变换问题。

单元特征二：平面三节点三角形单元的常系数应变和应力。

由于该单元的位移场为线性关系［见式(10-18)］，由式(10-27)可知，系数 a_i、b_i、c_i 只与三个节点的坐标位置 (x_i, y_i) 相关，是常系数，因此求出单元的 $\boldsymbol{B}(x,y)$ 和 $\boldsymbol{S}(x,y)$ 都为常系数矩阵，不随 x、y 变化，由式(10-35)和式(10-41)可知，单元内任意一点的应变和应力都为常数，因此，三节点三角形单元称为常应变（应力）CST（constant strain triangle）单元。在实际使用过程中，对于应变梯度较大（即应力梯度较大）的区域，单元划分应适当加密，否则将不能反映应变（应力）的真实变化情况，从而导致较大的误差。

二、平面问题的四节点矩形单元描述

矩形单元（rectangular element）具有形状简单和规范等特点，一般将其作为基准（parent element）单元进行研究，在实际的应用中，可以根据真实情况将矩形单元映射（mapping）为所需要的任意四边形单元。

1. 单元的几何和节点描述

平面四节点矩形单元如图 10-4 所示，单元的节点位移共有 8 个自由度。节点的编号为 1、2、3、4，各自的位置坐标为 $(x_i, y_i)(i=1,2,3,4)$，各个节点的位移（分别沿 x 方向和 y 方向）为 $(u_i, v_i)(i=1,2,3,4)$。

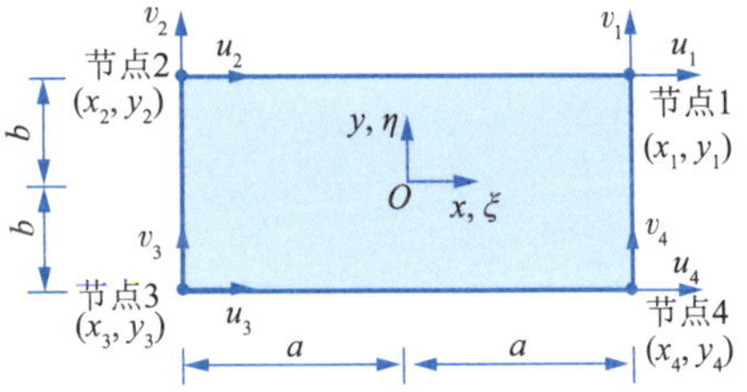

图 10-4　平面四节点矩形单元

若采用无量纲坐标：

$$\xi = \frac{x}{a},\ \eta = \frac{y}{b} \tag{10-48}$$

则单元四个节点的几何位置为

$$\left.\begin{aligned} \xi_1 &= 1,\ \eta_1 = 1 \\ \xi_2 &= -1,\ \eta_2 = 1 \\ \xi_3 &= -1,\ \eta_3 = -1 \\ \xi_4 &= 1,\ \eta_4 = -1 \end{aligned}\right\} \tag{10-49}$$

将所有节点上的位移组成一个列阵，记作 $\boldsymbol{q}^e$；同样，将所有节点上的各个力也组成一个列阵，记作 $\boldsymbol{P}^e$，有

$$\underset{(8\times1)}{\boldsymbol{q}^e} = (u_1\quad v_1\quad u_2\quad v_2\quad u_3\quad v_3\quad u_4\quad v_4)^{\mathrm{T}} \tag{10-50}$$

$$\underset{(8\times1)}{\boldsymbol{P}^e} = (P_{x1}\quad P_{y1}\quad P_{x2}\quad P_{y2}\quad P_{x3}\quad P_{y3}\quad P_{x4}\quad P_{y4})^{\mathrm{T}} \tag{10-51}$$

若该单元承受分布外载，可以将其等效到节点上，即可以表示为式(10-51)所示的节点力。利用函数插值、几何方程、物理方程以及势能计算公式，可以将单元的所有力学参量用节点位移列阵 $\boldsymbol{q}^e$ 及相关的插值函数进行表示。

2. 单元位移场的表达

从图 10-4 中可以看出，节点条件共有八个，即 x 方向四个 (u_1, u_2, u_3, u_4)，y 方向四个

(v_1, v_2, v_3, v_4)，因此，x 和 y 方向的位移场可以各有四个待定系数，即取以下多项式作为单元的位移场模式：

$$\left.\begin{aligned} u(x,y) &= a_0 + a_1 x + a_2 y + a_3 xy \\ v(x,y) &= b_0 + b_1 x + b_2 y + b_3 xy \end{aligned}\right\} \tag{10-52}$$

式（10-52）是具有完全一次项的非完全二次项，以上两式中的第四项是考虑到 x 方向和 y 方向的对称性而取的，除此外 xy 项还有一个重要特点，即“双线性”，当 x 或 y 不变时，沿 y 或 x 方向位移函数呈线性变化，这与前面的线性项最为相容；而 x^2 或 y^2 项是二次曲线变化的，因此，未选 x^2 或 y^2 项。

在 $x = x_i$、$y = y_i$ 处，可得节点条件为

$$\left.\begin{aligned} u(x_i,y_i) &= u_i \\ v(x_i,y_i) &= v_i \end{aligned}\right\} \quad i = 1,2,3,4 \tag{10-53}$$

将式（10-52）代入节点条件式（10-53）中，可以求解出待定系数 $a_0, \cdots, a_3$ 和 $b_0, \cdots, b_3$，然后再代回式（10-52）中，经整理后可得

$$\left.\begin{aligned} u(x,y) &= N_1(x,y)u_1 + N_2(x,y)u_2 + N_3(x,y)u_3 + N_4(x,y)u_4 \\ v(x,y) &= N_1(x,y)v_1 + N_2(x,y)v_2 + N_3(x,y)v_3 + N_4(x,y)v_4 \end{aligned}\right\} \tag{10-54}$$

其中

$$\left.\begin{aligned} N_1(x,y) &= \frac{1}{4}\left(1 + \frac{x}{a}\right)\left(1 + \frac{y}{b}\right) \\ N_2(x,y) &= \frac{1}{4}\left(1 - \frac{x}{a}\right)\left(1 + \frac{y}{b}\right) \\ N_3(x,y) &= \frac{1}{4}\left(1 - \frac{x}{a}\right)\left(1 - \frac{y}{b}\right) \\ N_4(x,y) &= \frac{1}{4}\left(1 + \frac{x}{a}\right)\left(1 - \frac{y}{b}\right) \end{aligned}\right\} \tag{10-55}$$

如以无量纲坐标系［见式（10-48）］表达，式（10-55）可以写为

$$N_i = \frac{1}{4}(1 + \xi_i \xi)(1 + \eta_i \eta), \quad i = 1,2,3,4 \tag{10-56}$$

将式（10-54）写成矩阵形式，有

$$\underset{2\times1}{\boldsymbol{u}}(x,y) = \begin{pmatrix} u(x,y) \\ v(x,y) \end{pmatrix} = \begin{bmatrix} N_1 & 0 & N_2 & 0 & N_3 & 0 & N_4 & 0 \\ 0 & N_1 & 0 & N_2 & 0 & N_3 & 0 & N_4 \end{bmatrix} \begin{pmatrix} u_1 \\ v_1 \\ u_2 \\ v_2 \\ u_3 \\ v_3 \\ u_4 \\ v_4 \end{pmatrix} = \underset{(2\times8)}{\boldsymbol{N}} \ \underset{(8\times1)}{\boldsymbol{q}^{\mathrm{e}}} \tag{10-57}$$

其中 $\boldsymbol{N}(x,y)$ 为该单元的形状函数矩阵。

3. 单元应变场的表达

由弹性力学平面问题的几何方程（矩阵形式），可得单元应变的表达式为

$$\underset{(3\times1)}{\boldsymbol{\varepsilon}}(x,y)=\begin{pmatrix}\varepsilon_{xx}\\ \varepsilon_{yy}\\ \gamma_{xy}\end{pmatrix}=\underset{(3\times2)}{[\boldsymbol{\partial}]}\underset{(2\times1)}{\boldsymbol{u}}=\underset{(3\times2)}{[\partial]}\underset{(2\times8)}{\boldsymbol{N}}\underset{(8\times1)}{\boldsymbol{q}^{\mathrm{e}}}=\underset{(3\times8)}{\boldsymbol{B}}\underset{(8\times1)}{\boldsymbol{q}^{\mathrm{e}}} \tag{10-58}$$

其中几何矩阵 $\boldsymbol{B}(x,y)$ 为

$$\underset{(3\times8)}{\boldsymbol{B}}(x,y)=\underset{(3\times2)}{[\boldsymbol{\partial}]}\underset{(2\times8)}{\boldsymbol{N}}=\begin{bmatrix}\dfrac{\partial}{\partial x} & 0\\ 0 & \dfrac{\partial}{\partial y}\\ \dfrac{\partial}{\partial y} & \dfrac{\partial}{\partial x}\end{bmatrix}\begin{bmatrix}N_1 & 0 & N_2 & 0 & N_3 & 0 & N_4 & 0\\ 0 & N_1 & 0 & N_2 & 0 & N_3 & 0 & N_4\end{bmatrix} \tag{10-59}$$

$$=\begin{pmatrix}\underset{(3\times2)}{\boldsymbol{B}_1} & \underset{(3\times2)}{\boldsymbol{B}_2} & \underset{(3\times2)}{\boldsymbol{B}_3} & \underset{(3\times2)}{\boldsymbol{B}_4}\end{pmatrix}$$

式（10-59）中的子矩阵 $\boldsymbol{B}_i$ 为

$$\underset{(3\times2)}{\boldsymbol{B}_i}=\begin{bmatrix}\dfrac{\partial}{\partial x} & 0\\ 0 & \dfrac{\partial}{\partial y}\\ \dfrac{\partial}{\partial y} & \dfrac{\partial}{\partial x}\end{bmatrix},\quad i=1,2,3,4 \tag{10-60}$$

4. 单元应力场的表达

由弹性力学中平面问题的物理方程，可得单元应力的表达式为

$$\underset{(3\times1)}{\boldsymbol{\sigma}}=\underset{(3\times3)}{\boldsymbol{D}}\underset{(3\times1)}{\boldsymbol{\varepsilon}}=\underset{(3\times3)}{\boldsymbol{D}}\underset{(3\times8)}{\boldsymbol{B}}\underset{(8\times1)}{\boldsymbol{q}^{\mathrm{e}}}=\underset{(3\times8)}{\boldsymbol{S}}\underset{(8\times1)}{\boldsymbol{q}^{\mathrm{e}}} \tag{10-61}$$

其中应力函数矩阵为 $\boldsymbol{S}=\boldsymbol{DB}$。

5. 单元势能的表达

至此已将单元的三大基本变量（$\boldsymbol{u},\boldsymbol{\varepsilon},\boldsymbol{\sigma}$）用基于节点的位移列阵 $\boldsymbol{q}^{\mathrm{e}}$ 进行表达，见式（10-57）、式（10-58）及式（10-61），将其代入单元的势能表达式中，可得 $\Pi^{\mathrm{e}}=\dfrac{1}{2}\boldsymbol{q}^{\mathrm{eT}}\boldsymbol{K}^{\mathrm{e}}\boldsymbol{q}^{\mathrm{e}}-\boldsymbol{P}^{\mathrm{eT}}\boldsymbol{q}^{\mathrm{e}}$，其中 $\boldsymbol{K}^{\mathrm{e}}$ 为四节点矩形单元的刚度矩阵：

$$\underset{(8\times8)}{\boldsymbol{K}^{\mathrm{e}}}=\int_{A^{\mathrm{e}}}\underset{(8\times3)}{\boldsymbol{B}^{\mathrm{T}}}\underset{(3\times3)}{\boldsymbol{D}}\underset{(3\times8)}{\boldsymbol{B}}\,\mathrm{d}A\cdot t=\begin{bmatrix}\boldsymbol{k}_{11} & & & \\ \boldsymbol{k}_{21} & \boldsymbol{k}_{22} & & \\ \boldsymbol{k}_{31} & \boldsymbol{k}_{32} & \boldsymbol{k}_{33} & \\ \boldsymbol{k}_{41} & \boldsymbol{k}_{42} & \boldsymbol{k}_{43} & \boldsymbol{k}_{44}\end{bmatrix} \tag{10-62}$$

其中 t 为平面问题的厚度，式（10-62）中的各子块矩阵为

$$\underset{(2\times2)}{\boldsymbol{k}_{rs}}=\int_{A^{\mathrm{e}}}\underset{(2\times3)}{\boldsymbol{B}_r^{\mathrm{T}}}\underset{(3\times3)}{\boldsymbol{D}}\underset{(3\times2)}{\boldsymbol{B}_s}\,t\mathrm{d}x\mathrm{d}y,\quad r,s=1,2,3,4 \tag{10-63}$$

由式（10-60）可得式（10-63）的具体表达为

$$\underset{(2\times2)}{\boldsymbol{k}_{rs}}=\frac{Et}{4(1-\mu^2)ab}\begin{bmatrix}k_1 & k_3\\ k_2 & k_4\end{bmatrix} \tag{10-64}$$

其中

$$\left.\begin{aligned}
k_1 &= b^2\xi_r\xi_s\left(1+\frac{1}{3}\eta_r\eta_s\right)+\frac{1-\mu}{2}a^2\eta_r\eta_s\left(1+\frac{1}{3}\xi_r\xi_s\right)\\
k_2 &= ab\left(\mu\eta_r\xi_s+\frac{1-\mu}{2}\xi_r\eta_s\right)\\
k_3 &= ab\left(\mu\xi_r\eta_s+\frac{1-\mu}{2}\eta_r\xi_s\right)\\
k_4 &= a^2\eta_r\eta_s\left(1+\frac{1}{3}\xi_r\xi_s\right)+\frac{1-\mu}{2}b^2\xi_r\xi_s\left(1+\frac{1}{3}\eta_r\eta_s\right)
\end{aligned}\right\}\quad r,\ s=1,2,3,4$$

则单元刚度矩阵的显式见式（10-65）。

将单元的势能对节点位移 $\boldsymbol{q}^{\mathrm{e}}$ 取一阶极值，可得单元的刚度方程为

$$\underset{(8\times 8)}{\boldsymbol{K}^{\mathrm{e}}}\ \underset{(8\times 1)}{\boldsymbol{q}^{\mathrm{e}}}=\underset{(8\times 1)}{\boldsymbol{P}^{\mathrm{e}}} \tag{10-66}$$

单元特征：四节点矩形单元的线性应变和应力。

由单元的位移表达式［见式（10－52）］可知，四节点矩形单元的位移在 x、y 方向呈线性变化，所以称为双线性位移模式，正因为在单元的边界 $x=\pm a$ 和 $y=\pm b$ 上，位移是按线性变化的，且相邻单元公共节点上有共同的节点位移值，可保证两个相邻单元在其公共边界上的位移是连续的，这种单元的位移模式是完备和协调的，其应变和应力为一次线性变化，因此比三节点常应变单元精度高。

10.4　空间问题有限元分析描述

一、空间问题的四节点四面体单元描述

空间问题四节点四面体单元具有几何特征简单、描述能力强等特点，是空间问题有限元分析中最基础的单元，也是最重要的单元之一。

1. 单元的几何和节点描述

该单元为由四节点组成的四面体单元（tetrahedron element），每个节点有三个位移（即 3 个自由度），单元的节点及节点位移如图 10-5 所示。

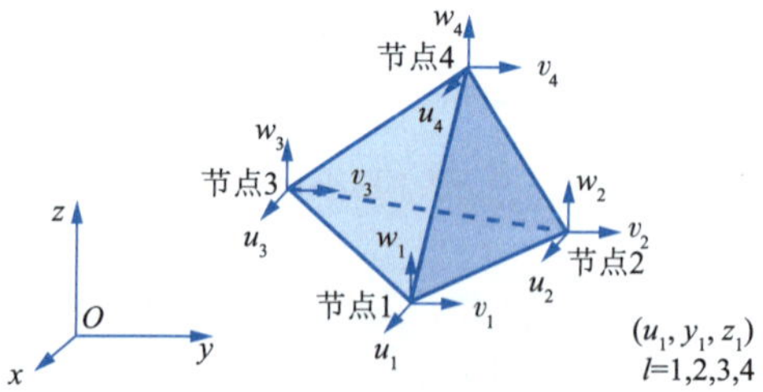

图 10-5　四节点四面体单元

该四节点四面体单元的节点位移列阵 $\boldsymbol{q}^{\mathrm{e}}$ 和节点力列阵 $\boldsymbol{P}^{\mathrm{e}}$ 分别为

$$\underset{(12\times 1)}{\boldsymbol{q}^{\mathrm{e}}}=(u_1\quad v_1\quad w_1\quad u_2\quad v_2\quad w_2\quad u_3\quad v_3\quad w_3\quad u_4\quad v_4\quad w_4)^{\mathrm{T}} \tag{10-67}$$

$$\underset{(12\times 1)}{\boldsymbol{P}^{\mathrm{e}}}=(P_{x1}\quad P_{y1}\quad P_{z1}\quad P_{x2}\quad P_{y2}\quad P_{z2}\quad P_{x3}\quad P_{y3}\quad P_{z3}\quad P_{x4}\quad P_{y4}\quad P_{z4})^{\mathrm{T}} \tag{10-68}$$

$$
\underset{(8\times 8)}{\boldsymbol{K}^{e}}=\frac{Et}{ab(1-\mu^{2})}\times
\begin{bmatrix}
\frac{1}{3}\left(b^{2}+\frac{1-\mu}{2}a^{2}\right) & \frac{ab}{8}(1+\mu) & -\frac{1}{3}\left(b^{2}-\frac{1-\mu}{4}a^{2}\right) & -\frac{ab}{8}(1-3\mu) & -\frac{1}{6}\left[b^{2}+\frac{(1-\mu)}{2}a^{2}\right] & -\frac{ab}{8}(1+\mu) & \frac{1}{6}\left[b^{2}-(1-\mu)a^{2}\right] & \frac{ab}{8}(1-3\mu) \\
 & \frac{1}{3}\left(a^{2}+\frac{1-\mu}{2}b^{2}\right) & \frac{ab}{8}(1-3\mu) & \frac{1}{6}\left[a^{2}-(1-\mu)b^{2}\right] & -\frac{ab}{8}(1+\mu) & -\frac{1}{6}\left[a^{2}+\frac{(1-\mu)}{2}b^{2}\right] & -\frac{ab}{8}(1-3\mu) & \frac{1}{3}\left[-a^{2}+\frac{(1-\mu)}{4}b^{2}\right] \\
 & & \frac{1}{3}\left(b^{2}+\frac{1-\mu}{2}a^{2}\right) & -\frac{ab}{8}(1+\mu) & \frac{1}{6}\left[b^{2}-(1-\mu)a^{2}\right] & -\frac{ab}{8}(1-3\mu) & -\frac{1}{6}\left[b^{2}+\frac{(1-\mu)}{2}a^{2}\right] & \frac{ab}{8}(1+\mu) \\
 & & & \frac{1}{3}\left(a^{2}+\frac{1-\mu}{2}b^{2}\right) & \frac{ab}{8}(1-3\mu) & \frac{1}{3}\left(-a^{2}+\frac{1-\mu}{4}b^{2}\right) & \frac{ab}{8}(1+\mu) & -\frac{1}{6}\left[a^{2}+\frac{(1-\mu)}{2}b^{2}\right] \\
 & & & & \frac{1}{3}\left(b^{2}+\frac{1-\mu}{2}a^{2}\right) & \frac{ab}{8}(1+\mu) & \frac{1}{3}\left(-b^{2}+\frac{1-\mu}{4}a^{2}\right) & -\frac{ab}{8}(1-3\mu) \\
 & & & & & \frac{1}{3}\left(a^{2}+\frac{1-\mu}{2}b^{2}\right) & \frac{ab}{8}(1-3\mu) & \frac{1}{6}\left[a^{2}-(1-\mu)b^{2}\right] \\
 & & & & & & \frac{1}{3}\left(b^{2}+\frac{1-\mu}{2}a^{2}\right) & -\frac{ab}{8}(1+\mu) \\
 & & & & & & & \frac{1}{3}\left(a^{2}+\frac{1-\mu}{2}b^{2}\right)
\end{bmatrix}
\tag{10-65}
$$

2. 单元位移场的表达

该单元有四个节点，单元的节点位移有 12 个自由度，因此每个方向的位移场可以设定四个待定系数，根据节点个数以及确定位移模式的基本原则（从低阶到高阶的完备性、唯一确定性），选取该单元的位移模式为

$$\left.\begin{aligned} u(x,y,z) &= \bar{a}_0 + \bar{a}_1 x + \bar{a}_2 y + \bar{a}_3 z \\ v(x,y,z) &= \bar{b}_0 + \bar{b}_1 x + \bar{b}_2 y + \bar{b}_3 z \\ w(x,y,z) &= \bar{c}_0 + \bar{c}_1 x + \bar{c}_2 y + \bar{c}_3 z \end{aligned}\right\} \tag{10-69}$$

在 $x = x_i$，$y = y_i$，$z = z_i$ 处，可得节点条件为

$$\left.\begin{aligned} u(x_i,y_i,z_i) &= u_i \\ v(x_i,y_i,z_i) &= v_i \\ w(x_i,y_i,z_i) &= w_i \end{aligned}\right\} \quad i = 1,2,3,4 \tag{10-70}$$

将式（10-69）代入式（10-70）中，可求解出待定系数 $(a_i,b_i,c_i)(i = 1,2,3,4)$，即可重写式（10-69）为

$$\underset{(3\times1)}{\boldsymbol{u}}(x,y,z) = \begin{pmatrix} u \\ v \\ w \end{pmatrix} = \begin{bmatrix} N_1 & 0 & 0 & N_2 & 0 & 0 & N_3 & 0 & 0 & N_4 & 0 & 0 \\ 0 & N_1 & 0 & 0 & N_2 & 0 & 0 & N_3 & 0 & 0 & N_4 & 0 \\ 0 & 0 & N_1 & 0 & 0 & N_2 & 0 & 0 & N_3 & 0 & 0 & N_4 \end{bmatrix} \boldsymbol{q}^{\mathrm{e}} = \underset{(3\times12)}{\boldsymbol{N}} \; \underset{(12\times1)}{\boldsymbol{q}^{\mathrm{e}}} \tag{10-71}$$

其中

$$N_i = \frac{1}{6V}(a_i + b_i x + c_i y + d_i z), \quad i = 1,2,3,4 \tag{10-72}$$

V 为四面体的体积，a_i、b_i、c_i、d_i 为与节点几何位置相关的系数。

3. 单元应变场及应力场的表达

由弹性力学空间问题的几何方程，并将单元位移场的表达式（10-71）代入，可得

$$\underset{(6\times1)}{\boldsymbol{\varepsilon}}(x,y,z) = \begin{pmatrix} \varepsilon_{xx} \\ \varepsilon_{yy} \\ \varepsilon_{zz} \\ \gamma_{xy} \\ \gamma_{yz} \\ \gamma_{zx} \end{pmatrix} = \begin{bmatrix} \frac{\partial}{\partial x} & & \\ & \frac{\partial}{\partial y} & \\ & & \frac{\partial}{\partial z} \\ \frac{\partial}{\partial y} & \frac{\partial}{\partial x} & \\ & \frac{\partial}{\partial z} & \frac{\partial}{\partial y} \\ \frac{\partial}{\partial z} & & \frac{\partial}{\partial x} \end{bmatrix} \begin{pmatrix} u \\ v \\ w \end{pmatrix} = \underset{(6\times3)}{[\partial]} \; \underset{(3\times1)}{\boldsymbol{u}} \tag{10-73}$$

$$= \underset{(6\times3)}{[\partial]} \; \underset{(3\times12)}{\boldsymbol{N}} \; \underset{(12\times1)}{\boldsymbol{q}^{\mathrm{e}}} = \underset{(6\times12)}{\boldsymbol{B}} \; \underset{(12\times1)}{\boldsymbol{q}^{\mathrm{e}}}$$

其中 $\boldsymbol{B}(x,y,z)$ 为几何矩阵：

$$\underset{(6\times12)}{\boldsymbol{B}} = \underset{(6\times3)}{[\partial]} \; \underset{(3\times12)}{\boldsymbol{N}} = \begin{pmatrix} \underset{(6\times3)}{\boldsymbol{B}_1} & \underset{(6\times3)}{\boldsymbol{B}_2} & \underset{(6\times3)}{\boldsymbol{B}_3} & \underset{(6\times3)}{\boldsymbol{B}_4} \end{pmatrix} \tag{10-74}$$

其中 $\boldsymbol{B}_i$ 为

$$\underset{(6\times3)}{\boldsymbol{B}_i} = \underset{(6\times3)}{[\boldsymbol{\partial}]}\begin{bmatrix} N_i & 0 & 0 \\ 0 & N_i & 0 \\ 0 & 0 & N_i \end{bmatrix} = \frac{1}{6V}\begin{bmatrix} b_i & & \\ & c_i & \\ & & d_i \\ c_i & b_i & \\ & d_i & c_i \\ d_i & & b_i \end{bmatrix} \quad i=1,2,3,4 \tag{10-75}$$

再由弹性力学中空间问题的物理方程可得应力场的表达式为

$$\underset{(6\times1)}{\boldsymbol{\sigma}} = \underset{(6\times6)}{\boldsymbol{D}}\underset{(6\times1)}{\boldsymbol{\varepsilon}} = \underset{(6\times6)}{\boldsymbol{D}}\underset{(6\times12)}{\boldsymbol{B}}\underset{(12\times1)}{\boldsymbol{q}^{\mathrm{e}}} = \underset{(6\times12)}{\boldsymbol{S}}\underset{(12\times1)}{\boldsymbol{q}^{\mathrm{e}}} \tag{10-76}$$

其中 $\boldsymbol{D}$ 为空间问题的弹性系数矩阵。

4. 单元的刚度矩阵及节点等效载荷矩阵

在获得几何矩阵 $\boldsymbol{B}(x,y,z)$ 后，由刚度矩阵的计算公式，可得单元的刚度矩阵为

$$\underset{(12\times12)}{\boldsymbol{K}^{\mathrm{e}}} = \int_{\Omega^{\mathrm{e}}} \underset{(12\times6)}{\boldsymbol{B}^{\mathrm{T}}}\underset{(6\times6)}{\boldsymbol{D}}\underset{(6\times12)}{\boldsymbol{B}}\,\mathrm{d}\Omega \tag{10-77}$$

等效节点载荷矩阵为

$$\underset{(12\times1)}{\boldsymbol{P}^{\mathrm{e}}} = \int_{\Omega^{\mathrm{e}}} \underset{(12\times3)}{\boldsymbol{N}^{\mathrm{T}}}\underset{(3\times1)}{\bar{\boldsymbol{b}}}\,\mathrm{d}\Omega + \int_{S_p^{\mathrm{e}}} \underset{(12\times3)}{\boldsymbol{N}^{\mathrm{T}}}\underset{(3\times1)}{\bar{\boldsymbol{p}}}\,\mathrm{d}A \tag{10-78}$$

5. 单元刚度方程

将单元的势能对节点位移 $\boldsymbol{q}^{\mathrm{e}}$ 取一阶极值，可得单元的刚度方程为

$$\underset{(12\times12)}{\boldsymbol{K}^{\mathrm{e}}}\underset{(12\times1)}{\boldsymbol{q}^{\mathrm{e}}} = \underset{(12\times1)}{\boldsymbol{P}^{\mathrm{e}}} \tag{10-79}$$

单元特征一：四节点四面体单元的位移坐标变换问题。

与平面三节点三角形单元类似，由于该单元的节点位移是以整体坐标系中的 x 方向位移 u、y 方向位移 v、z 方向位移 w 定义的，所以没有坐标变换问题。

单元特征二：四节点四面体单元的常系数应变和应力。

同样与平面三节点三角形单元类似，由于该单元的位移场为线性关系［见式（10-69）］，由式（10-75）可知，系数只与三个节点的坐标位置（x_i,y_i,z_i）相关，是常系数，因此求出的 $\boldsymbol{B}(x,y,z)$ 和 $\boldsymbol{S}(x,y,z)$ 都为常系数矩阵，不随 x、y、z 变化，由式（10-73）和式（10-76）可知，单元内任意一点的应变和应力都为常数，因此，四节点四面体单元称为常应变（应力）体单元。在实际使用过程中，对于应变梯度较大（即应力梯度较大）的区域，单元划分应适当加密，否则将不能反映应变（应力）的真实变化情况，从而导致较大的误差。

二、空间问题的八节点正六面体单元描述

1. 单元的几何和节点描述

该单元为由八节点组成的正六面体单元，每个节点有三个位移（即 3 个自由度），单元的节点及节点位移如图 10-6 所示。

该八节点正六面体单元的节点位移有 24 个自由度，单元的节点位移列阵 $\boldsymbol{q}^{\mathrm{e}}$ 和节点力列阵 $\boldsymbol{P}^{\mathrm{e}}$ 分别为

$$\underset{(24\times1)}{\boldsymbol{q}^{\mathrm{e}}} = (u_1 \quad v_1 \quad w_1 \quad \vdots \quad u_2 \quad v_2 \quad w_2 \quad \vdots \quad \cdots \quad \vdots \quad u_8 \quad v_8 \quad w_8)^{\mathrm{T}} \tag{10-80}$$

$$\underset{(2\times1)}{\boldsymbol{P}^{\mathrm{e}}} = (P_{x1} \quad P_{y1} \quad P_{z1} \quad \vdots \quad P_{x2} \quad P_{y2} \quad P_{z2} \quad \vdots \quad \cdots \quad \vdots \quad P_{x8} \quad P_{y8} \quad P_{z8})^{\mathrm{T}} \tag{10-81}$$

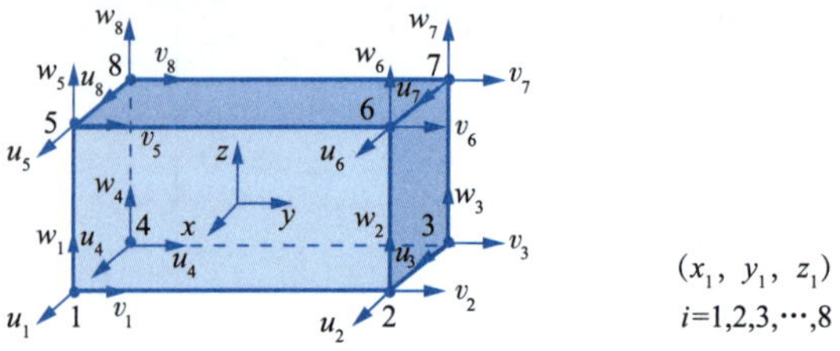

图 10-6　八节点正六面体单元

2. 单元位移场的表达

该单元有八个节点，因此每个方向的位移场可以设定八个待定系数，根据确定位移模式的基本原则（从低阶到高阶的完备性、唯一确定性），选取该单元的位移模式为

$$\left.\begin{aligned} u(x,y,z) &= a_0 + a_1x + a_2y + a_3z + a_4xy + a_5yz + a_6zx + a_7xyz \\ v(x,y,z) &= b_0 + b_1x + b_2y + b_3z + b_4xy + b_5yz + b_6zx + b_7xyz \\ w(x,y,z) &= c_0 + c_1x + c_2y + c_3z + c_4xy + c_5yz + c_6zx + c_7xyz \end{aligned}\right\} \tag{10-82}$$

由节点条件确定出待定系数 $(a_i, b_i, c_i)(i = 0、1、\cdots、8)$，再代回式（10-82）中可得该单元的形状函数矩阵为

$$\underset{(3\times1)}{\boldsymbol{u}} = \begin{pmatrix} u \\ v \\ w \end{pmatrix} = \begin{bmatrix} N_1 & 0 & 0 & \vdots & N_2 & 0 & 0 & \vdots & \cdots & \vdots & N_8 & 0 & 0 \\ 0 & N_1 & 0 & \vdots & 0 & N_2 & 0 & \vdots & \cdots & \vdots & 0 & N_8 & 0 \\ 0 & 0 & N_1 & \vdots & 0 & 0 & N_2 & \vdots & \cdots & \vdots & 0 & 0 & N_8 \end{bmatrix} \boldsymbol{q}^{\mathrm{e}} = \underset{(3\times24)}{\boldsymbol{N}} \underset{(24\times1)}{\boldsymbol{q}^{\mathrm{e}}} \tag{10-83}$$

由于节点位移多达 24 个，由节点条件直接确定位移模式中的待定系数和形状函数矩阵非常麻烦，可利用单元的自然坐标直接应用拉格朗日插值（Lagrangian interpolation）公式写出形状函数矩阵。

在得到该单元的形状函数矩阵后，即可按照有限元分析的标准过程推导相应的几何矩阵、刚度矩阵、节点等效载荷矩阵以及刚度方程。

3. 单元应变场的表达

由弹性力学平面问题的几何方程（矩阵形式），可得单元应变的表达式为

$$\underset{(6\times1)}{\boldsymbol{\varepsilon}} = \underset{(6\times3)}{[\boldsymbol{\partial}]} \underset{(3\times1)}{\boldsymbol{u}} = \underset{(6\times3)}{[\boldsymbol{\partial}]} \underset{(3\times24)}{\boldsymbol{N}} \underset{(24\times1)}{\boldsymbol{q}^{\mathrm{e}}} = \underset{(6\times24)}{\boldsymbol{B}} \underset{(24\times1)}{\boldsymbol{q}^{\mathrm{e}}} \tag{10-84}$$

4. 单元的刚度矩阵及等效节点载荷矩阵

由弹性力学中平面问题的物理方程，可得单元的应力表达，然后计算单元的势能，与前文其他单元类似，可以得到单元的刚度矩阵及等效节点载荷矩阵为

$$\underset{(24\times24)}{\boldsymbol{K}^{\mathrm{e}}} = \int_{\Omega^{\mathrm{e}}} \underset{(24\times6)}{\boldsymbol{B}^{\mathrm{T}}} \underset{(6\times6)}{\boldsymbol{D}} \underset{(6\times24)}{\boldsymbol{B}} \,\mathrm{d}\Omega \tag{10-85}$$

$$\underset{(24\times1)}{\boldsymbol{P}^{\mathrm{e}}} = \int_{\Omega^{\mathrm{e}}} \underset{(24\times3)}{\boldsymbol{N}^{\mathrm{T}}} \underset{(3\times1)}{\bar{\boldsymbol{b}}} \,\mathrm{d}\Omega + \int_{S_p^{\mathrm{e}}} \underset{(24\times3)}{\boldsymbol{N}^{\mathrm{T}}} \underset{(3\times1)}{\bar{\boldsymbol{p}}} \,\mathrm{d}A \tag{10-86}$$

5. 单元的刚度方程

将单元的势能对节点位移 $\boldsymbol{q}^{\mathrm{e}}$ 取一阶极值，可得单元的刚度方程为

$$\underset{(24\times24)}{\boldsymbol{K}^{e}}\ \underset{(24\times1)}{\boldsymbol{q}^{e}} = \underset{(24\times1)}{\boldsymbol{P}^{e}} \tag{10-87}$$

单元特征：八节点正六面体单元的一次线性应变和应力。

与平面四节点四边形单元类似，由单元的位移表达式［见式（10-82）］可知，该单元的位移在 x、y、z 方向呈线性变化，所以称为线性位移模式，正因为在单元的边界上，位移是按线性变化的，且相邻单元公共节点上有共同的节点位移值，可保证两个相邻单元在其公共边界上的位移是连续的，这种单元的位移模式是完备且协调的，它的应变和应力为一次线性变化，因此比四节点四面体常应变单元精度高。

思考与练习

1. 在结构中，存在一个危险点，它的应力状态为

$$\boldsymbol{\sigma} = \begin{bmatrix} 20 & 10 & 10 \\ 10 & 20 & 10 \\ 10 & 10 & 20 \end{bmatrix} \text{MPa}$$

试计算该点的最大拉应力、最大剪应力、Mises 等效应力，并对它们进行比较。

2. 一个平面问题的位移场为

$$u(x,y) = (-x^2 + 2y^2 + 6xy) \times 10^{-4}$$
$$v(x,y) = (3x + 6y - y^2) \times 10^{-4}$$

求出位于点 $x = 1$、$y = 0$ 处的 ε_{xx}、ε_{yy}、ε_{xy}。

3. 图 10-7 所示为由两个三角形单元组成的平行四边形，已知单元①按局部编码 i、j、m 的单元刚度矩阵 $\boldsymbol{K}^{(1)}$ 为

$$\boldsymbol{K}^{(1)} = \begin{bmatrix} 8 & 0 & -6 & -6 & -2 & 6 \\ & 16 & 0 & -12 & 0 & -4 \\ & & 13.5 & 4.5 & -7.5 & -4.5 \\ & & & 13.5 & 1.5 & -1.5 \\ & & & & 9.5 & -1.5 \\ & & & & & 5.5 \end{bmatrix}$$

试按局部坐标的编码写出单元②的单元刚度矩阵 $\boldsymbol{K}^{(2)}$，并进行整体刚度矩阵的组合。

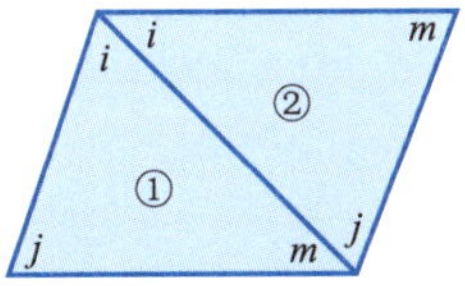

图 10-7　平行四边形

参 考 文 献

[1] 张瑞亮. 计算机三维机械设计基础[M]. 北京：国防工业出版社，2013.
[2] 丁华. 计算机三维设计基础[M]. 北京：科学出版社，2016.
[3] 张瑞亮. 3D Mechanical Design and 3D Annotation Using UG NX（UG NX 三维机械设计及三维标注）[M]. 北京：中国铁道出版社有限公司，2019.
[4] 褚忠，管殿柱，纪志杰. UG NX 三维建模与应用[M]. 北京：机械工业出版社，2023.
[5] 丁源. UG NX 12.0 中文版从入门到精通[M]. 北京：清华大学出版社，2019.
[6] 羊玢. 汽车 CAD/CAE 技术基础与实例[M]. 北京：国防工业出版社，2014.
[7] 应华. UG NX 7.0 机械设计行业应用实践[M]. 北京：机械工业出版社，2011.
[8] 郑贞平，张小红. UG NX 12.0 三维设计实例教程[M]. 北京：机械工业出版社，2021.
[9] 裴承慧，刘志刚. UG NX 12.0 三维造型与工程制图[M]. 北京：机械工业出版社，2024.
[10] 曾攀. 有限元基础教程[M]. 北京：高等教育出版社，2009.